主题模型与文本知识发现应用研究

阮光册　著

华东师范大学出版社

图书在版编目（CIP）数据

主题模型与文本知识发现应用研究/阮光册编著.
—上海：华东师范大学出版社，2018
华东师范大学新世纪学术著作出版基金
ISBN 978-7-5675-8375-7

Ⅰ.主… Ⅱ.阮… Ⅲ.数据处理-研究
Ⅳ.①TP274

中国版本图书馆CIP数据核字（2018）第231425号

华东师范大学新世纪学术著作出版基金资助出版
主题模型与文本知识发现应用研究

著　　者　阮光册
组稿编辑　孔繁荣
项目编辑　夏　玮
特约审读　韩　蓉
装帧设计　高　山

出版发行　华东师范大学出版社
社　　址　上海市中山北路3663号　邮编200062
网　　址　www.ecnupress.com.cn
电　　话　021-60821666　行政传真021-62572105
客服电话　021-62865537　门市（邮购）电话021-62869887
地　　址　上海市中山北路3663号华东师范大学校内先锋路口
网　　店　http://hdsdcbs.tmall.com

印 刷 者　昆山市亭林彩印厂有限公司
开　　本　787×1092　16开
印　　张　15.75
字　　数　282千字
版　　次　2018年11月第1版
印　　次　2018年11月第1次
书　　号　ISBN 978-7-5675-8375-7/G·11533
定　　价　79.00元

出 版 人　王　焰

“人类正被数据淹没，却饥渴于知识”

（We are drowning in information but starving for knowledge）

——约翰·奈斯伯特（John Naisbett）

前　言

随着信息技术的快速发展，人们处在信息环境的变革之中。在数据泛滥的时代，一方面，人们意识到知识对社会和经济发展的作用越来越大；另一方面，人们获取有价值信息的代价也在不断提高。

在这种变化趋势中，知识发现作为一种工具，在知识管理和决策支持中体现了它特有的价值，并发挥着越来越重要的作用。知识发现可以针对特定的问题和需要，从杂乱无章的数据中发现对人们有价值的信息和智慧，借助技术方法解决人们的知识需求，帮助人们在数据中发现新的认知模式。

20 世纪末，知识发现作为一个新学科被人们所关注。它的理论意义在于情报分析研究的科学性，并丰富和完善信息研究的内涵。然而，随着信息技术的发展，知识发现技术也面临许多挑战，这需要我们花费更多的精力去研究和发展该学科。

面对复杂的、多变的知识需求，方法作为工具的价值不言而喻。本书将机器学习领域的研究成果引入情报分析，以主题模型作为知识发现方法的主体，借助其语义识别的能力，挖掘社会活动数据之间的联结，为研究复杂的数据关系和处理大量数据提供了一种新的研究思路和框架。文本以解决实际问题为基本出发点，将知识发现应用于不同场景，包括科技文献分析、新闻文本分析、网络用户生成内容分析等。书中内容的阐述、实例的选取、方案的提出，具有广义上的通用性。

本书是在大量实践基础之上完成的。2000 年，读硕士时，我在中科院上海有机化学研究所计算机实验室开始从事网络数据库的学习，在信息加工、系统化组织信息资源、提炼知识等方面进行了大量的实践。几年前，我开始研究语义挖掘在情报分析中的应用，以主题模型作为方法，对多种类型数据进行实践，并形成了一系列的研究成果。在这个过程中，我逐步形成了非概论性的、结合交叉学科知识、以应用为主的研究思路。

本书得以问世，得到了多方面的支持和帮助。感谢华东师范大学新世纪学术出版基金的资助；感谢上海图书馆的张帆老师，为本书的实验提供了大量的数据资源；感谢上海图书馆的夏磊老师，为本书的实验环节提供了部分初稿；感谢华东师范大学信息管理系图书与情报 2016 和 2017 级硕士的数位同学在数据处理中给予的帮助。

本书提出了基于主题模型的知识发现研究框架，是一种新的尝试和探索，虽然有一定的实践作为基础，但仍需要进一步的检验、补充和完善。随着深度学习的发展，知识发现的研究方法必将进一步深化和扩展，也将会有新的研究思路和框架丰富这一学科研究的内涵。

限于我的学识水平，书中的遗漏和不足在所难免，还望读者不吝赐教。

阮光册
2018 年 7 月
于华东师范大学

目　录

图目录

表目录

第1章　绪论

1.1　课题背景

随着信息技术的飞速发展，人类社会不再为信息资源的“缺”而担忧，而开始转而为信息资源的“过多”而困扰。处于信息时代的人们如置身于茫茫数据海洋之上的小舟，迷失了方向，充满了迷茫。正如Lazer 2009年在*Science*发文提到的，人类正面临信息超载（information overload）的问题[1]。面对这些近乎灾难的数据资源，信息带给用户的不再是优越感，而是对其使用的迷茫。2011年，分析调研机构IDC发布的数字宇宙研究报告（Digital Universe Study）——《从混沌中提取价值》（“Extracting Value from Chaos”）显示，全球互联网上的数据每年将增长50%，每两年便将翻一番，而目前全世界90%以上的数据是最近几年才产生的。另一项统计表明，Facebook每天要新增32亿条评论、3亿张照片，信息量达10 TB；Twitter每天新增2亿条微博，约有50亿个单词，比纽约时报60年的词语总量还多一倍，信息量达7 TB；对淘宝而言，一天意味着千万量级交易，1.5 PB原始记录……[2]

如果说，20年前，互联网应用的普及方便了人们获得信息；10年前，搜索引

① D. Lazer, A. Pentland, L . Adamie, et al. “Computational Social Science”, *Science*, 2009, Vol. 323, Issue. 5915, pp. 721 - 723.

② 数据来源：https：//www. aliyun. com/zixun/content/2 _ 6 _ 299379. html。

擎、网络爬虫技术使得互联网变成了一个巨大的数据库；那么，当前社会化网络的应用则不仅改变了人们的生活方式，更改变了企业的运营模式和科研的研究范式。信息资源的重要性已经被提高到无以复加的程度，正所谓没有知识，任何事物都没有意义。目前 Google 等公司处理的海量语料库就如同一个人类社会的实验室，如何开发和利用这些信息资源，成为摆在人们面前的一个新的研究课题。

在众多的信息资源中，我们所面对的文本信息越来越多。文本是一种重要的数据资源，是最天然的信息存储形式，包含着丰富的知识和模式[①]，也是最为普遍和应用最广的一种信息形式。有数据显示，在组织中，有 80%的信息是以文本的形式存在的，而且大多是非结构化的数据。人们在面对这些文本信息时往往感到无所适从，要快速从中抽取出我们所关心的、切实需要的信息和知识更是难上加难。依靠人工阅读的方法获取信息，不仅费时费力，而且得出的结论掺杂了过多的主观因素，结论的准确性及质量更多地取决于“阅读者”的受教育水平、知识结构、主观认识等外部因素，不能完全客观地还原文本的真实信息，更难以发现隐藏在文本内部的各种关联和模式。

此外，大量产生的网络文本信息也为我们快速地获取知识带来了更大的困难。网络文本数据不仅形式上多样，如博客、新闻、BBS、问答社区产生的文字信息等，而且结构上也更为复杂，一般由非结构化的数据（如文本）和半结构化的数据（如 HTML 文档）构成。

面对这些非结构化文本信息，传统的基于关系数据库和数据仓库技术的数据挖掘，对非结构化、半结构化的文本信息而言，有些力不从心[②]。如何帮助人们快速获取、处理和利用这些文本集合中的知识，在充分理解的基础上获得文本集合的隐含信息和内在关系？如何将复杂的、高维度的文本数据转化为低维语义的形式？如何将文本内容提取出来，用相对直观的、简短的、有利于人们理解的形式呈现给用户？这些都是文本知识发现需要面对的现实问题。

对文本信息的处理需要采用科学的方法进行，科学的本质就是要求我们去认识一切事物的本质并加以利用。面对浩瀚的文本信息资源，需要我们剥离冗余和干

---

① 赵一鸣：《基于多维尺度分析的潜在主题可视化研究》，武汉：武汉大学出版社，2015。

② 余肖生，周宁，张芳芳：《基于可视化数据挖掘的知识发现模型研究》，中国图书馆学报，2006 年第 5 期，第 44—46 页，第 56 页。

扰，获取其精要，即认识事物要抓住其本质。伴随着机器学习、知识抽取、人工智能等技术的飞速发展，人们在使用文本信息资源开发和利用方面正面临着新的挑战和机遇。

文本知识发现是数据挖掘的延伸，其处理对象也从结构化的数据延伸到非结构化、半结构化的文本数据。随着“大数据”时代的到来，从有限的结构化数据中获取的知识已不足以满足需要，大量的半结构化或非结构化的数据需要分析，因此挖掘这些文本信息中的知识显得尤为重要。文本知识发现的目的是从无序的信息中发现潜在的、未被识别的、有价值的知识模式。文本知识发现的结果有利于消除“数字鸿沟”，有利于用户“知识获取”，有利于信息资源的重组。

1.2 研究意义

文本知识发现的研究是情报学及相关学科研究的重点领域，具有特别重要的理论和现实意义。

1.2.1 理论意义

文本集合一般包含有若干个“含义”，也可以说包含有若干个主题。主题可以表示文本的主要内容，提取文本包含的主题，将主题所包含的知识以易于理解的形式呈现给用户，将有助于发现隐藏在文本中的知识结构和模式，并发现潜在的规律特征，实现深层次的文本挖掘和知识发现。

总的来说，使用主题模型方法在挖掘、发现、解释文本集合中的潜在知识具有如下的理论意义：

1. 丰富了文本知识发现的方法体系

主题模型是一种文本语义生成模型，它实现了文本信息在语义层面上的降维表示，通过挖掘“文本—主题—词项”的相互关系，使文本结构上升为主题空间，提高了人们对文本潜在知识的挖掘能力，也丰富了知识发现的过程。

本书使用主题模型对科技文献文档、网络新闻、UGC[①] 文本进行主题挖掘，并提取主题之间的关联等信息，通过多角度的方法设计和策略选择，发现文本集合在不同层次上的潜在知识，通过可视化的方式展现并解释潜在知识之间的内在关联。我们的研究，不仅可以提高用户对文本知识的深入理解，还可以去除文本集合中冗余的、非关键的信息，提供简洁、清晰、直观的文本知识架构，而且可以实现三个层次的知识发现：一是识别文本包含的有价值的潜在知识；二是为挖掘文本集合中知识之间的关联提供线索；三是可以发现文本中所描述知识的具体内容，进而揭示文本集的真实含义。

通过主题模型将文本的含义表示在语义空间层面，把大量文本内容转化为方便用户理解的主题，将更便于人们获取信息，大大提高知识获取的效率，而且能够挖掘出一些依靠传统阅读难以获取的系统性知识和隐性知识。

2. 从原理上克服了传统文本知识发现的不足

传统的文本知识发现是在统计文本中词对共现次数的基础上，对相关词项进行聚类。这种方法的理论依据是：词项的共现现象是产生关联的根源。然而，共现关系经常会出现高频孤立词、关键词之间缺乏语义联系等问题。本书将使用主题模型识别文本内词与词相互联系的现象，将主题看成是词项的概率分布，通过词项在文本级的共现信息抽取出语义相关的主题集合，将词项空间中的文档变换到主题空间，得到文档在低维空间中的表达。

布尔模型是传统知识发现中词项矩阵的基本处理方法，其原理是：如果两个词项共现一次，则计数一次；而主题模型则是基于概率统计学原理，将每个主题表示成一个多项式分布，对文本表达的内容进行抽象和浓缩，揭示隐藏在文本背后的语义信息。因此，每个主题是基于文本内容的潜在知识模式，更有利于揭示文本的内在知识。主题模型克服了对统计共现次数的依赖，可以发现更多隐藏的主题和知识模式，发现现有知识中“出人意料”的联系，最终可能会产生新的知识。

---

① 互联网术语，全称为 User Generated Content，也就是用户生成内容的意思。UGC 的概念最早起源于互联网领域，即用户将自己原创的内容通过互联网平台进行展示或者提供给其他用户。

3. 实现面向语义的文本知识单元展示

传统的通过文本聚类实现知识发现只能将一个文本与一个主题建立联系[①]，主题模型的应用，将文本知识发现提升到文本主题、词项的层面，可以发现文本中的细分主题。由于词项是文本中最小的语义单元，将主题发现的表示对象细化到词语的层面，能够更好、更深入地解释主题的语义内容。

主题模型是一种概率模型，不像空间向量模型和语言模型那样，只单纯地考虑文本在词典空间上的维度，而是引入了主题空间，从而实现了文本在主题空间上的表示。每个主题是一个在词典空间上的概率分布，主题的引入，实现了文本的低维表示以及隐含语义的挖掘。本书将主题模型作为文本知识发现的基础工具，综合运用各种分析方法，如关联规则、词共现分析、聚类算法、齐普夫定律等，实现面向全文、面向内容、面向知识单元的文本知识挖掘、呈现和解释。

4. 改善文本信息资源组织方式

主题模型将文本抽象成“文本—主题—词汇”的三层概率分布，具有提取文本语义的能力，将主题模型运用到文本知识发现，从理论上来说能够改善信息资源组织方式。首先，文本知识发现可以为信息处理提供一种有效的解决方案。知识发现技术允许用户以一种面向主题的方式实现文本按层次分类或划分的指导，避免了因为信息庞大所造成的信息迷失问题；其次，对文本进行有效的组织。结合主题模型的知识发现技术可以避免由于关键词检索带来检索结果巨大的问题，利用主题和知识发现的技术，可以有效地组织文本信息，并基于主题层面对这些文本信息进行分类或聚类操作，同时可以为每一个分类提供一个比较明确的主题或目录描述，便于用户快速浏览；最后，便于提供定制化的服务。为了提高信息使用的效率，基于主题的知识发现能够对信息的深层次特征进行提取，提供各种知识服务。同时也能搜集用户的兴趣爱好、个性化信息等，通过挖掘技术对用户进行需求差别分组，依据分组为用户提供个性化的知识服务。

此外，对于文本知识发现的深入研究，还具有其他的理论价值。从面向信息检

---

① D. M. Blei, A. Y. Ng, M. L. Jordan, “Latent Dirichlet Allocation”, *The Journal of Machine Learning Research*, 2003, Vol. 3, Issue. 3, pp. 993 - 1022.

索的角度，文本知识发现的任务是对非结构化和半结构化文档的挖掘，提高检索结果质量和帮助用户过滤垃圾信息；从信息资源管理的角度，文本知识发现的目的是提高对这些文本信息的认识和理解，并进行有效的分类和组织，并为用户提供更有价值的知识服务；从信息传播的角度，文本知识发现能够发现隐含在海量信息之间的传播规律，为认识和引导舆论提供理论支持。

总之，把主题模型与知识发现技术相结合，可使知识发现上升到新的应用高度。把文本语义抽象的方法应用到知识发现中去，为信息的查找和利用提出了新的解决方案。因此，面向主题模型的知识发现研究有着十分重要的理论意义。

1.2.2 实践意义

文本是重要的数据资源，包含着丰富的知识和模式。Forrest Research 咨询公司统计显示，80%以上的非结构化数据是以文本的形式存在。随着互联网应用的迅速发展，越来越多的网络信息以文本的形式出现。这种“去中心化”而产生的信息资源泛滥和信息激增的问题极大地增加了网络服务提供商在信息资源管理方面的苦难，加之这些信息鱼龙混杂，既有精华也有糟粕，如果缺乏有效的筛选辨别手段，不仅会使很多有价值的信息被湮没在信息海洋中，也使得信息管理者和用户在面对庞大的信息资源时束手无策。

从某种意义上来看，各种文本信息是现实社会生活在虚拟世界中的具体反应，对这些信息的知识发现，不仅能够为有效管理网络信息资源提供理论基础，也能方便用户对信息资源的检索和使用。

文本知识发现的社会价值主要体现在以下三点：

1. 学术成果的发现

学术研究成果是人类社会发展的源动力。随着网络技术的发展，一些专家学者将其学术研究活动延伸到互联网，作为信息交流的平台，这里聚集了大量的学术研究成果。由于纸质论文要经历收稿、评审、录用、排版、印刷、出版发行等多个环节，因此传统期刊发文的周期较长，这在一定程度上限制了学术成果的快速流通。随着纯网络学术信息的在线出版，网络首发的学术资源逐渐增多，这些资源成为纸质学术资源的重要补充。如中国科技论文在线（http：//www.paper.edu.cn），2017

年中国科技论文统计文章总数达到 304 007 篇，成为 Web 文本学术资源的主要平台。对这些平台中的 Web 文本信息进行知识发现研究，将成为学术资源研究的另一个资源库。

在一些学术类的 BBS 空间，已经形成一种非正式的学术交流平台，如小木虫网站、爱问等平台。这些平台不仅是研究思想分享与讨论的平台，也是经验交流的场所，并且正渐渐发展为学术类的网络资源，成为学术领域非正式交流的主要桥梁。在交流的过程中，平台产生了大量的隐性知识，通过知识发现技术挖掘这些知识并将其激活，能够更有效地提高知识的共享，促进学术交流的发展。类似的 BBS 空间在各科研院所、高等院校等也广泛存在。

此外，一些学者也开始在博客空间分享自己的学术思想，形成了网络的学术博客资源。这些学术博客空间与学术 BBS 空间形式上类似，不同的地方是这些博客以作者为边界，形成了一个个独立的交流空间。对这些学术博客空间进行知识发现，不仅可以挖掘作者的学术兴趣、关注点等，还可结合时间序列实现作者的学术历程发现。

2. 网络评论观点的发现

随着 Web2.0 应用的普及，人们越来越多地通过互联网平台对自己感兴趣的事件、人物、经历进行评论并发表观点。在各种类型的自媒体平台上，存在着大量的评论信息，它们所具有的应用价值已经受到各方面的关注。如政府相关部门可以通过浏览这些信息，了解社会对各种政策、事件的态度甚至情绪，并针对这些现象做出正确的判断与决策。又如在电子商务网站上，用户消费产品后的在线评论信息，不仅可以让商家了解市场，并了解用户对其产品的反应；同时对这些评论的知识提取，还能发现产品各个方面的问题（价格、性能等），商家参考各种评论，可以做出产品改进或推广的策略。由此可见，知识发现技术将有助于政府、企业或个人从这些海量的评论信息中抽取、识别潜在的、隐含的信息，并形成有价值的知识模式提供给使用者，不仅能够提高对这些信息的使用，也能实现对这些信息的有效管理。

3. 方便大众的日常生活

在互联网环境下，人们遇到问题时会更多地利用网络来寻求解决的方法，这也就形成网络中数量众多、类型丰富的原生资源。这些资源的一个特征是互动性，用户通过网络平台寻求帮助，会得到积极的响应，在这种“提问—应答”的模式下，大量的网络信息累积下来，形成了人们生活中的百科全书。例如，“百度知道”是目前最大的中文互动问答平台，用户可以通过在平台中提问，获得相应的答案，这些答案附在问题之后，其他用户可以浏览并参看，是一种典型的百科全书式的网络平台。以“百度知道”为代表的这类网络平台，汇集了各种生活信息，为社会大众提供生活参考。截至 2017 年 8 月 16 日，“百度知道”贡献知识的用户已经达到 843 297 658 人，由共同专长、共同兴趣组成的知道团队已达 10 486 个。这些由个人和团队提供的知识按照信息类别形成了有关生活、健康、文化、经济等十五大类的信息栏目，包含的信息量十分巨大。这些资源大多以微内容[①]的形式出现，通过知识发现技术，可以抓取、标引出其中有价值的部分，从而方便社会大众对其有针对性的信息查找。

除了上文所描述的三个主要的社会价值以外，通过文本知识发现还可以挖掘、提取诸如网络社会文化、网络娱乐消遣等知识模式，这些也都具有极高的社会应用价值。

1.3 研究目的、对象及内容

1.3.1 研究目的及研究对象

本书的研究目的：使用主题模型的方法，挖掘、呈现并解释文本集合中所包含的潜在知识，将这些潜在知识以用户易于理解的形式传递给用户，在语义层面观察文本集合所包含的知识之间的关联关系，丰富文本知识发现的理论和方法。

本书的研究对象：以科技文献文档、网络新闻文本、UGC 文本这三种不同类

① 微内容是指在网络上至少拥有一个唯一编号或地址的元数据（metadata）和数据的有限汇集。Web2.0 的信息传播是以微内容为基础，通过聚合、管理、分享、迁移这些微内容，以进一步组合成各种个性化的丰富应用。微内容是由个人用户生产的小规模、低成本或无成本制作的网络媒体内容。

型的文本作为知识发现的研究对象，结合每种文本的特点，设计有针对性的知识发现方法和流程。

1.3.2 研究内容

实现该研究目的，需要解决如下主要内容。

研究内容1：如何用主题模型揭示不同类型文本的潜在主题？

本书从科技文献文档、网络新闻文本、UGC文本三种类型的文本信息实现知识发现研究。由于这三类文本在文本格式、表达形式、篇幅长短等方面存在非常大的差异，因此结合不同文本类型的特征，实现知识发现是本书的一个重要研究内容。本书通过大量实践，详细阐述不同类型文本的知识发现流程。

研究内容2：如何从深层次理解和揭示文本的潜在主题？

揭示文本潜在主题中词项的真实含义是本书重点研究的问题之一。传统的研究方法，如空间向量模型，模型简单、易于实现，但在揭示词项的语义层面上存在不足。本书以主题模型作为文本知识发现的主要模型工具，结合共词分析、聚类算法、关联规则、齐普夫定律等多种方法，从深层次理解并揭示文本的潜在主题特征。

研究问题3：如何展示文本不同层次的潜在主题？

揭示文本集合中不同知识之间的层次关系及同一主题之间的关联，进而实现知识发现，也是本书的一个主要研究内容。通过实验分析，本书针对不同文本类型数据实现了潜在主题的层次关联。

研究问题4：如何实现用户生成内容的知识发现？

网络用户生成内容，作为报纸、广播、电视之后的第四媒体，正在深刻地改变着我们的生活方式和思维方式。由于用户生成内容短、表达形式随意，给知识发现带来了巨大的挑战。本书将详细阐述用户生成内容的知识发现方法和流程，就UGC知识发现的商业价值等内容进行了深入的讨论。

除此以外，本书还将解决如何使用可视化的方法展示文本集合中的潜在主题，并实现特定领域（高质量UGC文本的识别）的文本知识发现等问题。

1.4 研究特点及思路

1.4.1 研究特点

本书最主要的特色与创新点如下：

1. 设计了文本知识发现的一般模型，并针对不同的文本类型，建立一套完整的表示、挖掘、呈现和解释文本集合中潜在知识的方法和策略体系。

2. 以主题模型为基础，综合运用词共现分析、聚类分析、关联规则、齐普夫定律等多种分析方法，实现文本知识发现。一是克服了每种方法单独使用时可能遇到的问题；二是能更好地对文本集合中潜在的知识进行深度理解和解释。

1.4.2 研究思路

文本知识发现是一项实践性较强的研究，因此，本书的选题从理论和实践出发，重点强调具体实践应用，针对科技文献文档、网络新闻文本、UGC 文本三个主要文本类型进行知识发现的理论和实践研究。以主题模型为基础，综合运用共词分析、聚类算法、关联规则、齐普夫定律等方法，对文本数据进行挖掘，发现文本集合中潜在的、未被发现的、有价值的知识，通过实践研究，为相关应用领域提供理论和技术支持。具体的研究思路如图 1 - 1 所示（见下页）。

1.5 研究结构

本书共分八章，主要围绕主题模型在文本知识发现的理论和实践这一主线，逐层深入，主要可分为基础理论、框架方法设计、实际应用三个模块，具体的章节安

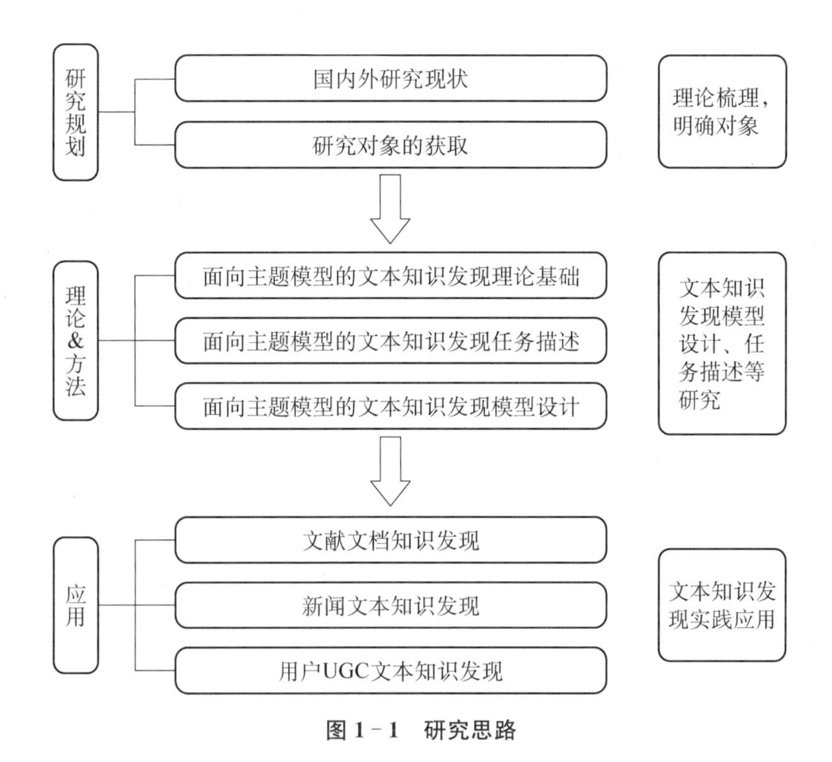

图 1－1　研究思路

排如下：

第一章为绪论。从选题背景、意义、创新入手，介绍了本书的研究目标和研究内容，并给出研究的基本思路。

第二章为基础理论部分。本章系统地梳理了有关知识发现的相关内容，就知识发现方法、技术、研究现状等进行了较为深入的分析。同时，对文本挖掘和 Web 文本挖掘等与文本知识发现相关的概念和技术都做了详细的阐述。

第三章是主题模型在文本知识发现应用的基本原理。讨论了目前文本挖掘方法在文本知识发现过程中面临的挑战和问题，并介绍了主题模型的发展，同时对主题模型在文本知识发现应用中的场景、优势进行了详细的阐述。

第四章是面向主题模型进行知识发现的框架和方法设计，该章是五至七章实践应用的理论基础。本章从主题模型实现知识发现的一般过程入手，对文本语义内容、文本时间序列、文本关联等三个主要的知识发现任务进行探讨，最后设计并给出面向主题模型的文本知识发现模型，并对模型的功能要素进行了分析。本章是承上启下的一章，是为实践应用提供理论基础的重要部分。

第五章至第七章，是本书的实践篇。本书分别就科技文献文档、网络新闻文本、UGC文本三种不同类型的文本数据如何实现知识发现进行了深入的探讨，辅以多个实验应用场景并给出最终结论。第五章至第七章的理论基础来自第四章提出的知识发现模型，同时结合不同的文本特征，给出针对不同类型文本进行知识发现的一般方法和流程，并就实践应用中可能遇到问题和困难进行了讨论，最后给出解决方案。

第八章是总结和展望。对本研究工作进行了全面的总结，指出研究中存在的不足和局限性，并就下一步的工作进行了展望。

1.6 小 结

本章对本研究工作从全局视角给出了总括性的框架。首先，介绍了本研究的选题背景，并就研究的理论意义和实践意义进行了阐述；其次，明确了本研究的基本目标、研究对象，并对研究内容进行了详细的说明和阐述；再次，对本研究的特点以及思路安排进行了说明；最后，介绍了本研究的总体架构以及各章节的安排。

第2章　基础理论

1948年，香农（C. E. Shannon）在其论文《通信的数据理论》，提出了著名的信息论，为信息论和编码技术的发展奠定了理论基础。信息论是一门用数理统计方法来研究信息的度量、传递和变换规律的科学。在香农的信息论中，将信息的传递作为一种统计现象来考虑，给出了估算通信信道容量的方法。

在信息管理领域，美国学者霍顿（F. W. Horton）给信息下了定义：信息是为了满足用户决策的需要而经过加工处理的数据。从这个角度来看，数据是信息的载体，与具体的介质有关；信息则是数据所要表达的客观事物或事实。信息通过加工和改造后，形成了知识，是人类认识过程中的一种结果形式。

对于知识的描述是一个复杂的问题。由于人们从不同的应用、不同的角度出发，会形成对事物不同的认识，因此知识的逻辑表达能力和推理能力会存在差异。经典知识模型是对知识进行形式化描述和操作的方式，这些模型包括语义网络、面向对象的知识模型，也包括知识描述过程的系统和框架。在语义网络中，知识的描述需要借助本体模型，在面向对象的知识模型的环境下，知识的描述则强调知识的共享和使用，需要有一种新的模型实现对知识的形式化描述和操作①。

大数据时代，要求人类在开放、分布、动态的环境下发现隐含在数据中的知识，并对知识本身进行深入的科学研究，借助有效的知识描述模型指导人们的行为。以知识为研究对象的信息科学应该包括对知识模型、知识挖掘、知识使用等方面的深入研究。

---

① 史忠植：《知识发现（第二版）》，北京：清华大学出版社，2011年。

2.1 知识发现概念

2.1.1 知识发现的概念及相关概念辨析

知识发现（knowledge discovery in database，以下简称 KDD）是从数据集中抽取新的模式的过程。1989 年 8 月，在美国底特律召开的第 11 届国际人工智能联合会议的专题讨论会上，知识发现第一次被提及①。对于知识发现的定义，学者从不同的角度进行阐述。概括比较全面、准确，并获得广泛共识的是美国著名学者 Fayyad 在 1996 年对知识发现的描述，Fayyad 认为知识发现是指从数据集中识别出有效的、新颖的、潜在有用的及最终可理解的模式的非平凡过程②。

在上面的定义中，涉及几个需要解释的概念："数据集"、"模式"、"有效性"、"新颖性"、"潜在有用的"、"最终可理解的"。"数据集"是指一组事实 F，通常是指关系数据库中的记录；F 指用来描述某一事物、概念的有用信息集合，也是知识发现的原始数据。"模式"是一个表达式，用来描述数据集 F 的一个子集；从知识描述角度来看，"模式"要比"数据集"所描述的信息量更少、更简洁，是对数据集 F 中数据特性的描述集合。"有效性"则是指发现的模式要具有一定的正确性，同时对新的数据集仍然保持一定的可信度。"新颖性"是指发现的模式应该是以前未知的。"潜在有用性"是指发现的知识模式对人们今后的实践具有指导意义，如对决策行为、对事物的深入理解等。"最终可理解"是指从数据中提取的知识模式要容易被人理解，在表达形式上要简洁，在概念模式上要通俗易懂，在实际效益上要能够给人们带来效益。知识发现的有效性、新颖性、潜在有用性和最终可理解综

---

① 廖志江：《知识发现及数字图书馆知识服务平台建设研究》，载《情报科学》2012 年，第 30 卷第 12 期，第 1849—1853 页。

② U. Fayyad, G. Piatetsky-ShaPior, P. Smyth, "From Data Mining to Knowledge Discovery: An Overview", *Advances in Knowledge Discovery and Data Mining*, Cambridge: MIT Press, 1996, Vol. 17, No. 3, pp. 1 - 36; M. F. Usama, P. Gregory, S. Padhraic, et al. Knowledge Discovery and Data Mining: Towards a Unifying Framework [2018 - 04 - 23]. http://www.aaai.org/Papers/KDD/1996/KDD96-014.pdf.

合起来就是一个将信息变成知识，并提供一个知识模式识别的过程。

知识发现的概念可以分为广义知识发现和狭义知识发现。广义上的知识发现泛指新事物的发现，可以不需要加工或提炼。狭义上的知识发现则为数据库知识发现（KDD），是将已有的知识再加工组织，从而发现新知识的过程，仅给出数据的总和不能算是知识发现的过程[①]。

知识发现是一个新模式的识别过程，它并没有产生学科领域的新知识，而是已有知识的再加工、组织的过程[②]。

由于知识发现受到信息科学、计算机科学、管理科学等各个领域研究者的关注，因此出现了很多不同的术语，如数据挖掘、知识抽取、知识获取等，这些概念之间既有相同之处，也存在一定的差异。

1. 数据挖掘与知识发现

知识发现是数据挖掘的一种更广义的说法，在实际应用中，常常会将这两个术语替换使用。如前文所述，基于数据库的知识发现（KDD）是将低层数据转换为高层知识的过程，是识别数据中有效的、新颖的、潜在有用的、最终可理解的模式过程。

数据挖掘则是对数据模式或模型的发现，是一种观察数据的过程。数据挖掘是知识发现的一个步骤，挖掘的任务是从大量的数据中通过算法搜索隐藏于其中的信息的过程。

相比较而言，知识发现则包含有更深层次的含义，KDD可以利用对现有知识模式的学习，发现新的对用户有价值的知识并使其“显式”表达。这些“显式”表达的知识在决策支持、信息检索、信息管理等应用中，能够有效提高人们对信息的理解和应用。

从应用领域来说，数据挖掘主要在数据分析、数据库、管理信息系统等领域研究并应用，知识发现则应用于机器学习和人工智能领域。

---

① 王敏，张志强：《图书情报领域知识发现研究文献内容分析》，载《现代图书情报技术》，2008年第2期，第64—68页。

② 王敏，张志强：《知识发现研究文献定量分析》，载《图书情报工作》，2008年第4期，第29—31页。

2. 知识抽取与知识发现

知识抽取（knowledge extraction，简称 KX）[①] 是指对蕴含在文献中的知识进行识别、理解、筛选、格式化，从而把文献中的各个知识点（包括常识知识和专家知识）提取出来，以面向对象、逻辑命题等形式存入知识库中。知识抽取是知识获取的一种有效方式，是信息抽取的升华与深化。知识抽取的主要工作是对知识源中的数据进行处理，这个过程需要对数据进行分析、识别、理解、关联等一系列的处理，发现其中有用的知识。由于知识并不是以某种固定的形式存在于数据源中，因此这种数据处理往往针对不同的数据源形式而呈现出不同的方法，对模式的获取主要以人工或机器辅助人工的方式。如在获取领域专家的经验时，需要知识工程师与专家进行直接交流，知识工程师领会专家的经验后，再由知识工程师根据这些经验进行数学建模，抽取适当的知识表示形式进行呈现。

知识抽取目前较多地针对自然语言文本，是自然语言处理领域的一个重要分支。

3. 知识获取与知识发现

知识获取则是指模拟人类学习知识的基本过程，从信息源中抽取出所需的知识，并将其转换成可被计算机程序利用的表示形式，如事实、规则及模式等[②]。知识获取的目的是构建知识型系统，通过建立的智能系统的知识库，满足求解领域问题的需要。知识获取的任务包括知识抽取、知识建模、知识转换、知识输入、知识监测以及知识库的重组等[③]。知识获取和智能系统的建立是交叉进行的，在系统建设之初，一般只获取最必需的知识，以后随着系统的调试和运行而逐步积累新的知识。在知识库重组的过程中，需要检查新旧知识的相容性，以维持知识库的整体性，同时还要对新补充的知识进行分类存储，以供运用。

知识获取与知识发现都是以应用数据作为识别对象，并以获取潜在有价值的知识为最终目标，但从知识识别的过程来看，知识发现更多地体现为一种自动化的理

---

① 化柏林：《国内外知识抽取研究进展综述》，载《情报杂志》，2008 年第 2 期，第 60—62 页。

② 张玉峰，等：《智能信息系统》，武汉：武汉大学出版社，2008 年。

③ 王永庆：《人工智能原理与方法》，西安：西安交通大学出版社，1998 年。

论与技术。

2.1.2 知识发现的过程

知识发现将信息变为知识，从数据中识别隐含的知识。KDD从数据集中抽取潜在的、有价值的新模式。知识发现的应用范围广泛，数据的形态多样，如数字、文字、图片、符号等。用于知识发现的数据集的组织方式也各不相同，有结构化、半结构化、非结构化等数据类型。知识发现的结果呈现也有诸如规则、规律、聚类、相关性等多种形式。

知识发现是一个反复迭代的过程，基本步骤会随不同的发现应用而略有不同，其一般过程可以粗略地划分为数据准备、数据挖掘、结果的解释和评估三个步骤[①]。如图2-1所示：

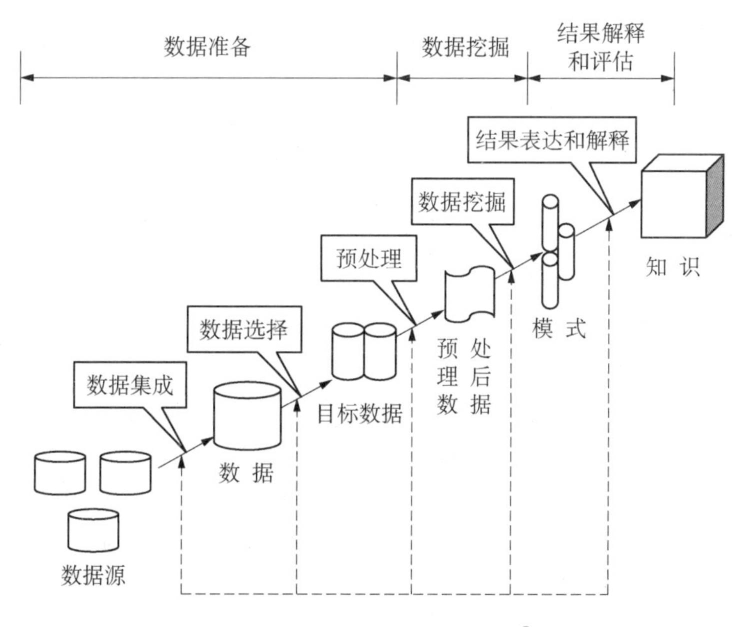

图2-1 知识发现的一般过程[②]

知识发现的三个步骤中，数据挖掘应用需要花费约20%的时间，结果的解释

① 史忠植：《知识发现（第二版）》，北京：清华大学出版社，2011年。
② 胡侃，夏绍玮：《基于大型数据仓库的数据采掘：研究综述》，载《软件学报》，1998年第9卷，第1期，第53—63页。

和评估的分析大约需要花费10%的时间，而数据准备需要花费超过60%的时间①。

1. 数据准备

数据准备是高质量数据挖掘的前提条件，这一步骤主要包括三个环节：数据集选择、数据预处理和数据变换。用户的需求是数据集选择的条件，通过界定操作对象，确定抽取原则，有针对性地从目标数据源中抽取一组数据；数据预处理主要的目标是消除数据的噪音、消除数据的冗余或完成数据的类型转换。如果预处理的数据对象是文本类型的数据，预处理则包括数据的清洗（如Web文本数据要根据XML格式提取需要的数据部分）、分词处理、特征的提取（如词性标注）等工作；数据变换的任务则是消减数据维度，从数据的初始特征中找出真正有用的特征，以减少数据挖掘时要考虑的特征或变量的个数。如果处理的是文本时，这项工作就需要对文本进行降维处理（如去除停用词或高频词等），从中选取有用的特征以提高数据挖掘的效率，同时将数据集整理为能够被挖掘算法直接使用的存储形式。

总之，数据准备过程的目的是通过保证数据集与挖掘任务的相关性来提高数据挖掘的效率和准确性。

2. 数据挖掘

数据挖掘是知识发现的核心，这一过程的任务是运用各种挖掘算法从准备的数据集中发现、识别、抽取潜在的模式和规则。数据挖掘阶段首先需要明确知识发现的最终目的是什么，如聚类、分类、规则发现等，在明确挖掘任务之后，则需要选择采用何种挖掘算法实现模型的提取。数据挖掘算法的选择受两方面因素的影响：（1）数据集的类型；（2）知识呈现的形式。由于不同的数据有不同的特征，需要选择与其特征相关的挖掘方法进行。对于知识呈现的形式，可以根据描述型、预测型等不同的需求，选择相应的数据挖掘算法。

数据挖掘过程需要注意两点：

（1）数据挖掘仅仅是知识发现的一个环节

数据挖掘是知识发现的核心，但也只是知识发现的一个步骤，挖掘质量的好坏

---

① J. K. Dixon, "Pattern Recognition with Partly Missing Data", *IEEE Transactions on Systems Man and Cybernetics*, 1979, Vol. 9, Issue. 10, pp. 617 - 621.

不仅同挖掘算法的选取有关，也受数据集的质量和数据量的大小等因素的影响。此外，不恰当的数据属性选择或对数据做不适当的数据转换，也会很难得到令人满意的挖掘结果。因此，数据挖掘的实施需要在数据准备时就明确挖掘的具体策略。

（2）数据挖掘是一个不断反馈的过程

在实施数据挖掘的时候，如果发现选择的数据不理想或选取的挖掘算法没有产生预期的结果，则需要重复先前的过程，重新进行数据挖掘。

总之，数据挖掘技术选择的合理性决定了数据挖掘的质量，要获得好的挖掘效果，就需要对不同挖掘方法的要求或前提有充分的了解。

3. 结果表达和解释

最终可理解的模式是知识发现的目标，结果的解释需要采用可视化或者易于理解的表示方式，如决策树、关联规则等。结果的解释还需要进行评估，即对知识模型进行验证和评估，对可能存在的冗余或无关的模式进行剔除。在结果的评估过程中，如果发现知识模型无法满足实际需要，则需要退回到数据准备阶段，重新选取数据集、采用新的数据转换方法、选择新的挖掘算法等。

知识模型的评估可以采用训练集和测试集的形式进行。在实验过程中，可选择一定量的样本进行样本学习。首先使用训练集建立知识模型，然后用测试集验证该知识模型的准确性。在验证过程中，将会删除部分冗余和无关的模式。

在实际应用中，数据挖掘的处理对象是大量数据，数据挖掘阶段还有可能在知识发现的迭代过程中多次反复，因此时间复杂度也是结果评估阶段需要考虑的一个因素。

在结果表达和解释过程中，可视化扮演着重要的角色。知识发现过程是一个形成有效的、新颖的、潜在有用的及最终可理解的模式的非平凡过程，可视化可以使知识模型的呈现更容易被接受。在数据准备阶段，可视化可以显示数据的基本面貌，如相关的统计信息等；在挖掘阶段，则需要采用与挖掘算法相对应的可视化工具，来描述挖掘的领域问题；在结果解释阶段，则需要采用可视化呈现知识模型，实现可理解的目标。

2.1.3 知识发现的任务

知识发现的任务主要有数据分类、数据聚类、关联和相关性、描述和总结、时间序列分析等[①]。这些任务从对应的知识类型[②]来看：数据分类和数据聚类产生分类型知识，关联和相关性产生关联型知识，描述和总结产生广义型知识，时间序列分析则产生预测型知识。

1. 数据分类

数据分类是数据挖掘研究的重要分支之一，是一种有效的数据分析方法。数据分类是指通过对数据集进行分析训练，并应用构造的分类器，把数据集中的数据记录映射到一个给定的类别，从而可以实现数据预测。知识发现的数据预测是从历史数据中自动推导出给定数据的分类描述，进而实现对未来数据的预测。

分类的效果一般和数据的特点有关，噪声大、分布稀疏、属性相关性强、离散或连续的数据，将采用不同的分类方法，以适应不同特征的数据。

分类模型构造方法主要包括：贝叶斯方法、支持向量机、决策树模型、近邻法、人工神经网络、基于实例的学习方法、多元判别分析模型、基于粗糙集的方法和基于模糊集的方法等等[③]。

2. 数据聚类

数据聚类是根据数据个体的某些相似特征将数据划分为不同的数据类[④]。当要

---

① J. Han, X. H. Hu, N. Cercone, "A Visualization Model of Interactive Knowledge Discovery Systems and Its Implementations", *Information Visualization*. 2003, Vol. 2, Issue. 2, pp. 105－125.

② 孙吉红，焦玉英：《知识发现及其发展趋势研究》，载《情报理论与实践》，2006年第29卷第5期，第528—530页，第527页。

③ U. M. Feyyad, "Data Mining and Knowledge Discovery: Making Sense Out of Data", *IEEE Expert*, 2002, Vol. 11, Issue. 5, pp. 20－25; C. Bohm, F. Krebs, "The K-nearest Neighbour Join: Turbo Charging the KDD Process", *Knowledge and Information Systems*, 2004, Vol. 6, Issue. 6, pp. 724－749; A. Congiusta, D. Talia, P. Trunfio. "Parallel and Grid-Based Data Mining-algorithms, Models and Systems for High-performance KDD", O Maimon, L Rokach. *Data Mining and Knowledge Discovery Handbook*. New York: Springer, 2010, pp. 1009－1028; J. Zubcoff, J. Trujillo, "Conceptual Modeling for Classification Mining in Data Warehouses", T. M. Nguyen, A. M. Tjoa, J. Trujillo, *Data Warehousing and Knowledge Discovery: A Chronological View of Research Challenges*. 8th. Berlin: Springer, 2006, pp. 566－575.

④ D. Birant, A. Kut, "ST-DBSCAN: An Algorithm for Clustering Spatial-Temporal Data", *Data & Knowledge Engineering*, 2007, Vol. 60, Issue. 1, pp. 208－221; A.K. Jain, R.C. Dubes, *Algorithms for Clustering Data*, Englewood Cliffs: Prentice-Hall, 1988; A. K. Jain, M. N. Murty, P. J. Flynn. "Data Clustering: A Review", *ACM Computer Survey*, 1999, Vol. 31, Issue. 3, pp. 264－323; J. Abonyi, B. Feil, *Cluster Analysis for Data Mining and System Identification*. Dordrecht: Springer, 2007, pp. 315－317.

分析的数据缺乏必要的描述信息，或者根本就无法组织成任何分类模式时，可以采用数据聚类的方法为数据自动地找到所属的类。

数据聚类和数据分类很类似，均是将数据分组。两者的不同之处是，分类中的组是预先定义的，而聚类是根据数据之间的相似性进行定义。聚类可以使同一类别中个体之间的距离尽可能小，而不同类别的个体间的距离尽可能大。

面向机器学习的知识发现过程中，聚类属于无监督学习的范畴。分类时数据对象有类别标识（如按发表时间将发表的论文进行分类），而聚类则没有这样的标识，需要由算法自动确定（如通过词共现关系实现文本聚类）。主要的聚类分析方法有基于划分的方法、层次聚类法、密度方法、网格方法和模型方法①。

值得注意的是，大多数数据聚类的方法擅长处理低维度的数据，在文本信息的聚类过程中，需要对文本进行降维处理。然而，在数据仓库等高维空间中聚类数据对象是非常有挑战性的，特别是考虑到这样的数据可能分布非常稀疏。

3. 关联和相关性

关联规则是指通过对数据库中的数据进行分析，从某一数据对象的信息来推断另一数据对象的信息，寻找出重复出现概率很高的知识模式。关联模式是数据项之间的关联规则，即元素 A 与 B 之间的关联模式可以表述为：A⇒B。

相关性则是用来发现大规模数据集中数据或特征之间有趣的依赖关系。数据之间的相互联系是现实世界中事物联系的表现，相关性表明数据或特征之间存在相互依赖的关系。一个依赖关系存在于两个元素之间，如果一个元素 A 的值可以推导出 B 的值，则说明 B 依赖于 A。这里元素可以是结构化数据（如数据库、数据仓库）的字段，也可以是非结构化数据（文本数据）的关键词。

数据的关联和相关性代表一类重要的可发现的知识。通常来说，强的关联和相关性可以反映某领域的知识模式，这种模式可以通过一些算法获得，如回归分析、关联规则等。关联和相关性有广泛的应用。

4. 描述和总结

描述有两种类型：一种是特征描述，一种是辨别描述。特征描述是提取数据集

---

① J. Han, M. Kamber, *Data mining: Concepts and Techniques*. 3rd. San Francisco: Morgan Kaufmann Publishers, 2001.

中大量关于某对象描述的信息，形成知识模式，这种模式表达了该对象的总体特征；辨别描述则是通过对对象特征的提取，描述两个或多个对象之间的差异。

总结的目的是提炼、浓缩数据，给出事物概括性的描述。统计学的方法是计算数据库中字段的平均值、求和等统计计算，通过各种图形的方式来表示。数据仓库领域，则是通过 OLAP 的模式输出各种报表，实现数据的总结。数据挖掘领域主要是采用数据泛化实现总结。泛化是指把有关数据从低层次抽象到高层次上的过程。由于数据集所包含的信息总是原始的、基本的信息，数据挖掘希望能够从较高层次上实现对数据不同层次的泛化，进而实现数据的总结。

5. 时间序列分析

时间序列分析（time series analysis）是一种动态数据处理的统计方法，研究随机数据序列所遵从的统计规律，以用于解决实际问题①。

知识发现的时间序列分析是为了发现数据集中某属性值的发展趋势。知识模型的趋势分析可以用来搜寻相似模式以发现和预测特定模式的风险、因果关系和趋势。如可以从股票价格指数预测发展趋势，从客户历史数据预测消费习惯及对企业的商业价值等。在非结构化数据（如科技文献、用户评论等）中，通过时间序列分析可以识别事物的发展模式，并归纳出有价值的知识模型。

时间序列模式根据数据随时间变化的趋势，发现某一时间段内数据的相关处理模型，预测将来可能出现的值的分布。它可看成是一种特定的关联模型，即将时间属性结合到关联模型中，以增强事物的关联描述。

2.1.4 知识发现的对象

知识发现的应用范围广泛，可以是经济、管理、社会、商业、科学数据等多领

① W. Chien-Liang, K. Jia-Ling, A. Pao-Ying. Improved sequential pattern mining using an extended bitmap representation [2018-06-22]. https://pdfs.semanticscholar.org/d0a4/faebbdfbeaf82e96cd93766ed1d85a137035.pdf; Z. Yang, M. Kitsuregawa, LAPIN-SPAM: An improved algorithm for mining sequential pattern. *21st International Conference on Data Engineering Workshops (ICDEW'05)*, IEEE, 2005, pp.1222; X. Wang, W. Yao, Sequential pattern mining: Optimum maximum sequential patterns and consistent sequential patterns. *2007 IEEE International Conference on Integration Technology*, Publisher: IEEE, 2007, pp.20-24.

域产生的数据，这些数据结构各不相同，并以不同形式进行存储，如数据库、文本数据、Web 数据等，形成了不同类型的数据，如结构化、半结构化、非结构化等。

1. 数据库

由于关系数据应用广泛，且具有统一的组织结构，因此数据库知识发现是研究最为活跃的领域，也是数据挖掘应用比较多的领域。从数据库中发现知识，是指从关系数据集合中识别出有效的、新颖的、潜在有用的及最终可理解的模式的非平凡过程。

数据库知识发现需要解决的一个重要问题是数据不完整。在实际应用中，由于各种原因，数据集中部分或全部数据记录（字段）的某些数据项缺失。通常意义上的数据项缺失是指某数据项的属性取值没有获得或属性的取值不完整。这些没有获得数值或取值不完整的数据项将会给数据库知识发现的评估和解释带来困难。造成数据集不完整的原因有多种，比如数据采集过程中被调查用户缺失、填写不规范、数据敏感、获取数据成本或风险较高等。在实际应用中，不完整数据大量存在，是数据库知识发现中不可回避的问题。学者 Lakshminarayan 在对某工业数据集进行分析时发现，一个包含有 82 个属性，共 4383 条记录的数据集，记录的缺失数据项达到了 100%，其中一半以上的属性数据缺失比例超过 75%，有近 60%的属性数据项缺失比例大于 50%，且只有 7 个属性的数据是完整的[①]。不完整数据处理是数据库知识发现必须认真考虑和对待的重要问题。有效地处理不完整数据有助于充分地利用已经搜集到的数据，从而提高机器学习和数据挖掘的效率。

数据库中对同一信息的存储可能在多个地方，这就造成了数据冗余问题。冗余信息可能产生出无效的知识模型，甚至会造成数据库知识发现的错误，为此，数据库知识发现首先需要明确数据集的依赖关系，降低数据的冗余。

数据库中的错误信息也可能对知识模型的发现造成影响，这些错误的数据可能是人为的疏忽，也可能是人的主观因素造成的数据选取错误，概率分析是解决这一问题的一种方法。

随着数据库中存储的数据增长迅速，且数据动态变化，对关系数据集进行数据

---

① K. Lakshminarayan, S. A. Harp, T. Samad, "Imputation of Missing Data in Industrial Databases", *Applied Intelligence*, 1999, Vol. 11, Issue. 3, pp. 259 - 275.

挖掘面临着巨大的挑战。

2. 文本

文本的知识发现是指从文本集中识别出有效的、新颖的、潜在有用的及最终可理解的模式的非平凡过程。文本分析是从文本中获取知识模型的基础。文本分析就是从文本数据中挖掘一些特征，以利于对文本的深入“理解”。文本知识发现可以自动地将文本分到相关的主题中，便于浏览和查询，这是信息组织的一种有效方法。

由于文本数据的组织形式松散，为提取容易理解的知识模式造成了困难，文本知识发现主要有特征提取、聚类、分类等基本过程。特征提取主要用来识别文本中词项的意义，对于单文本，特征识别往往借助词典来实现。如果分析的是文本集，则需要从大量文本中识别出一些特征，然后选取最优的词项作为特征描述；文本聚类的目的是将文本集合分成几个组的过程，如果按照文本的内容进行分组，则需要先获取文本的主题，然后提取文本集合中一系列的术语或词项作为主题的描述。文本聚类可以方便找到文本集合中隐含的相似关系，从而发现文本集内容的相似或相关的一系列文本信息；文本分类是根据已有的“主题”，将文本分配到已知的类中。

随着信息技术的广泛应用，大量信息以文本形式进行存储，对文本数据进行知识发现，将有助于信息检索、信息管理、商业分析等领域的发展。

3. Web 数据

随着网络资源的不断丰富，知识源异质异构的问题越来越明显。面对呈指数级增长的网络数据，如何获取需要的知识是信息资源管理面临的一个主要挑战。面对这一需求，Web 数据的挖掘技术应运而生。Web 数据的知识发现是指面向 Internet 的分布式信息资源，识别出大量存在于数据中的隐含、有效的规律①。

Web 数据知识模式抽取与数据库知识发现存在一些差异。首先，网络数据是海量、异构和分布的文档数据。因此，从知识发现的过程来看，针对用户网络行为、服务器日志的挖掘，属于传统的数据挖掘范畴；其次，Web 数据从逻辑上是一个由文本和超链接构成的网状结构。因此，Web 数据的知识发现既可以是 Web 文本的内容，也可能是有关于 Web 结构的。

---

① Bing Liu 著，俞勇，薛贵荣，韩定一译：《Web 数据挖掘》，北京：清华大学出版社，2009 年。

2.2 知识发现的方法

知识发现的技术是以人工智能为基础，并利用其他技术，如多元统计分析方法等形成的。由于知识发现有多种研究对象，而且数据的可视化在知识发现的各个阶段都发挥着重要的作用。因此，数据库技术、数据挖掘、数理统计和可视化技术成为知识发现研究的主要的实现方法和技术。

2.2.1 数据库技术

数据库中的数据具有以结构化的形式存储、具有统一的组织结构、采用一体化的查询语言、关系之间及属性之间具有平等性等特性。因此，从关系数据库中进行知识发现是当前研究比较多的，也取得了一定的研究成果。随着数据库中数据的迅速增长，数据库知识发现的技术也面临着新挑战。如超大数据量的知识发现、动态变化数据的知识发现等。

数据库知识发现需要实现对大量数据的总结，并提炼出相应的知识模型。知识模型的抽取需要从数据的微观特性发现其表征的、带有普遍性的、较高层次的概念，这个过程称为数据集的概念描述。概念描述从数据集的特征（如产品的类别）和比较（如产品的价格）两个方面实现对数据集的简单汇总。图 2-2 描述了这个过程。

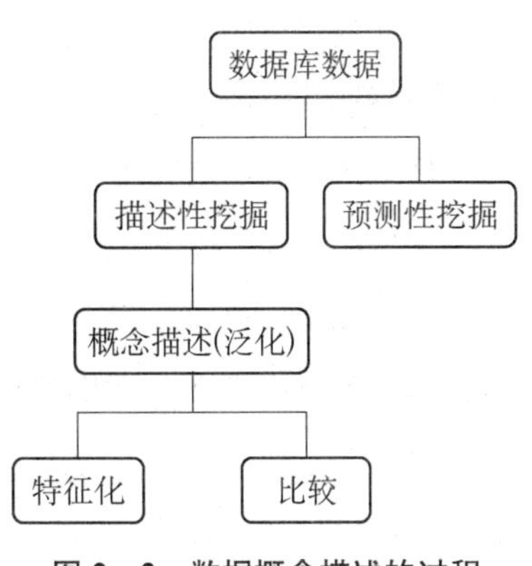

图 2-2 数据概念描述的过程

数据集的概念描述主要通过数据泛化来讨论数据的汇总。数据泛化是将数据库中的数据从低层次抽象到高层次的过程。数据泛化技术通过视图处理或浏览数据，解决了对数据进行不同层次查询的需求。目前数据泛化技术主要有多维数据分析方法和面向属性的归纳方法。

2.2.2 数据挖掘技术

数据挖掘是知识发现的一个步骤，也是知识发现的核心。数据挖掘通常与计算机科学有关，通过各种算法来实现知识模型的提取。

1. 关联规则挖掘

关联规则是知识发现的众多知识类型中最为典型的一种，是知识发现研究的一个重要方法①。关联规则挖掘是寻找数据集中支持度和可信度分别大于给定的最小支持度和最小可信度的关联规则。数据挖掘过程中，规则反映了数据项的某些属性或数据集中某些数据项之间的统计相关性。关联规则主要针对事务型的数据库，如：在超市的数据库中存储了大量的数据。一般关联的发现步骤为：事务一中出现了商品甲；事务二中出现了商品乙；而事务三中同时出现了商品甲和商品乙。那么，商品甲和商品乙的出现是否存在一定的规律？关联规则可以通过大量的数字描述商品甲的出现对商品乙的出现有多大的影响？在产生的众多关联中，算法需要进行筛选，一般用“支持度”和“可信度”两个阈值来淘汰那些无用的关联规则。

关联规则属于描述性的知识模型，在规则的发现过程中不需要人工干预，属于无监督机器学习的方法。

随着研究和应用的深入，关联规则开始从单一概念层次规则的发现转向多概念层次规则的发现，也就是从不同概念层面发现事物之间的关联规则。如：在关系数据库中，如果从单纯的原始数据字段（面包、香蕉）进行规则挖掘，可能难以获得更多有效的规则模型。如果把这些数据抽象为更高层面的概念，如食品、水果，则

---

① C. Schmitz, A. Hotho, R. Jäschke, et al. Mining association rules in folksonomies [2018-06-22]. https://www.kde.cs.uni-kassel.de/hotho/pub/2006/schmitz2006asso_ifcs.pdf; A. U. Tansel, N.F. Ayan. Discovery of association rules in temporal databases [2018-08-22]. http://citeseerx.ist.psu.edu/viewdoc/download?doi=10.1.1.38.3189&rep=rep1&type=pdf.; P. Lenca, P. Meyer, B. Vaillant, et al. "On Selecting Interestingness Measures for Association Rules: User Oriented Description and Multiple Criteria Decision Aid", *European Journal of Operational Research*, 2008, Vol. 184, Issue. 2, pp. 610-626.

可能发现新的更为抽象的规则。

由于关联规则要对数据集中的频繁项进行多次扫描，当大量数据进行规则计算时，将会带来效率的问题。提高效率主要有两个方面的思路：一是利用数据采样，对待挖掘的数据集进行选择；二是采用分布式数据挖掘，尤其是在对Internet上的海量数据进行挖掘时，可以将数据分布在不同的网络节点，并行挖掘以提高效率。

随着非结构数据的增多，关联规则挖掘的对象也由关系数据库中的结构化数据，向文本、网络等非结构化数据的规则发现而改变。

2. 决策树

在数据挖掘中，决策树是一种经常要用到的技术，可以用于分析数据，同样也可以用来作预测①。它通过将大量数据有目的的分类，从中找到一些有价值的、潜在的信息。它以信息论中的互信息（信息增益）原理为基础，寻找数据中具有最大信息量的字段。它的基本思路是：首先建立决策树的一个节点；再根据字段的不同取值建立树的分枝；然后在每个分枝中集中重复建立树的下层节点和分枝，从而建立决策树。

决策树对数据集的挖掘着眼于从一组无次序、无规则的实例中推理出决策树表示形式的分类规则。它是以数据集中的数据为基础，实现一般概念的归纳。决策树方法最大的优点（也是它最大的缺点）是在知识模型识别过程中无需更多的背景知识，只要能够归纳出属性——结论的表达形式即可。它的另一个优点是，在数据规则可视化时，不需要长时间的构造过程，输出结果容易理解而且精度较高，因此决策树在知识发现系统中应用较广。由于决策树的描述简单、分类速度快，特别适合大规模的数据处理。

2.2.3 数理统计技术

数理统计是从事物外在数量上的表现去推断事物可能的规律性。有关事物规律

---

① L. Rokach，O. Maimon，*Data Mining with Decision Trees*：*Theory and Applications*. Singapore：World Scien-Tific. 2008；S. Nijssen，E. Fromont，Mining optimal decision trees from itemset lattices [2018-04-23]. http：//liacs. leidenuniv. nl/～nijssensgr/complete. pdf.

性的知识一般都隐藏得比较深，数理统计方法从事物表面数量上进行分析，发现一些线索，提出假设，然后再做深入的理论研究，进而发现科学的规律。数量统计发现的科学规律往往需要在实践中用其他数据集进行验证。也就是说，数理统计识别的知识模型是否与一般理论相符，在多大程度上相符或存在怎样的偏差，都需要运用数理统计分析的方法处理。

数理统计的知识发现处理过程主要可以分成三个阶段：

(1) 数据收集：数据采样、实验设计。

(2) 数据分析：预处理、数据理解、数据建模、知识发现、可视化。

(3) 推理：分类、聚类、预测。

数据采样是数据分析的基础，它需要根据实验目的选择有关的数据集。为了能够发现有效的科学规律，通常需要大量的数据集。数据集的“大”有两个含义：包含大量的记录或有大量的属性，或者是两者的组合。数据量大会增加数据模型统计分析的时间，大量的属性会使构建的模型更加复杂。因此，在数理统计过程中，大数据集是知识规律识别的一个主要障碍。一个简单有效的方法就是利用采样来缩减数据集的大小（即记录的数量），即取一个大数据集的一个子集。但是，利用采样可能带来一个问题：在小概率的情况下其结果不准确，而在大概率的情况下其结果的相似性是非常高的。其原因是，运行整个数据集的子集可能破坏了属性间的内在相关性，这种相关性在高维数据问题中是非常复杂而且难以理解的。因此，可以根据数据集的特征，采取随机抽样的方法，对数据样本进行分析。实验设计需要根据数据集的特征选择必要的挖掘算法，并规划实验的步骤。

在数据分析阶段，需要对数据进行去重、清洗、规范、转换等数据预处理工作，同时还需要理解数据的含义，便于进行数据建模操作。知识发现主要采用各种挖掘算法抽取隐藏在数据内部的科学规律。大数量可能会造成计算效率问题，一般在数据挖掘的应用中，存在两种方法：一种方法是在知识发现过程中并不是使用数据集中的所有数据；另一种方法是在部分数据上运行算法的结果，并假设与在整个数据集上进行运行而得到的结果是相同的。

推理阶段将实现对原始数据的分类、聚类、预测等统计分析，常用的方法有回归分析、聚类分析、相关分析、贝叶斯概率分析等。

1. 回归分析

回归分析（regression analysis）是确定两种或两种以上变量间相互依赖的定量关系的一种统计分析方法。在知识发现应用中十分广泛，回归分析分为一元回归分析和多元回归分析、线性回归和非线性回归分析等多种类别。

回归分析不同于相关分析，相关分析主要是识别事物之间是否相关、相关的方向和密切程度，一般不区别自变量或因变量。回归分析则要分析事物之间相关的具体形式，确定其因果关系，并用数学模型来表现其具体关系。如在做用户满意度分析时，从相关分析中可以发现，用户的满意度与商品的质量密切相关，但是这两个因素之间到底是谁受谁的影响，影响程度如何，则需要通过数据模型加以描述。一般来说，回归分析通过规定因变量和自变量来确定变量之间的因果关系，建立回归模型，并根据实测数据来求解模型的各个参数，然后评价回归模型是否能够很好地拟合实测数据；如果能够很好地拟合，则可以根据自变量做进一步预测。如上面的例子，可以研究商品质量和用户满意度之间的因果关系，商品质量如何影响用户的满意情况。可以将用户满意度设为因变量，将商品质量设为自变量，通过数据模型分析商品质量每提高一分，用户的满意度随之增加。如果在回归分析中，只包括一个自变量和一个因变量，就是一元回归，当模型需要考虑多个自变量时，就成为多元回归。

进行回归分析时，首先确定变量之间是否存在相关关系，如果变量之间不存在相关关系，对这些变量应用回归预测法就会得出错误的结果。因此，使用回归分心进行知识发现时需要使用合适的数据集，并用定性分析的方法判断事物之间是否存在相关关系。

2. 支持向量机

支持向量机（support vector machine，简称 SVM）方法是建立在统计学习理论基础上的，是一种通用的知识发现方法，在分类方面具有良好的性能①。支持向量机不仅在解决小样本、非线性及高维模式识别中表现出许多特有的优势，而且在处理文本分类的问题上也具有广泛的应用。

---

① V. N. Vapnik. *The Nature of Statistical Learning Theory*. New York：Springer，2000.

支持向量机的目的是寻找一个对问题真实情况进行描述的知识模型，我们把这个知识模型叫作假设。由于该问题的真实模型是无法获得的，因此这个知识模型只能是无限地接近事实的真相，它们之间会存在统计的误差，称为风险。为了验证得到的知识模型在分类中是有效的（即风险最小），可以选择已经标注过的数据，然后使用分类器在这些小样本数据上进行分类。由于标注过的数据可以认为是准确的数据，将机器分类的结果与真实结果进行比较，它们之间的差值就是知识模型的误差。

支持向量机在进行分类处理时受两个因素影响：一是样本数量，如果给定的样本数量越大，知识发现获得的模型就越有可能正确，此时风险越小；二是分类的属性越多，即维越大，风险会变大。如对商品的分类：如果根据商品用途进行分类，则分类的知识模式是一维的；如果根据商品的用途、原材料进行分类时，分类的知识模式将是二维的。以此类推，如果再加上生产方法、化学成分等分类属性时，这个知识模式会是三维、四维、五维。可见，随着维数的增加，知识模式的复杂程度也随之增加。在支持向量机方法中，样本数量越小，算法的复杂度较低；维数越大，模型的通用能力越差。

2.2.4 可视化技术

知识发现强调通过对数据集的处理产生"最终可理解的模式"。可视化就是将数据、信息和知识转化为"最终可理解"的表示形式过程。可视化后的数据，将使用户可以直观地发现数据特征与数据隐含的依赖关系，为数据分析人员提供很好的帮助。对于发现的知识，通过可视化工具，可以帮助用户更好地理解与评价知识的功用性。

知识发现过程离不开可视化数据分析技术的支持，合理的数据可视化工具是发现高质量知识和规则的基础和保障。可视化工具能很好地帮用户理解数据及解释发现的知识，其本质是对数据子集进行拓扑变换，将规则映射到拓扑。通过定义标准的接口，知识发现系统和数据可视化工具将数据挖掘处理好的数据进行呈现，以发现信息中的模式、聚类、区别、联系和趋势。

可视化技术通过图形图像的技术与方法表示信息，能够帮助人们对抽象数据集——如非结构化文本、Web 信息、社会关系分析等——的理解和分析。

2.3 知识发现研究现状

早期的知识发现研究主要集中在数据库领域，并以各种挖掘算法的研究为主，主要目标是解决海量数据和信息的处理和挖掘问题。知识发现的算法研究通常被归为数据挖掘的研究，相关的算法研究在计算机科学、信息检索、图书情报、医学信息学等学科领域产生大量的研究成果，并形成较为丰富的产品。随着新兴信息技术与应用模式的不断涌现，知识发现的研究重点开始转向对半结构化、非结构化数据的知识提取，文本数据、网络数据等形式多样的信息逐渐成为知识发现研究的重点。

2.3.1 国内研究现状

本书以文献计量的方法，通过中国知网在线数据库，对国内相关主题的论文进行检索和分析（检索时间为 2016 年 7 月 12 日，国外检索时间相同），了解知识发现相关研究现状以及发展经历的阶段。本书以“知识发现”为检索词，对 CNKI 数据库进行“主题”字段的“精准匹配”检索，时间跨度从 1996 年至 2015 年，经筛选和排重后共获得有效数据 5 921 条结果。整理该 5 921 条记录的发表年限信息并进行处理和分析，得到如图 2－3 所示的年度发文量折线图。

国内有关知识发现研究较早的论文是 1992 年发表在《小型微型计算机系统》的论文《关于数据库中的知识发现研究》，该文介绍了关系数据库中的知识发现模型，描述了相关的机器学习、关系数据库、模糊学和统计学等与知识发现有关的技术，并分析了知识发现的系统[①]。从 1992 年到 1995 年，有关知识发现的研究并没有受到更多的关注，通过检索发现，与知识发现相关的论文仅有 8 篇。从 1996 年

---

① 李德毅，杨雪南：《关系数据库中的知识发现研究》，载《小型微型计算机系统》，1992 年第 13 卷第 4 期，第 40—44 页。

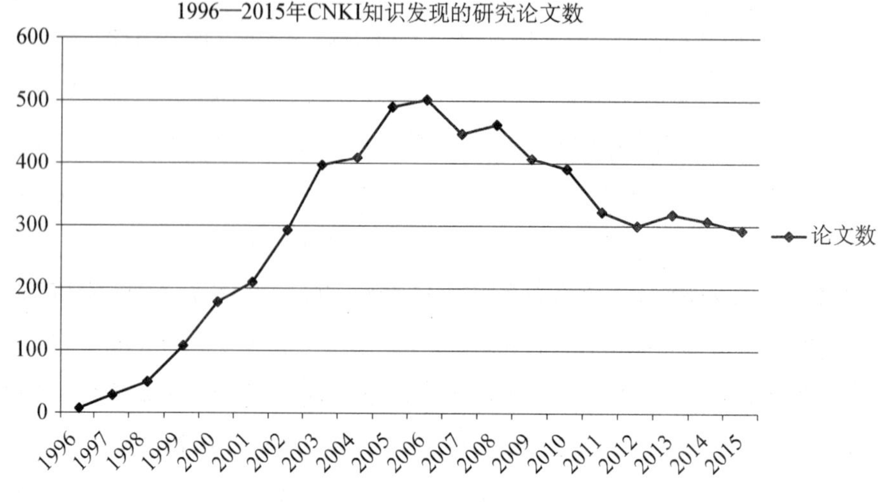

图 2－3　CNKI 知识发现的研究曲线图（1996—2015）

开始，我国知识发现研究开始进入一个快速增长的时期。纵观 1996 年到 2015 年 20 年间国内知识发现研究的基本情况，大致可以分为以下四个阶段：

第一阶段：知识发现研究的起步阶段（1996—1998）。从 1996 年第一篇知识发现论文发表开始，国内知识发现的研究呈缓慢增长态势，发文量较少，年均发文仅 13 篇，这一阶段更多的是介绍国外的相关概念和应用。然而这阶段也有该领域研究引用率达到 548 的论文①，成为该领域国内研究被引次数最高的研究论文。

第二阶段：知识发现研究的快速发展阶段（1999—2006）。相比于上一个阶段，该阶段文献研究的发文量有了大幅提升，并在 2006 年达到巅峰状态，全年共发表论文 502 篇，在这一时期知识发现的主题受到了学术界普遍的关注。

第三阶段：知识发现研究的过渡阶段（2007—2012）。这一阶段的发文总量不断下降，到 2012 年时为 299 篇，比最高发文量的 2006 年减少了近 40%。这一阶段发文量明显下滑，说明相关研究已趋渐成熟与饱和，且研究力量开始稳定。通过对文献主题的详细分析发现，该时期知识发现的研究逐渐从发现方法转向系统应用，并且更加注重多种发现方法的融合以及学科间的交叉。如知识发现与可视化②、知识

---

① 冯玉才，冯剑琳：《关联规则的增量式更新算法》，载《软件学报》，1998 年第 9 卷第 4 期，第 301—306 页。

② 郭凌辉：《知识发现（KD）研究热点与前沿的信息可视化分析》，载《图书馆理论与实践》，2011 年第 8 期，第 27—30 页。

发现系统建设与本体结合①、知识发现与 Web 语义②等等。此时理论研究的体系构建已基本完成，等待着新的应用环境出现，属于知识发现研究的过渡期。

第四阶段：知识发现研究新的发展期（2013—2015）。继上一阶段发文量的下滑后，该时期相关研究处于一个稳定期。深入挖掘可以发现，这一时期，知识发现开始与一些新的技术发展、应用领域、发现环境相结合，产生了一系列研究成果，如云计算③、大数据④等新理念、新技术的提出，使传统知识发现面临更为复杂的环境，应用背景也从传统的零售等行业转变为医疗健康⑤、生物医药⑥及其他领域⑦，从而给知识发现带来了新的应用契机。

如果从关键词进行分析，可以发现国内有关知识发现研究的主要研究方法和技术，表 2－1 显示了国内 1996 年—2015 年 20 年间主要研究的关键词统计。

表 2－1　国内知识发现研究的关键词统计（1996—2015）

序号	关键词	词频	序号	关键词	词频
1	数据挖掘	3 016	7	属性约简	247
2	知识发现	1 737	8	聚类	221
3	关联规则	729	9	数据库	199
4	粗糙集	559	10	概念格	173
5	数据仓库	368	11	分类	160
6	决策树	257	12	聚类分析	143

① 张超群，郑建国，钱洁：《基于本体的企业知识发现系统架构》，载《情报杂志》，2010 年第 29 卷，第 12 期，第 103—106 页，第 14 页。

② 靳展：《基于语义 Web 的知识发现方法研究》，哈尔滨：哈尔滨工程大学，2008 年。

③ 倪明选，张黔，谭浩宇，等：《智慧医疗——从物联网到云计算》，载《中国科学：信息科学》，2013 年第 43 卷第 4 期，第 515—528 页。

④ 殷红，刘炜：《新一代图书馆服务系统：功能评价与愿景展望》，载《中国图书馆学报》，2013 年第 39 卷第 5 期，第 26—33 页；刘江玲：《面向大数据的知识发现系统研究》，载《情报科学》，2014 年第 32 卷第 3 期，第 90—92 页，第 101 页。

⑤ 刘洋，张卓，周清雷：《医疗决策表的不等式诊断规则挖掘方法》，载《小型微型计算机系统》，2015 年第 36 卷第 5 期，第 1052—1055 页。

⑥ 康宏宇，李姣：《生物医学文献的知识发现与数据整合》，载《中华医学图书情报杂志》，2015 年第 24 卷第 2 期，第 15—20 页；闵波，刘爱中，郑萍，等：《基于复杂关联网络的生物医学研究结构的挖掘》，载《中华医学图书情报杂志》，2015 年第 24 卷第 8 期，第 1—4 页。

⑦ 李朝奎，严雯英，肖克炎，等：《地质大数据分析与应用模式研究》，载《地质学刊》，2015 年第 39 卷第 3 期，第 352—357 页。

续表

序号	关键词	词频	序号	关键词	词频
13	知识管理	139	20	客户关系管理	88
14	遗传算法	124	21	大数据	87
15	空间数据挖掘	119	22	电子商务	86
16	Apriori 算法	102	23	文本挖掘	83
17	本体	99	24	Web 挖掘	82
18	应用	99	25	算法	81
19	神经网络	94			

从表 2-1 可以看出，国内研究的重点仍然是与知识发现相关的各种算法，如粗糙集、关联规则、决策树、遗传算法、神经网络等技术应用，从研究任务来看，则强调知识的分类、聚类、属性约简等研究，研究领域则涵盖了电子商务、客户关系管理、知识管理、空间数据等多个领域。同时在一些如本体、大数据等方面也进行了大量的研究。

为了识别研究人员对该领域研究的共享度，我们进一步分析国内知识发现领域的核心作者。在一个学科的发展过程中，作者与论文数量分布具有不均衡性，表现为不同作者在一定时期内撰写的论文数量不一致，即不同作者对学科的贡献率不同，其中对学科发展贡献率大的作者被认为是核心作者①。为此，表 2-2 统计了从 1996—2015 年发表知识发现研究论文的作者信息。本书列举了发文量在 8 篇以上的作者。

表 2-2　国内在知识发现领域发文作者情况

序号	作者	发表论文数	序号	作者	发表论文数
1	杨炳儒	82	5	胡学钢	17
2	蔡庆生	37	6	施鹏飞	14
3	唐常杰	20	7	李赛美	13
4	洪文学	17	8	殷国富	12

① 邱均平，楼雯：《近二十年来我国索引研究论文的作者分析》，载《情报科学》，2013 年第 31 卷第 3 期，第 72—75 页，第 81 页。

续表

序号	作者	发表论文数	序号	作者	发表论文数
9	张文修	12	17	朱红	8
10	杨存建	10	18	朱仲英	8
11	陆玉昌	10	19	刘宗田	8
12	欧阳为民	9	20	孙志挥	8
13	蔡自兴	9	21	孙晓莹	8
14	熊范纶	9	22	刘希玉	8
15	秦克云	9	23	王丽珍	8
16	李敬华	9			

从表 2-2 可以看出，国内有关知识发现研究的作者发文相对比较分散，发文超过 30 篇的仅有两位作者。其中杨炳儒从 1999 年至 2013 年持续撰写有关知识发现的研究论文，累计被引量达到 785，在知识发现领域的 H 指数达到了 17，成为该领域的核心作者。

对于知识发现研究机构的分布情况，本书统计了知识发现研究发文量较多的机构，具体统计结果如表 2-3 所示。

表 2-3　国内研究知识发现的机构列表

序号	机构名称	发表论文数	序号	机构名称	发表论文数
1	合肥工业大学	117	12	电子科技大学	57
2	北京科技大学	111	13	大连理工大学	55
3	武汉大学	97	14	清华大学	52
4	浙江大学	91	15	安徽大学	49
5	上海交通大学	85	16	中南大学	49
6	西安交通大学	70	17	西北工业大学	48
7	中国科学技术大学	70	18	东南大学	47
8	吉林大学	68	19	南京大学	47
9	重庆大学	64	20	天津大学	46
10	华中科技大学	62	21	同济大学	45
11	四川大学	60	22	燕山大学	44

续表

序号	机构名称	发表论文数	序号	机构名称	发表论文数
23	国防科学技术大学	43	27	华东师范大学	40
24	华中师范大学	42	28	华南理工大学	40
25	东北大学	41	29	哈尔滨工业大学	40
26	西南交通大学	40			

由表2-3可知，国内有关知识发现研究论文发表最多的是合肥工业大学，共有117篇，同时总被引次数达到1 088，篇均被引9.3次，可见合肥工业大学成为该领域研究成果较为突出的机构。

2.3.2 国外研究现状

对于国外的研究情况，本书为尽可能全面地检索研究领域内的文献，同时保证研究文献的国际公信力，选取了Web of Knowledge平台（SCIE，SSCI，AHCI，INSPEC，BCI数据库）对有关知识发现相关主题的重要文献进行分析。本书以"knowledge discover *"为检索词，检索时间为1993年至2015年，经筛选和排重后共获得有效数据2 640条记录。采集该2 640条记录的发表年限信息并进行处理和分析，得到如图2-4所示的年度发文量折线图。

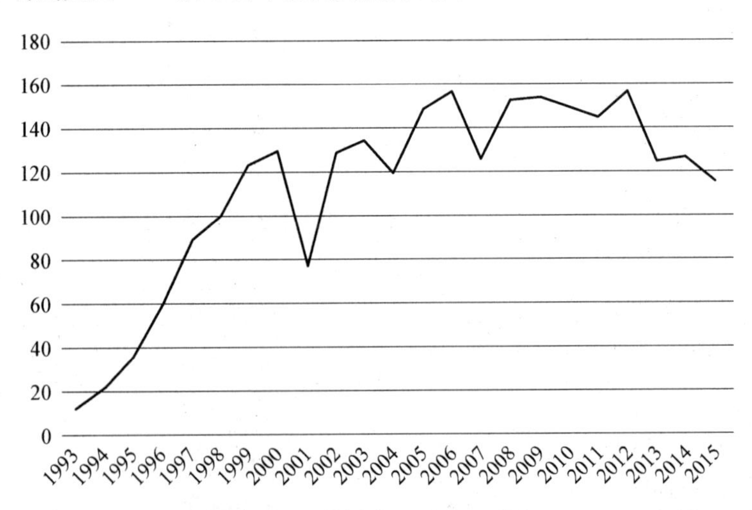

图2-4 国际知识发现领域年度发文量趋势图（1993—2015）

对比图 2 - 3 和图 2 - 4 可以发现，国外在知识发现研究的发展历程与国内研究的基本类似，大致可分为四个阶段，即起步阶段、快速发展阶段、过渡期阶段及新的发展阶段。起步阶段（1993—1995），国外比国内稍早，从 1993 年开始，就已经产生了相关的研究。快速发展阶段（1996—2005），国外在 1996 年发文量超过 50 篇，之后有关知识发现的研究就开始快速增长，并在 2006 年达到发文量的高峰期，这点与国内的研究极为吻合。在过渡期阶段（2006—2012），国内国外则稍有不同。国外在 2006 至 2012 年间，知识发现的研究处于一个相对稳定期，虽然发文量有所下降，但是发文的总量并不低，并且在 2012 年又一次达到了发文高峰；而国内则在 2012 年末出现这一高峰。新的发展阶段（2013—2015），国内外情况相仿，有关知识发现的研究发文量虽略有下降，但仍然保持在一个较高的水平。

从国外论文研究的领域来看，以知识发现为主题的论文涉及计算机科学、工程、经济、信息科学、教育、材料等各个领域，表 2 - 4 显示在 2 640 条数据中，排名前 25 的研究方向。

表 2 - 4　国际知识发现论文的研究领域分布（1993—2015）

序号	研 究 方 向	记录数	占所有记录的百分比
1	Computer Science	1 676	63.49
2	Engieneering	475	17.99
3	Operations Research Management Science	184	6.99
4	Information Science Library Science	164	6.20
5	Medical Informatics	131	4.98
6	Chemistry	113	4.28
7	Biochemistry Molecular Biology	108	4.11
8	Mathematics	97	3.67
9	Pharmacology Pharmacy	97	3.67
10	Mathematical Computational Biology	88	3.32
11	Biotechnology Applied Microbiology	67	2.53
12	Business Economics	67	2.53
13	Science Technology other Topics	58	2.18
14	Automation Control Systems	51	1.92

续表

序号	研究方向	记录数	占所有记录的百分比
15	Environmental Sciences Ecology	46	1.75
16	Materials Science	37	1.40
17	History Philosophy of Science	32	1.22
18	Genetics Heredity	30	1.14
19	Healthcare Sciences Services	30	1.14
20	Psychology	30	1.14
21	Telecommunications	28	1.05
22	Education & Educational Research	25	0.96
23	Geography	23	0.87
24	Construction Building Technology	18	0.70
25	Imaging Science Photographic Technology	18	0.70

从 2 640 篇被引情况看，这些论文在 1997—2016 年的被引频次总计 15 697 次，除去自引的被引频次总计 15 065 次，平均每篇被引 5.95 次，H 指数达到 52。其中被引次数最高的一篇是来自于美国马里兰大学学者 Shane S，其在 2000 年发表于 *Organization Science* 期刊的论文，被引用 1 057 次，表 2-5 显示被引次数最高的前 10 篇论文。

表 2-5 国际知识发现论文的被引次数前十位（1993—2015）

序号	论文标题	2012 年被引数	2013 年被引数	2014 年被引数	2015 年被引数	2016 年被引数	合计	年均被引次数
1	"Prior Knowledge and the Discovery of Entrepreneurial Opportunities."	111	103	115	108	38	1057	62.24
2	"From Data Mining to Knowledge Discovery in Databases."	48	84	100	91	36	705	33.57
3	"A Knowledge-Based Approach in Designing Combinatorial or Medicinal Chemistry Libraries for Drug Discovery. 1. A Qualitative and Quantitative Characterization of Known Drug Databases."	64	50	52	54	24	510	28.39

续表

序号	论文标题	2012年被引数	2013年被引数	2014年被引数	2015年被引数	2016年被引数	合计	年均被引次数
4	"The Value of Prior Knowledge in Discovering Motifs with Meme."	33	18	25	18	9	308	14
5	"Levelwise Search and Borders of Theories in Knowledge Discovery."	10	9	16	16	4	301	15.05
6	"Dynamic Self-Organizing Maps with Controlled Growth for Knowledge Discovery."	22	17	11	8	2	257	15.12
7	"What Makes Patterns Interesting in Knowledge Discovery Systems."	10	8	4	6	0	240	11.43
8	"A Database Perspective on Knowledge Discovery."	5	4	2	3	1	183	8.71
9	"A Descriptive Framework for the Field of Data Mining and Knowledge Discovery."	35	35	22	8	6	169	18.78
10	"Natural Products and Drug Discovery can Thousands of Years of Ancient Medical Know-ledge Lead Us to New and Powerful Drug Combinations in the Fight Against Cancer and Dementia?"	20	28	32	36	20	159	19.88

从作者国别来看，美国的学者还是占主流，大约占知识发现这一主题所有发文量的1/3；其次是英国和我国的研究人员，具体如表2-6所示：

表2-6 国际知识发现论文的作者国别与地区分布（1993—2015）

序号	国家与地区	占所有记录的百分比	序号	国家与地区	占所有记录的百分比
1	USA	32.58	3	P R China	8.47
2	England	8.82	4	Germany	6.64

续表

序号	国家与地区	占所有记录的百分比	序号	国家与地区	占所有记录的百分比
5	Japan	5.94	16	Brazil	1.66
6	Canada	5.50	17	North Ireland	1.57
7	Taiwan, China	4.54	18	Singapore	1.49
8	Australia	4.45	19	Austria	1.31
9	Spain	4.45	20	Belgium	1.31
10	Italy	4.11	21	Portugal	1.31
11	France	3.49	22	Turkey	1.14
12	Poland	2.27	23	Russia	0.96
13	South Korea	2.18	24	Scotland	0.96
14	India	2.01	25	Switzerland	0.87
15	Netherlands	1.83			

从研究机构看，发表以知识发现为主题的研究论文的机构，主要集中在北美的高校，如阿尔斯特大学、伊利诺伊州立大学、加州大学、加拿大瑞吉纳大学等，都是发文量较高的研究机构。值得注意的是，中科院也进入了知识发现领域研究机构排名的前五（排在第五位）。具体如表 2-7 所示：

表 2-7　国际知识发现论文的研究机构分布（1993—2015）

序号	研究机构	占所有记录的百分比
1	Univ Ulster	1.49
2	Univ Illinois	1.31
3	Univ N Carolina	1.22
4	Univ Regina	1.22
5	Chinese Acad Sci	1.05
6	Harvard Univ	0.96
7	Hong Kong Polytech Univ	0.96
8	CNR	0.87
9	Univ Manchester	0.87

续表

序号	研究机构	占所有记录的百分比
10	Monash Univ	0.79
11	Polish Acad Sci	0.79
12	Univ Dortmund	0.79
13	Univ Pisa	0.79
14	Univ Tokyo	0.79
15	IBM Corp	0.70
16	Natl Univ Singapore	0.70
17	Penn State Univ	0.70
18	Stanford Univ	0.70
19	Univ Calabria	0.70
20	Univ So Calif	0.70
21	Univ Toronto	0.70
22	Univ S Florida	0.61
23	Univ Sheffield	0.61
24	Univ Technol Sydney	0.61
25	Zhejiang Univ	0.61

综上所述，国内外对知识发现的研究主要是和统计学、数据挖掘算法相结合的具体应用，在管理、经济、通讯、航空、医疗、图书情报、地理等多个领域进行研究。对比来看，国内的研究比较重视知识发现的基本理论、技术和方法；国外则注重知识发现的实践方面，并开发了一些针对各信息领域的知识发现系统。

2.3.3 知识发现研究趋势

高效、新颖、可用的知识发现是知识活动的主要目标。为了解决人们在知识发现过程中遇到的问题，知识发现研究一直受到关注。目前，数据挖掘的研究已经取得了很多成就并且不断在进步；但是，为了成功实现知识发现的智能化应用，仅仅优化数据挖掘算法是不够的。

随着网络信息资源的数量无限快速地增长，加之信息质量的良莠不齐，知识发现的实践遇到了一系列亟需解决的新问题。如知识的有效编码化、知识发现语言的设计、信息安全问题、交互和集成的知识发现环境的建立、应用知识发现技术解决大型企业的知识管理问题等。知识发现的未来趋势将是围绕如何有效解决这些问题而展开全面、系统的深入研究，将会在以下几方面取得较好的研究结果：

1. 知识发现与现有信息系统的集成

现阶段，知识发现的研究重点逐渐从方法研究转向系统应用，注重多种发现策略和技术的集成及多学科之间的相互渗透。知识发现系统的应用，需要解决与现有信息系统的集成问题。KDD作为一个智能和决策辅助模块通常被嵌入到数据管理、信息系统、电子商务平台或其他的相关信息和数据应用当中，帮助人们查找、获取信息和数据，并且根据不同的需求抽取相应模式的知识，以便给出智能回答作为决策支持。

知识发现系统的目标是实现知识发现过程的透明化和智能化，让用户能够使用知识发现系统自助地在数据环境中实现知识发现。一般来说，知识发现都是按照实际环境和需求展开的，因此，将知识发现过程嵌入到集成的系统应用中，以便利用针对特定需求开发的数据挖掘模块，优化已有的应用系统，解决知识发现的问题。这种嵌入应用环境的知识发现组件，关键的研究方向主要包括：①提供可扩展的、优化的数据挖掘算法，实现自动的知识发现；②强调在数据集成环境下，实现用户的自助知识发现；③将知识发现系统嵌入到纵向集成的应用中，成为现有信息系统的一个组成部分，这需要开发特定应用的数据挖掘组件，将组件有机地融入应用系统之中。

关于知识发现系统与已有信息系统集成的解决方案研究，由于其特定性较强，需要相关领域专家的介入，是一个值得关注的研究热点。

2. 用户交互的知识发现环境

知识发现的过程是实现从数据中辨别符合需求的、新颖的、潜在有用和最终可理解的模式的过程。这方面的研究涉及数据源的选取、数据的采集、数据的预处理、数据的清洗、数据的转换和简化、模型的构建和模式的抽取以及结果的评估。随着网络环境、数字环境的不断发展和变化，知识发现系统需要处理多源和多类型的数据。为提高知识发现的效果，需要增加用户交互的同时改进挖掘处理的总体效率。

知识发现是一套综合性的解决方案，需要考虑网络环境、数据特征、知识模型以及用户需求、用户操作等因素。由于知识发现的特定性较强，与用户的交互性方面的研究需要在基础研究的基础上对知识发现应用进行特性的分析和研究。

3. 复杂数据类型的处理

复杂数据类型挖掘的研究是知识发现综合解决方案需要解决的一项重要研究课题。目前，虽然复杂数据类型挖掘的研究取得了一些进展①，但它们与实际应用的需要仍存在很大的距离。该问题研究的焦点在于现存数据分析技术与数据挖掘方法的集成。

与传统的数据分析相比，数据挖掘需要处理不同类型的数据，不仅对挖掘算法提出了新的要求，而且需要尽可能在交互式的环境下实现数据挖掘。由于数据量不断激增，数据挖掘方法的可伸缩性显得十分重要。一个重要的研究方向是基于约束的数据挖掘，它致力于在增加用户交互的同时改进挖掘处理的总体效率。

4. 标准的数据挖掘语言

标准的数据挖掘语言或其他方面的标准化工作将有助于数据挖掘的系统化开发，改进多个数据挖掘系统和功能的操作，促进数据挖掘系统在企业和社会中的培训和使用。

5. 可视化数据挖掘

基于可视化方法的知识发现，是在知识发现的过程中利用可视化技术来揭示空间对象及其属性之间的关系，以及与空间对象的发展演化有关的知识和规律。② 可视化数据挖掘是在进行原始数据集挖掘后，采用可视化的方式来实现知识之间的关联、聚类、分类，并能反映知识演化的规律。可视化有助于知识模型的理解和知识的运用。

目前可视化的知识发现研究已经取得了一定的成果，未来仍然需要在可视化的检索、可视化的描述方面做更深入的研究。

---

① 王凯平：《基于函数型数据分析的数据挖掘功能研究》，载《统计与决策》，2011 年第 4 期，第 160—162 页。

② 孙吉红，焦玉英：《知识发现及其发展趋势研究》，载《情报理论与实践》，2006 年第 29 卷第 5 期，第 528—530 页，第 527 页。

6. 数据挖掘的隐私问题

随着数据挖掘发放和社交媒体应用的日益普及，数据挖掘必须面对的一个不可回避的重要问题就是隐私保护和信息安全。需要进一步采用有关方法，以便在适当的信息访问和挖掘过程中确保信息安全。

总之，知识发现作为一个交叉学科，涉及统计学、计算机科学等多学科的领域知识，未来的发展需要不断完善知识发现的基础理论，形成一个完整的知识发现研究和应用的体系。

2.4 文本挖掘概述

2.4.1 文本挖掘的产生

数据挖掘技术自上个世纪 90 年代产生以来，对它的研究已经比较深入，研究范围涉及关联分析、分类分析、聚类分析、趋势分析等多个方面。数据挖掘技术普遍以结构化数据，如以关系数据库中的数据为研究对象。然而，现实生活中绝大多数信息资源是以非结构化数据的形式存储，如文本、图像、音频、视频等。

在企业组织中，据统计，80％的信息是以文本形式存放，这些文本通常有不同领域的技术文档、网络博客、BBS 论坛、电子邮件、调研报告、白皮书、市场资料、公司内部网页等形式。[①]

在实际工作中，可获取的大部分信息也都是以文本形式存储，如新闻文档、研究论文、电子图书、各种形式的文档等。

在 Internet 上，以文本为主要内容的各种社交网络，如 Facebook、博客、BBS 论坛等，每天都在产生大量的文本信息。2014 年 Twitter 官方宣布，Twitter 上每

---

① 湛志群，张国煊：《文本挖掘与中文文本挖掘模型研究》，载《情报科学》，2007 年第 25 卷第 7 期，第 1046—1051 页。

月活跃的用户数量已经超过2亿人，Twitter用户现在每天的发帖量达到4亿条[①]。与此同时，新浪微博每秒发布的信息量已经达到32 312条，超过Twitter此前创下每秒25 088条的最高纪录。

以上这些数据从几个侧面描述了一个事实：海量的文本数据正在从各个方面深层次地影响着我们的生活。传统的基于数据库的数据挖掘技术遇到了难以回避的问题，需要探求从海量文本数据中发现知识的新方法。如何从非结构化的文本信息集中查找到相关的信息，挖掘出潜在的、有价值的知识，成为信息处理领域的热点问题。文本挖掘技术就是为解决这一问题而产生的，文本挖掘是数据挖掘研究的热门研究。目前，文本挖掘在自然语言处理、文本自动文摘、信息提取、信息过滤、信息检索等领域都有着广泛的应用，随着非结构数据的增多，文本挖掘将比数据挖掘具有更高的社会、经济应用价值。

文本挖掘（text mining）的概念最早是1995年由Feldman[②]在蒙特利尔举办的知识发现国际会议上首先提出的，近20年来，围绕文本挖掘及相关技术的理论研究和应用实践取得了飞速的发展。根据数据挖掘领域著名网站Kdnuggets的调查显示，文本挖掘已经成为数据挖掘中一个日益流行而重要的研究分支。

文本挖掘是一个跨学科的研究领域，涉及到相当广泛的学科内容，在近些年来已经发展为信息检索（information retrieval）、机器学习（machine learning）、统计学（statistics）、计算机语言学（computational linguistics）以及数据挖掘（data mining）的交叉领域。[③] 由于文本挖掘在不同领域展开研究，学者从各自的研究领域出发，对文本挖掘的含义给出了不同的阐释，因此文本挖掘的定义也有多种，如有学者将文本挖掘称为文本数据挖掘，或者是文本知识发现。[④] 简单来说，文本挖掘就是从文本数据中挖掘有意义的信息的过程。

对于文本挖掘，从挖掘的对象来看，处理的是文本这种非结构化数据；从挖掘

---

① 资料来源：Twitter用户现在每天的发帖量为4亿条，https：//www. aliyun. com/zixun/content/2_6_645374. html

② R. Feldman，I. Dagan，Knowledge discovery in textual databases (KDT) [2018-06-22]. https：//www. aaai. org/Papers/KDD/1995/KDD95-012. pdf.

③ M. W. BERRY，*Survey of Text Mining：Clustering，Classification，and Retrieval*. New York：Springer，2004.

④ R. Feldman，I. Dagan，Knowledge discovery in textual databases (KDT) [2018-06-22]. https：//www. aaai. org/Papers/KDD/1995/KDD95-012. pdf.

的任务来看，是发现文本中潜在的、隐含的、有价值的知识；从挖掘的目的来看，是从文本中提取有趣的、易于理解的知识模型。从这个角度来看，文本挖掘可以看成是基于数据库的数据挖掘或知识发现的方法、任务、目的在文本数据应用的扩展①，文本挖掘是指从文本集合中抽取潜在的、有价值的、最终可被理解的知识的过程。

结合图 2－1 知识发现的一般过程，文本挖掘主要由：文本预处理、文本挖掘、结果表达和解释几个步骤组成。具体如图 2－5 所示。

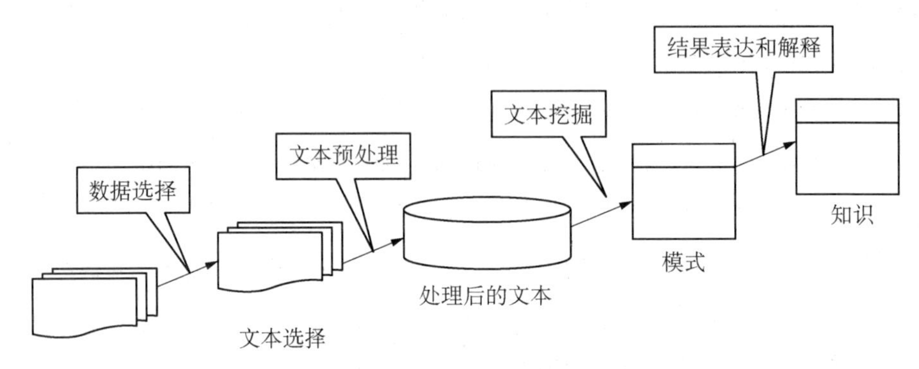

图 2－5　文本挖掘的过程

（1）文本预处理

根据文本挖掘的任务，选取与任务相关的文本集合，并将其转换为文本挖掘可以处理的中间形式。这一环节主要由两个步骤组成：特征抽取和特征选择。一般步骤如图 2－6 所示。

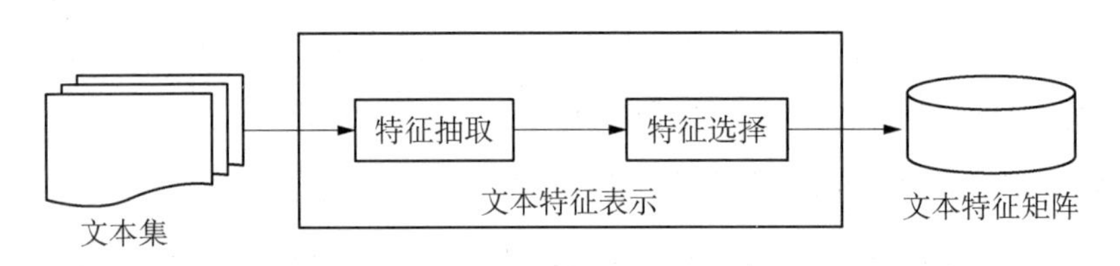

图 2－6　文本预处理过程

特征抽取是建立文本的特征表示，主要是将文本转化成能够表示文本内容的结构化形式，类似于关系数据。在信息检索领域，向量空间模型（VSM）就是一种

① U. Fayyad, G. Piatetsky-ShaPior, P. Smyth, “Form Data Mining to Knowledge Discovery: An Overview”, *In Advances in Knowledge Discovery and Data Mining*, Cambridge: MIT Press, 1996, pp. 1－36.

文本结构化的处理模型；特征提取则是指保留文本中对表达文本内容作用较大的一些特征，特征选取的目的是降低描述文本的特征维度。由于特征提取过程中，文本文件被转换为基于特征描述的高维空间矩阵，为了便于处理，需要对其进行缩减，这个过程也就是文本处理中经常采用的降维。

（2）文本挖掘

这是文本挖掘的核心。预处理后的文本，可以采用文本聚类、文本分类、模式识别等方法提取面向特定应用目标的模式或知识。

（3）结果表达和解释

通过文本挖掘获取的知识，需要利用评估指标进行评价。如果评价结果符合用户的要求，则将相应的知识模式提取并存储以备今后使用，否则将返回到某一个环节重新进行知识发现的过程；在结果评价过程中，需要采用可视化的方法对知识模式进行表达，以便用户进行评估。

2.4.2 文本挖掘的研究热点

2009 年，Srivastava & Sahami 在其专著 *Text mining*：*Classification*，*Clustering*，*and Applications*[①] 中指出，文本分类和文本聚类是文本挖掘的两个主要核心问题。与这两个核心问题有关的其他文本分析研究还包括文本建模[②]、文本自动摘要[③]、文本概念联系挖掘[④]、文本信息可视化[⑤]、主题检测和跟

---

① A. N. Srivastava，M. Sajami. *Text Mining*：*Classification*，*Clustering*，*and Applications*. New York：Chapman and Hall/CRC，2009.

② G. Salton，A. Wong，C. S. Yang. "A Vector Space Model for Automatic Indexing"，*Communications of the ACM*，1975，Vol. 18，Issue. 11，pp. 613 - 620.

③ P. H. Luhn. "The Automatic Creation of Literature Abstracts"，*IBM Journal of Research and Development*，1958，Vol. 2，Issue. 2，pp. 159 - 165；苏海菊，王永成：《中文科技文献文摘的自动编写》，载《情报学报》，1989 年第 8 卷第 6 期，第 433—439 页；孙春葵，钟义信：《文摘生成系统中词典的一种构造方法》，载《计算机工程与应用》1999 年第 8 卷第 17 期，第 17—19 页。

④ J. D. Novak，D B Gowin. *Learning How to Learn*. London：Cambridge University Press，1984，pp. 1 - 56；T. Nasukawa，J. Yi. Sentiment analysis：Capturing favorability using natural language processing [2018 - 06 - 22]. https：//www. researchgate. net/publication/220916772 _ Sentiment _ analysis _ Capturing _ favorability _ using _ natural _ language _ processing；T. Kumazawa，O. Saito，K. Kozaki，et al. "Toward Knowledge Structuring of Sustainability Science Based on Ontology Engineering"，*Sustainability science*，2009，Vol. 4，Issue. 1，pp. 99 - 116.

⑤ M. A. Hearst. *Search User Interfaces*. New York：Cambridge University Press，2009.

踪[①]等等。

1. 文本建模

上文描述，文本挖掘处理的对象是非结构化的文本数据，为此，对文本结构化的表示是文本挖掘的基础。结构化表示的核心是基于对自然语言的理解，抽取能够描述文本特征的关键词（或元数据），将其转换为结构化的形式进行存储，从而建立结构化的文本处理模式。面对复杂的自然语言文本，向量空间模型（VSM）是目前最为简便有效的文本表示方法[②]，由于 VSM 易于理解且计算复杂程度较低，是目前文本建模最主要的工具，该方法描述了文本中词汇的频率与文档之间的关系。

向量空间模型对文本建模的基本思想是将文本内容的处理抽象为空间向量进行描述，假设一个包含有 n 篇文本的文本集合 D，共有 m 个词汇，文本集合 D 就形成了 m 维向量空间，即：D＝｛d_1，d_2，…，d_n｝，以此即可创建“词汇→文档”的矩阵 V_{m*n}＝［d_1 | d_2 | … | d_n］。在向量运算过程中，模型以空间上的相似度来表达文本的相似性，直观简单。向量空间模型实现了对文本结构化描述的目的，建立好的模型可以进行文本分类、文本聚类、模式发现、信息检索等深层次的文本挖掘工作。

除此此外，布尔模型、向量空间模型、概率模型等模型也是常用的文本建模工具。[③]

文本建模的基础是文本特征的选取和特征权重的设定。

文本特征是指描述文本内容的元数据（关键词），这些元数据可分为描述性元数据（如文本的大小、名称、类型等）和语义性元数据（如作者、内容等）。描述性特征易于获得，而语义性元数据是文本特征研究的难点。一般来说，如果把文本内容简单地看成是由字、词、词组或短语组成的集合时，描述文本特征的元数据就

---

① J. Allan. “Introduction to Topic Detection and Tracking”, *Topic Detection and Tracking*, *Springer*, 2002, No. 12, pp. 1 - 16; D. Wang, S. Zhu, T. Li, et al. Multi-document summarization using sentence-based topic models [2018 - 06 - 22]. https: //www. researchgate. net/profile/Shenghuo _ Zhu/publication/220873379 _ Multi-Document _ Summarization _ using _ Sentence-based _ Topic _ Models/links/0fcfd5086d18a04e75000000. pdf.

② G. Salton, A. Wong, C. S. Yang. “A Vector Space Model for Automatic Indexing”, *Communications of the ACM*, 1975, Vol. 18, Issue. 11, pp. 613 - 620.

③ 王娟琴：《三种检索模型的比较分析研究——布尔、概率、向量空间模型》，载《情报科学》，1998 年第 16 卷第 3 期，第 225—230 页，第 260 页。

是这些基本的项（term），文本特征的选取也就是项的抽取。具体的特征抽取如图2-7所示：

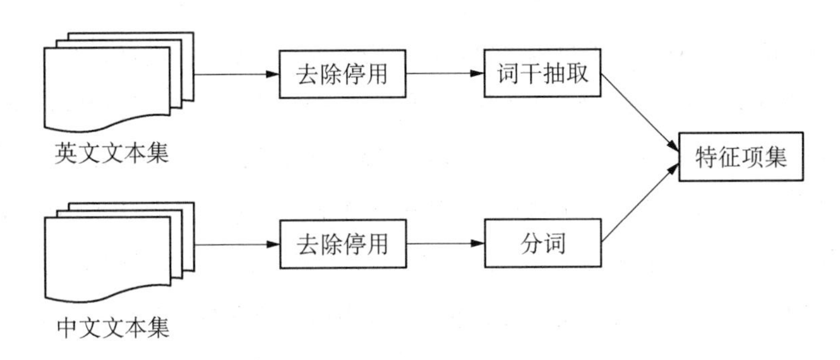

图2-7　文本特征项抽取的过程

文本中常常包含一些没有意义的高频词项，这些词项的存在不仅造成了文本相似度判断的难度，也增加了文本描述向量空间的维度，给文本挖掘带来了困难。因此在文本特征项抽取时一般需要除去这些高频无意义的项。解决这个问题的方法是通过构造一个停用词表或禁用词的词表（stop word list）①，在特征项抽取过程中去除这些停用词项。

在英文文本特征项抽取时，还需要根据词项的词干将具有不同词缀的词合并成一个词，如connected，connecting，connection，connections都是以connect为词干。词干抽取可以降低文本挖掘时特征项的总数，从而提高了文本挖掘的性能。

由于中文并不像英文那样通过空格实现词与词之间的分割，因此中文文本特征项的抽取需要解决分词问题。分词词典是最早采用的分词工具，然而由于词典的容量有限，在大规模文本处理时，往往会遇到词典中未出现的词项，即未登录词②。为了解决这个问题，一般的方法是利用N-gram语言模型进行词项划分③。目前中文应用比较多且有效的分词方法是字标注分词方法，即将分词和词类标注结合起来，利用词类信息对分词决策提供帮助，并且在标注过程中又反过来对分词结果进

① B. Y. Ricardo, R. N. Berthier. *Modern Information Retrieval*. New York：ACM Press，1999.

② 周蕾，朱巧明，李培峰：《一种基于统计和规则的未登录词识别方法》，载《南京大学学报（自然科学版）》，2005年第41卷第z1期，第819—825页。

③ 周水庚，关佶红，胡运发，等：《一个无需词典支持和切词处理的中文文档分类系统》，载《计算机研究与发展》，2001年第38卷第7期，第839—844页。

行检验、调整，从而提高分词的效果。[①] 分词时，需要采用专门的分词算法进行处理，如中科院中文分词工具 ICTCLAS 等。

特征项权重设定的主要任务，是统计出文本中关键特征出现的频率及文本集合中包含关键特征的文本数量等统计信息。目前，特征项权重采用的主要方法是 TF-IDF，通过 TF-IDF 构造出文本中每个特征项的权重，从而构成文档特征向量。TF-IDF 有很多变种，所有这些变种都是基于这样一种思想，即特征项权重应该反映其相对于文本中其他项在该文本中的重要性及该项在其他文本中的重要性。

2. 文本分类

在文本挖掘领域研究比较多的是文本分类的应用。文本分类的目的是提出一个分类模型（也称作分类器），把文本数据项映射到给定的类别中。文本分类属于有监督的机器学习，需要在分类前提供类别的信息。[②] 20 世纪 90 年代，采用计算机进行自动文本分类的方法逐渐取代了依靠专业人员人工设计文本分类器的方法，机器学习技术成为文本分类研究的主流。

随着网络应用的普及，文本信息迅速增加，文本分类成为信息处理和信息组织的关键技术。近些年来，自然语言处理、人工智能等领域的研究，为文本自动分类提供了新的技术条件和理论基础。

文本分类的步骤一般来说分为四步：

（1）文本预处理

预处理是文本分类的准备工作。为了确保文本分类的一般性，在文本预处理过程中需要去除包括文本标记、停用词等相关的数据清洗工作，同时还需要进行分词、词性标注、统计词频等相关的基础处理。对于英文等由空格区分单词的文本，分词过程较为容易，而对于中文文档，预处理则需要采用专门的分词算法进行处理。

（2）文本的表示

文本的表示主要采用向量空间模型（VSM），将预处理得到的文本文件形成词

---

① 奉国和，郑伟：《国内中文自动分词技术研究综述》，载《图书情报工作》，2011 年第 55 卷第 2 期，第 41—45 页。

② F. Sebastani. "Machine Learning in Automated Text Categorization", *ACM Computing Surveys (CSUR)*, 2002, Vol. 34, Issue. 1, pp. 1-47.

项基于空间的向量分布。

（3）文本的分类

文本分类的一般方法是：首先选取一部分数据作为分类训练集，然后选择合适的分类方法，最后导出分类模型，用于其他待分类的文本集进行分类实验。文本分类的训练集是由一组经过预处理的文本特征向量组成，每个训练文本（也称训练样本）都有一个类别标号。文本分类方法主要有机器学习法、统计方法等等。

（4）分类效果评估

对文本集分类的结果进行评估，并对分类模型进行修正。

分类方法的选择是文本分类的重点，目前，学界普遍认为不存在某种方法适用于各种类型的数据①。因此在实施文本分类时需要考虑文本数据集本身的特点，如是否包含有噪声，是否存在缺失值、特征向量，是否存在分布稀疏、文本中的属性之间的相关性强度等等。分类效果一般同数据集的特点有关。

目前，文本分类的研究已经取得了很大的进展，产生了一系列的分类方法，如K邻近算法（k-nearest neighbor，KNN）②、支持向量机（SVM）③、朴素贝叶斯网络、基于关联规则实现文本基于内部关联的分类④等。有研究⑤对众多分类方法进

---

① Y. Yang. "An Evaluation of Statistical Approaches to Text Categorization", *Journal of Information Retrieval*, 1999, Vol. 1, No. 1/2, pp. 67 - 88; Y. Yang, X. Liu. A re-examination of text categorization methods [2018 - 06 - 22]. http://citeseerx.ist.psu.edu/viewdoc/download?doi=10.1.1.11.9519&rep=rep1&type=pdf.

② M. Iwyama, T. Tokunaga, Cluster-based text categorization: A comparison of category search strategies [2018 - 06 - 22]. http://users.softlab.ntua.gr/facilities/public/AD/Text%20Categorization/Cluster-Based%20Text%20Categorization-A%20Comparison%20of%20Category%20Search%20Strategies.pdf；鲁婷，王浩，姚宏亮：《一种基于中心文档的KNN中文文本分类算法》，载《计算机工程与应用》，2011年第47卷第2期，第127—130页。

③ T. Joachims. "Text Categorization with Support Vector Machines: Learning with Many Relevant Features", Machine learning: ECML - 98, *the Lecture Notes in Computer Science*, 1998, pp. 137 - 142；许少华，李小红，潘俊辉：《基于模糊VSM和RBF网络的文本分类方法》，载《计算机工程与设计》，2007年第28卷第1期，第145—148页。

④ L. Bing, H. Wynne, M. Yiming, Integrating classification and association rule mining [2018 - 06 - 22]. https://www.aaai.org/Papers/KDD/1998/KDD98-012.pdf；田丰，桂小林，杨攀，等：《采用类别相似度聚合的关联文本分类方法》，载《西安交通大学学报》，2012年第46卷第12期，第6—11页，第122页。

⑤ X. Qi, B. D. Davison. "Web Page Classification: Features and Algorithms", *ACM Computing Surveys (CSUR)*, 2009, Vol. 41, No. 2, pp. 75 - 79; B. Yu, Z. B. Xu, "A Comparative Study for Content-Based Dynamic Spam Classification Using Four Machine Learning Algorithms", *Knowledge-Based Systems*, 2008, Vol. 21, No. 4, pp. 355 - 362.

行分析和比较后发现，支持向量机和KNN类器能适合于大多数的文本分类，而分类精度最高的则是支持向量机的分类。

文本分类有广泛的应用，如索引关键字的自动建立①、垃圾邮件过滤②、自动WEB页面层次化分类等。

3. 文本聚类

文本挖掘一个重要的工作就是对大量的文本信息进行梳理，让杂乱无章的文本变得有条理。然而解决这一问题面临着巨大的挑战，一方面是人们对获取有价值信息的渴望，另一方面则是从各种信息获取渠道所获得的信息杂乱无章。如何解决这一问题，是文本聚类研究的主要工作。

文本聚类是在没有先验知识指导的情况下，将文本集分成多个类别，同时使得同一类别内部的文本信息具有较高的相似度，而不同类别中的文本差别较大。文本聚类有别于文本分类的是，聚类是在没有预先定义类别的情况下，自动产生文本类别的过程。因此，文本聚类属于无监督的机器学习。

文本聚类是文本挖掘中最热门的方法之一。文本聚类不同于一般的聚类方法，它处理的对象是非结构化的文本数据，无法采用定量分析的方法，需要在文本挖掘的框架之下，运用一系列的文本处理和分析技术，产生文本的类别。同时，文本聚类的结果也是文本知识发现的目标之一。

文本聚类一般来说可分成以下三个步骤：

(1) 获取结构化的文本集

结构化的文本集是由预处理后得到的文本向量矩阵组成。

(2) 选取有聚类特征的文本集

从文本集中选取用于聚类的特征，特征的选取将影响聚类的质量。如果选取的特征与聚类目标无关，将无法得到良好的聚类结果。合理的文本特征选取，将会使得同类文本在特征空间中距离较近，而异类文本则较远。

---

① K. Tzeras, S. Hartmann. Automatic indexing based on Bayesian inference networks [2018-06-22]. http://citeseerx.ist.psu.edu/viewdoc/download?doi=10.1.1.31.3592&rep=rep1&type=pdf.

② I. Androutsopoulos, J. Koutsias, K. V. Chandrinos, et al. An experimental comparison of naive Bayesian and keyword-based anti-spam filtering with personal e-mail messages [2018-06-22]. http://ftp.cse.buffalo.edu/users/azhang/disc/disc01/cd1/out/papers/sigir/p160-androutsopoulos.pdf.

(3) 执行聚类算法

聚类算法将文本集按照选取的特征进行自动分组。

(4) 选取合适的聚类阈值

聚类实现文本自动分组后，需要相关领域的专家结合具体的应用场合控制阈值，以实现最佳的聚类结果。

文本聚类在无分组标识的情况下，实现分组的自动识别。文本的相似性计算是实现自动分组的基础，相似性计算一般采用某种距离算法，如欧式距离、余弦距离、曼哈坦距离等，最常用的距离计算方法是欧式距离。

目前，文本挖掘已经形成了一系列重要的聚类分析方法，主要有基于划分的方法（partitioning methods）①、基于层次聚类的方法（hierarchical methods）②、基于密度的方法（density-based methods）③、基于网格的方法（grid-based methods）④、模糊聚类（fuzzy clustering）⑤ 等等。每种聚类算法都有其优势和局限性，要根据不同的聚类目标进行选择。如基于划分的方法常采用的 k-means 方法，聚类速度快，但却无法识别不规则的簇结构。因此在进行一些特殊文本数据聚类分析时，对聚类方法也有特殊的要求。

文本聚类需要自动寻找文本的合理分组，是一种“探索性的文本知识发现”。对于文本聚类识别的合理分类方法，有研究⑥认为至少需要满足两个条件：

(1) 易懂性，即能够形成人们易于理解的类别信息，帮助人们理解大量文本

---

① J. MacQueen, Some methods for classification and analysis of multivariate observations [2018-06-22]. http://mines.humanoriented.com/classes/2010/fall/csci568/papers/kmeans.pdf.

② T. Zhang, R. Ramakrishnan, M. Livny. BIRCH: An efficient data clustering method for very large databases [2018-06-22]. http://homepages.ecs.vuw.ac.nz/~elvis/db/references/zhang99birch.pdf; S. Guha, R. Rastogi, K. Shim, CURE: An efficient clustering algorithm for large databases [2018-06-24]. https://s2.smu.edu/~mhd/7331f07/p73-guha.pdf.

③ M. Ester, H. Kriegel, J. Sander, et al, A density-based algorithm for discovering clusters in large spatial databases with noise [2018-06-22]. http://www.aaai.org/Papers/KDD/1996/KDD96-037.pdf; M. Ester, H. Kriegel, J. Sander, et al, Density-connected sets and their application for trend detection in spatial databases [2018-06-22]. http://www.cs.sfu.ca/~ester/papers/kdd_97.pdf.

④ W. Wang, J. Yang, R. Muntz. Sting: A statistical information grid approach to spatial data mining [2018-06-24]. http://suraj.lums.edu.pk/~cs536a04/handouts/STING.pdf.

⑤ C. Jung-Hsien, H. Pei-Yi, "A New Kernel-Based Fuzzy Clustering Approach: Support Vector Clustering with Cell Growing." *IEEE Transactions on Fuzzy Systems*, 2003, Vol. 11, Issue. 4, pp. 518-527.

⑥ M. Steinbach, L. Ertöz, V. Kumar, The challenges of clustering high-dimensional data [2018-06-22]. https://www-users.cs.umn.edu/~kumar001/papers/high_dim_clustering_19.pdf.

数据；

（2）有用性，即发现的文本类别能够解决实际问题。

文本聚类在信息检索[①]、聚类检索[②]、检索结果聚类[③]、个性化推荐[④]、主题发现[⑤]等科研领域或实际应用中，具有非常广泛的应用。

2.4.3 Web 文本挖掘

近年来，互联网应用正以难以置信的速度飞速发展，越来越多的企业、机构、团体、个人在 Internet 上发布信息。

Web 挖掘是在数据挖掘的基础上发展而来的，Web 挖掘处理过程其本质上是对 Web 上相关数据进行知识发现的标准化处理过程。可以简单地认为 Web 挖掘是知识发现技术应用到 Web 数据的扩展。因此，Web 挖掘在方法和技术的研究与知识发现方面具有类似、相通之处。

Web 上的数据很多，如 Web 页面、Web 超链接数据、Web 服务器日志数据等。根据处理对象的不同，Web 挖掘又分为 Web 内容挖掘（Web content mining）、Web 结构挖掘（Web structure mining）、Web 日志挖掘（Web log mining）[⑥]。Web 内容挖

---

① W. Chih-ping, C.C. Yang, L. Chia-Min. "A Latent Semantic Indexing-Based Approach to Multilingual Document Clustering", *Decision Support Systems*, 2008, Vol. 45, Issue. 3, pp. 606 - 620.

② F. Crestani, M. Lalmas, C.J. van Rijsbergen, *Information Retrieval: Uncertainty and Logics: Advanced Models for the Representation and Retrieval of Information*. Boston: Kluwer Academic Publishers, 1998；冯汝伟，谢强，丁秋林：《基于文本聚类与分布式 Lucene 的知识检索》，载《计算机应用》，2013 年第 33 卷第 1 期，第 186—188 页。

③ P. Ferragina, A. Gulli, A personalized search engine based on web-snippet hierarchical clustering [2018 - 06 - 22]. http://www2005.wwwconference.org/cdrom/docs/p801.pdf；Y.S. Maarek, R. Fagin, Z. Israel, et al, Ephemeral document clustering for web applications [2018 - 06 - 22]. https://researcher.watson.ibm.com/researcher/files/us-fagin/cluster.pdf；庞观松，张黎莎，蒋盛益，等：《一种基于名词短语的检索结果多层聚类方法》，载《山东大学学报（理学版）》，2010 年第 45 卷第 7 期，第 39—44 页，第 49 页。

④ 林鸿饴，马雅彬：《基于聚类的文本过滤模型》，载《大连理工大学学报》，2002 年第 42 卷第 2 期，第 249—252 页。

⑤ M. Ramiz, Aligliyev, "Clustering of Document Collection-A Weighting Approach", *Expert Systems with Applications*, 2009, Vol. 36, No. 4, pp. 7904 - 7916；H. Anaya-Sánchez, A. Pons-Porrata, R. Berlanga-Llavori. "A Document Clustering Algorithm for Discovering and Describing Topics", *Pattern Recognition Letters*, 2010, Vol. 31, Issue. 6, pp. 502 - 510.

⑥ 李亚飞，刘业政：《Web 挖掘的体系研究》，载《合肥工业大学学报（自然科学版）》，2004 年第 27 卷第 3 期，第 305—309 页。

掘是指从 Web 页面中进行数据挖掘，实现知识抽取的过程，它包括 Web 文本挖掘和 Web 多媒体挖掘，针对的对象则包括文本、图像、音频、视频、多媒体和其他各种类型的 Web 文本信息；Web 结构挖掘，就是对网络的组织结构、Web 页面间的超链接结构、Web 页面内部结构和 URL 的目录路径结构进行挖掘，从中推导出隐藏的有价值的知识；Web 日志挖掘则是对用户和网络交互过程中的日志等数据进行提取，通过数据挖掘发现用户访问站点的浏览模式、页面的访问频率等知识模式，因此也称 Web 使用挖掘。

研究发现，在海量的 Web 数据中，超过 80% 的网络信息是以文本形式存储的，文本信息是网络中最为普遍和应用最广的。因此，Web 内容挖掘的研究大体以 Web 文本挖掘为主，而这里的文本是指 Web 文本文档，不包括多媒体文档。

Web 文本信息一般由非结构化的数据（如文本）和半结构化的数据（如 HTML 文档）构成。非结构化文本主要指 Web 上的自由文本和职业文本，如博客、新闻、BBS、问答社区产生的文字信息等，半结构化文本挖掘指在加入了 HTML、超链接等附加结构的信息上进行挖掘。Web 文本挖掘的任务就是针对这些非结构化的文本数据进行挖掘，实现文本的分类、聚类，发现文本之间的关系以及非结构化文本中的模式和规则等。

基于此，可以认为，Web 文本挖掘是指从大量非结构化的、半结构化的 Web 网页文档集合中，发现潜在的、新颖的、有效的、最终可被理解的知识模式的过程。即 Web 文本挖掘是利用数据挖掘技术从 Web 中发现有价值的知识模式的过程。Web 文本挖掘主要是对非结构化的文本进行的挖掘，从信息资源查找的方面来看，其任务是从用户的角度出发，提高信息质量并过滤无用信息。

2.4.4 Web 文本挖掘的过程

Web 文本挖掘的过程如图 2-8 所示。从图 2-8 可见，Web 文本挖掘的过程主要分为预处理、知识挖掘、质量评价三个步骤。

1. 预处理

首先从互联网上根据挖掘目标，采集相应的 Web 文本形成，形成 TXT 文件集

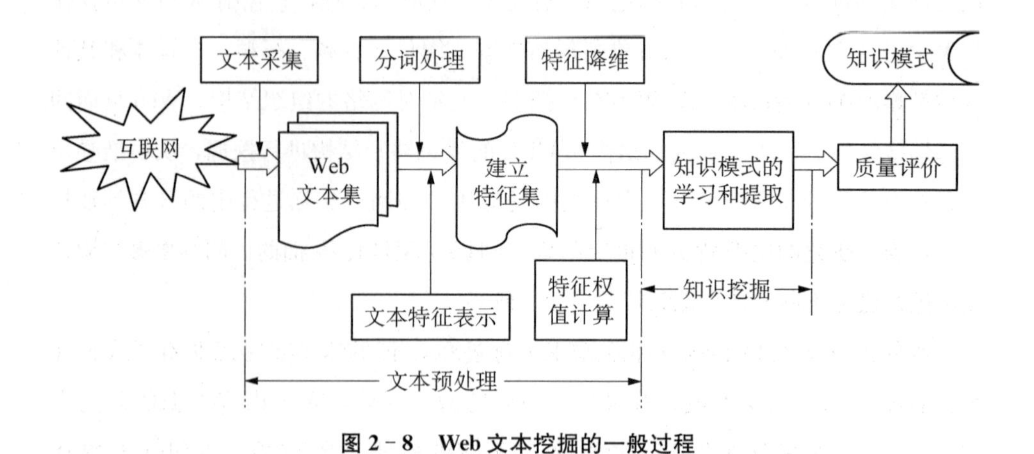

图 2-8　Web 文本挖掘的一般过程

合。对其进行分词处理后，再将文本转换为特征向量矩阵，通过特征抽取建立其特征集。在 Web 文本挖掘中，文本的特征表示是挖掘工作的基础。为了降低特征项的数量，还需要对特征向量位数的缩减，即抽取特定项实现文本降维，以确保知识挖掘的效率。

2. 知识挖掘

选择合适的挖掘方法，实现 Web 文本的知识抽取。如前文所述，Web 文本分类、Web 文本聚类、Web 文本概括、Web 文本关联分析、Web 文本趋势分析都是 Web 知识挖掘的主要研究内容。

3. 质量评价

对获取的知识模型进行质量评价。若评价的结果满足一定的要求，则存储该知识模式，否则返回到以前的某个环节，分析改进后进行新一轮的挖掘工作。

对比图 2-5 可以发现，Web 文本挖掘与文本挖掘的目的相同，都是获取有用的知识模式，包含的步骤也一样，大致分成三个步骤：文本预处理、知识挖掘（文本挖掘）和质量评价（结果表达与解释）。同时在文本预处理的过程中也都需要对文本集合进行分词、特征抽取、特征降维、特征权值计算等操作。

2.5 小　结

作为本研究的主要背景和重要基础，知识发现理论和技术、文本挖掘、Web文本挖掘已经不断成熟，也获得了广泛的研究。

本章对研究的理论基础和相关现状进行了总结和回顾，其中重点阐述了以下几个方面：

首先，对知识发现的研究现状进行了系统的梳理，重点探讨了知识发现的任务、过程和对象。总结了知识发现的四种研究技术，并就每种技术的应用情况进行了说明；

其次，对知识发现的国内外研究现状进行了系统的总结。通过文献综述，对知识发现研究的现状、技术和研究热点有了较为全面的了解，掌握了当前知识发现相关研究的情况。

最后，对文本挖掘的研究进行了总结。文本挖掘也被称为文本知识发现，是知识发现在文本数据中的应用。本章介绍了文本挖掘的一般过程，并就文本挖掘的热点——文本建模、文本分类和文本聚类——进行了详细的阐述。Web 文本挖掘是文本挖掘在网络中的应用，由于网络文本数据的激增，Web 文本挖掘的方法及相关技术也获得广泛的关注。

第3章　文本知识发现的新思路——主题模型

随着信息化、数字化和网络化的蓬勃发展，海量的文本数据正在从各个方面以各种形式影响着我们的生活。人们每天都可以从多种渠道接触并获取各种信息，如何从信息的海洋中获取知识变得越来越困难。网络搜索引擎，如Google、百度等，帮助人们从海量文本中找到相关的信息，实现了人们利用文本信息的目标。然而，搜索引擎通过输入关键词获取的信息也是海量的，这又带来了信息过载的新问题。为了解决这个问题，人们自然想到将成熟的数据挖掘技术运用到文本的分析中，利用文本挖掘（text mining，TM）技术从文本数据中发现潜在的知识模式，文本知识发现（knowledge discovery in text，KDT）随之产生。

文本知识发现（或文本挖掘）的主要目标是在大规模文本集中发现隐藏的有意义的知识，即对文本集的理解和文本间关系的理解。因此，文本知识发现是自然语言处理和数据挖掘技术发展到一定阶段的产物。文本知识发现技术的应用，将有助于人们更好地对海量文本进行深入的“理解”。

文本的知识发现涉及自然语言的处理技术。传统的自然语言理解是对文本进行较低层次的认识，主要进行基于词项、语法和语义信息的分析，并通过词在句子中出现的次序，发现有意义的信息。这样的技术在处理文本语义层面的理解上存在缺陷。

如果把一篇文本的“内容”看作是一个“主题”的话，那么一个文本集合就代表了一个统一的主题内容，对文本集合主题的提取，将帮助人们快速地理解海量文本集合的内容，其识别的主题又可被其他文本处理方法进一步挖掘和利用。相对于传统的文本挖掘方法，主题模型能够从“主题”、“主题间关系”等抽象概念层面实现对文本的挖掘，并能获取隐含的、有价值的、易于理解的知识模式。

3.1 文本知识发现面临的挑战

3.1.1 海量文本的挑战

随着互联网应用的不断普及，大量的信息以文本形式存储，海量的文本数据正在从各个方面深层次地影响着我们的生活。为此，研究人员、企业和相关机构对能够自动分析海量文本的方法和工具的需求正在变得越来越强烈。目前，海量文本文件带来了信息使用的难度，主要体现在以下几个方面。

1. 信息抽取的难度大

文本挖掘面临的一个主要困难是在海量文本中实现有效的信息抽取。信息抽取（information extraction，简称 IE）是指从非结构化的数据中识别特定的信息，并将它们组织成特定的语义结构[①]。利用信息抽取的技术，我们能够识别出文本数据中的各种信息单元及它们之间的关系，如“李四从事数据挖掘的工作”，在这句话中，信息抽取算法可以识别出“李四”和“数据挖掘”，并能够识别出两者之间的关系，即数据挖掘是李四所擅长的。对于信息抽取来说，一般情况下，需要先定义一些模板，比如“X 从事 Y”等，随后借助人工定义机器学习的方法获取相应的规则[②]，实现具体信息的抽取，并获得模板中 X 和 Y 的具体内容。由于各领域对中文信息抽取算法的要求不尽相同，因此，信息抽取只是在部分领域使用，如反恐[③]等。然而，在面对海量且快速增加的文本数据时，依靠构建模板实现文本信息抽取是不现实的，如何通过计算机高效地识别文本中的语义结构，是文本挖掘面临的一个巨大的挑战。

---

① M. F. Moens. *Information Extraction: Algorithms and Prospects in A Retrieval Context*. Dordrecht: Springer, 2006.

② D. E. Appelt, J. R. Hobbs, J. Bear, et al, Festus: A finite-state processor for information extraction from real-world text [2018 - 06 - 23]. https://www.isi.edu/~hobbs/ijcaiq3.pdf.

③ M. F. Moens. *Information Extraction: Algorithms and Prospects in A Retrieval Context*. Dordrecht: Springer, 2006.

2. 信息检索的难度大

文本的复杂性远超其他结构化的数据形式。尽管有些研究认为，可以把文本信息看作是一个大型的“数字图书馆”，但是由于这些文本信息缺乏统一的结构，内容上也比普通文献资料更为复杂。此外，文本信息组成的这个“数字图书馆”，数量巨大，又没有索引，查找某一具体文本信息是非常困难的。

信息检索（information retrieval，简称 IR）虽然可以从大量的文本数据集合中找到符合需要的文本子集①，但是这些搜索引擎也带来海量的检索结果，大量的检索结果仍然难以帮助我们对相关内容有整体的了解。研究表明，多数人只浏览返回结果中排在最前的几十条结果②。目前，基于语义层面实现检索结果的聚类和内容提取仍然是信息检索领域需要研究的重要课题。

3. 满足用户需求的困难大

文本信息是不断变化的，不仅数量在不断增加，内容也是经常更新，尤其是一些自由文本，如网络新闻、博客等更新速度快，这在一定程度上增加了文本处理的难度。这些不断变化的信息，真正与用户相关的信息往往只是其中的一部分，如何根据用户的需求，动态地实现数据分类、聚类是文本挖掘面临的挑战。

此外，在互联网应用环境下，Web 服务面向的是广泛的用户群体，网络应用的不断发展，用户数量也在不断增多。各个用户都有其不同的背景、兴趣及使用网络的目的，有针对性地为用户提供知识服务，可以降低用户搜索信息的时间代价。

3.1.2 文本知识发现需要解决的问题

虽然文本挖掘技术取得了长足的进展，但面对海量的文本数据，仍然有许多问题需要解决。

---

① B. Y. Ricardo, R. N. Berthier. *Modern Information Retrieval*. New York: ACM Press, 1999.

② S. Brin, L. Page. “The Anatomy of A Large-Scale Hyper Textual Web Search Engine”, *Computer Networks and ISDN Systems*, 1998, Vol. 30, Issue. 1 - 7, pp. 107 - 117.

1. 文本的高维性

通常文本集合中包含有成千上万的词项，在使用向量空间模型（VSM）对这些文本数据进行处理时，一个文档需要用成千上万维的高维矩阵来表示，文本特征向量的高维性严重地影响了后续文本挖掘的效率和结果的准确性。同时，高维性在文本知识发现应用中（如文本聚类、分类、文本关联分析）未必都有意义，并且还会影响计算机进行文本知识发现的效率。文本的高维性，主要在以下方面会对文本知识发现带来困难：

（1）聚类效果受影响

高维数据会对文本聚类的效果造成影响。研究发现，数据的维度越高，某一个文本与其相似文本之间的距离同与它相异文本之间的距离之差将趋于零[①]。这说明，在高维数据环境下，通过各种距离公式无法计算文本之间的远近关系，传统的基于这些概念的文本聚类算法——如 k-means、DBSCAN 等——直接应用于高维数据挖掘将无法从数据中获得有意义的结果。

（2）文本噪声增加

目前，数据的收集变得越来越容易，但收集到的数据越多，形成的噪音也会越多。这些噪声的存在，会使得收集到的数据无法发挥作用，有时甚至会起到反作用。例如，在文本挖掘过程中，需要去除那些对表达文本语义基本不发挥作用的停用词。有研究发现，停用词在文本数据集里占到总单词数的 30%—50%[②]。高维文本所带来的大量噪音可能会“盖过”真正对表达文本的含义起到作用的特征，对文本分析产生不利影响。

高维数据的分析问题在现实生活中普遍存在[③]，目前还没有发现“最佳”的特征选择降维方法。高维数据本身又具有这些颇具挑战的特点，需要在实际应用中，针对中文文本的组织特点，采用特定的特征选择方法。由于文本的结构复杂

---

① K. Beyer, J. Goldstein, R. Ramakrishnan, et al. When is “nearest neighbor” meaningful [2018-06-22]. https://members.loria.fr/moberger/Enseignement/Master2/Exposes/beyer.pdf.

② A. Blanchard. “Understanding and Customizing Stop Word Lists for Enhanced Patent Mapping”, *World Patent Information*, 2007, Vol. 29, Issue. 4, pp. 308-316.

③ H. P. Kriegel, K. Peer, A. Zimek. “Clustering High-Dimensional Data: A Survey on Subspace Clustering, Pattern-Based Clustering, and Correlation Clustering”, *ACM Transactions on Knowledge Discovery from Data* (*TKDD*), 2009, Vol. 3, Issue. 1, pp. 1-58.

且更新速度快，如何在实际应用中选择最佳的特征降维方法是需要深入研究的问题。

2. 一词多义的问题

一词多义问题是自然语言处理过程中的一个普遍现象①。在网络环境下，人们通过自然语言进行交流和表达思想，并以文本的形式进行保存。虽然对自然语言的研究已有较长的时间，但对理解和使用自然语言的能力仍然有限。传统的较低层次的自然语言理解是基于词、语法和语义信息的分析，并通过词在句子中出现的次序发现有意义的信息。在文本处理过程中，文本预处理是文本挖掘工作的基础，不同的语言采用不同的分词处理方式，这就容易造成大量的一词多义的现象。

人类在辨别一个具有多种含义的单词在一篇文章中的具体含义时往往采用根据上下文语境或领域知识的方法；但对于传统文本挖掘采用向量模式表示文本来说，要做到这点就很困难了。

3. 领域知识的存在

本文信息并不总是以简单的纯文本形式出现，经常伴有丰富的领域知识和元数据。合理地将领域知识结合到文本挖掘中，将提高文本挖掘的效能。在文本挖掘过程中，领域知识可以是基于语言学方面的知识，例如“某一个单词的出现依赖于另一个单词”等。一些研究②已经将语法树结构加入到文本潜在语义挖掘中。文本中的元数据类型多样，如文本的标题、发表时间、作者、E-mail、文本链接等。

综上所述，文本数据的高维度、一词多义和领域知识的存在，给文本知识发现带来了巨大的挑战。

---

① S. C. Deerwester, S. T. Dumais, T. K. Landauer, et al. “Indexing by Latent Semantic Analysis”, *Journal of the American Society of Information Seience*, 1990, Vol. 41, Issue. 6, pp. 391 - 407.

② J. Boyd-Graber, D. Blei, Syntactic to topic models [2018 - 06 - 13]. http: //www. cs. columbia. edu/～blei/papers/Boyd-GraberBlei2009. pdf.

3.2 文本知识发现的新思路——主题模型

文本知识发现需要对文本信息进行较高层次的理解，这需要研究如何从文本和文本集中抽取隐含的模式和知识。虽然上文提到的文本挖掘方法可以用来解决一些实际问题，如文本聚类、分类等，然而这些方法获得知识模式并不能帮助人们理解文本集在语义上的描述。当文本挖掘结果被用在各种决策支持的制定时，决策者由于无法理解各类文本的语义，将无法充分理解文本挖掘所提供的知识模型[①]。主题建模相对于传统的文本挖掘的优势之一就是使用“主题”作为文本建模，并更能从语义角度解释挖掘的结果。

主题模型是一种统计机器学习模型，能够提供对大规模语料进行建模、降维的方法。主题模型是生成式模型（generative model）的一种，在自然语言处理（natural language processing）、信息检索（information retrieval）及机器学习（machine learning）中都有较为广泛的应用。

3.2.1 文本的语义分析

随着人们对文本认识的发展，人们开始追求对文本本身的深入理解，并希望计算机能够更好地理解文本。

在主题模型出现前，人们对文本主题的理解可追溯到 20 世纪 70 年代。Salton 等人提出的向量空间模型（VSM）是最早的主题挖掘方法。向量空间模型实现了将文本表达成数学概念，即几何空间中的向量，从而为词项与文本之间的关系以及计算文本之间的相似度提供了有效的方法。由于向量空间模型简单、易懂，自提出后就在实际应用中获得了极大的成功，目前商业搜索引擎（Google、百度等）都采用其作为检索模型中的文本表示方法。为了识别文本中词项对文本的重要程度，

---

① A. K. Jain, M. N. Murty, P. J. Flynn. “Data Clustering: A Review”, *ACM Computer Survey*, 1999, Vol. 31, Issue. 3, pp. 264 - 323.

1988年，Salton和Bucley等人又提出了TF-IDF（term frequency-inverse document frequency）统计方法。其中TF（term frequency）为词频，IDF（inverse document frequency）为反文档频率。TF用来统计词项在表达文本内容方面的能力，IDF则用来描述词项在区分不同文本中的能力。TF-IDF认为，某一词项在文本出现的频率越高，说明其在文本中的重要性越高；但此重要程度会同时随着该词在整个语料库中出现的频率成反比下降。虽然TF-IDF获得了广泛的应用，但是其以关键词的词频统计来衡量其在文本中的重要性这方面，还有一些逻辑问题，如对一篇文本来说，重要的词项可能频率并不高，且如果出现同义词现象，则TF-IDF无法有效地识别①。向量空间模型和统计模型尽管在方法论上存在不同，但两者还是存在很多的共同点，一个最重要的共同点就是两个方法都认为文本是在词典空间上的表示，也就是将文本形成一个“文本→词”的映射，形成了一个一对多的关系。

然而，人们对文本的理解不能简单地通过词频统计描述，需要进一步深入地对文本进行挖掘，同时也希望能够挖掘出文本潜在的“语义”信息。这就使得文本处理进入了语义处理的阶段。

在文本语义处理中，早期的研究是Thmoas等人②在1998年的潜在语义分析（latent semantic analysis，简称LSA）。潜在语义分析的创新性是将语义维度引入文本分析中。在LSA出现前，人们对文本表示的方法沿用一个思维定式，即文本是表示在词典空间上的。语义维度的引入，实现了文本信息的进一步浓缩，并将文本看作是语义维度上的一个表示。简单来说，如果传统的文本描述是“文本→词”之间的映射，那么潜在语义模型在引入语义维度后，形成了“文本→语义→词”的描述空间。后来的主题模型实际上都是沿用了这一核心思想。潜在语义模型的本质是考虑词与词在文本中的共现，通过这种共现关系的提取，实现文本在语义空间上的低维表示。

随着概率统计分析在文本建模中的不断应用，潜在语义分析被提升到了概率统

① 鲁松，李晓黎，白硕，等：《文档中词语权重计算方法的改进》，载《中文信息学报》，2000年第14卷第6期，第8—13页，第20页。

② T. K. Landauer, P. W. Foltz, D. Lanham, “An Introduction to Latent Semantic Analysis”, *Discourse Processes*, 1998, Vol. 25, Issues. 2-3, pp. 259-284.

计的分析模型[①]（pLSI 或者 pLSA[②]）。LSA 描述的每一个语义维度都对应一个特征向量，在概率模型中，每个语义维度则对应到词典上词项的概率分布。早期的概率主题模型被称作"aspect model"。pLSA 在潜在语义分析的基础之上增加了概率分布，这为文本分析带来了很多好处，如可以方便地进行模型的扩展，如引入作者、时间等维度，实现了将相关描述元数据引入文本分析之中，增强了文本分析的语义性；此外在文本词项概率分布上，概率分布也可以引入先验信息等。然而，pLSA 还不是一个"完整"的贝叶斯概率模型，主要是 pLSA 在概率分布计算时，对于"文档→主题和主题→词项"之间的分布并没有采用随机变量，而是将其看作参数。

在 2003 年，Blei 等人在其发表的论文"Latent Dirichlet Allocation"[③] 中第一次提出了主题模型。在自然语言处理中，主题被看成是词项的概率分布，Blei 所说的主题则是指文本中的语义维度。在主题模型中，主题是语料集合上语义的抽象表示。图 3-1 给出了几个主题的例子，可以看出，每一个主题都对应着一组带有语义的词项，每个主题都可以看作是一个多项式分布。从图 3-1 中，我们可以看到，每个主题都是对文本内容的语义挖掘。

topic1	topic2	topic3	topic4
公司	专业	医院	比赛
市场	工作	治疗	联赛
中国	学生	患者	球队
企业	学校	健康	冠军
发展	大学	手术	俱乐部
产品	教育	专家	球员
服务	人才	病人	赛季
中国	招聘	医生	对手

图 3-1　相关语料生成的主题模型

由于主题模型具有良好的数学基础，目前已经被广泛地应用在文本挖掘和信息

① T. Hofmann, "Unsupervised Learning by Probabilistic Latent Semantic Analysis", *Machine Learning*, 2001, Vol. 42, Issues. 1-2, pp. 177-196.

② pLSI 和 pLSA 有两种描述方法，其中 pLSI 中的 I 是"indexing"的缩写，因为 LSI 最早是在信息检索应用的背景下提出的，因此延用了 pLSI 的叫法。随着主题模型的发展，pLSI 已经不再局限在信息检索的应用，所以更多地采用 pLSA 的叫法。

③ D. M. Blei, A. Y. Ng, M. L. Jordan, "Latent Dirichlet Allocation", *The Journal of Machine Learning Research*, 2003, Vol. 3, Issue. 3, pp. 993-1022.

处理的实践中。

3.2.2　主题模型的发展

上文简单地描述了从 LSA→pLSA→LDA 的主题模型发展的时间脉络，在这个发展过程中，我们可以看到主题模型的出现，解决了传统文本挖掘在文本语义分析方面的问题。

本书第二章中有关文本挖掘研究热点部分可以发现，传统的文本挖掘方法从特征项入手，对文本进行建模，并通过词项统计来识别词项在文本或文本集中的重要性，然而却很少对“文本类”本身进行研究，而主题建模方法使用“主题”的概念正好弥补了文本类建模这一空白。在实现文本主题描述的过程中，主题模型经历了简单主题模型、潜在语义分析、不完整的主题模型到完整的主题模型这一发展过程。图 3－2 显示了主题模型发展的过程。

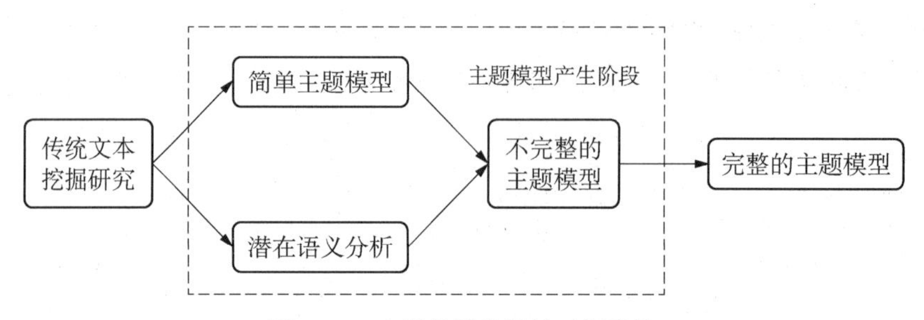

图 3－2　主题模型发展的时间脉络

传统文本挖掘的方法一直采取将非结构化或半结构化文本转换为结构化的数据，采取传统的数据挖掘方法进行分析，最常见的方法是将文本转化为向量空间模型中的点，这方面内容在上文中有较详细的介绍，这里不再赘述。

在 LSA 产生的同时，曾经有过一些同样基于概率生成模型的文本建模算法，这些模型一般采用较为简单的混合模型（mixture model），如多项分布混合模型①，这些基于概率生成模型的算法通常只使用简单的模型，难以近似真实的文本生成过程，因此这些文本建模方法被认为是主题建模的前身。

---

① M. Meila, D. Heckerman, “An Experimental Comparison of Model-Based Clustering Methods”, *Machine Learning*, 2001, Vol. 42, Issues. 1－2, pp. 9－29.

潜在语义模型 LSA① 是最早提出"主题"这个概念的，LSA 将文本数据从原来的词项空间（通常有上千维）投影到有语义概念的低维空间中（通常只有几十维），很大程度上实现了数据降维。实验②表明将原先的数千维的文本向量用 LSA 降维至 20 维，并没有影响文本聚类的结果。虽然 LSA 为文本挖掘带来新的方式，并能够很好地解决词项之间的关联问题，但是 LSA 仍然存在一些问题：

（1）无法解决文本"一词多义"的问题③。

（2）无法在 LSA 中加入文本元数据和领域知识，虽然有部分尝试④，但在 LSA 中加入复杂的文本元数据和领域知识的研究并不多见。

pLSA 的出现，主要是为了解决上面的这些问题。pLSA 采用贝叶斯网络表达文本，在 pLSA 中，文本表达方式是"文本→单词"数据对，即词项 w_j 在 d_j 中出现，则用（d_j，w_j）来表示，这个过程的实现如下所示：

（1）根据 P（d_i）随机选择文本 d。

（2）根据 P（$z \mid d$）选择词项所述的主题。

（3）根据 P（$w_j \mid z$）从主题中随机选择词项 w_j。

由此可见，pLSA 使用概率生成模型描述一组未知的主题以及从这组主题中生成文本的过程。但由于 pLSA 无法实现新文本的生成，pLSA 只指定了从主题生成当前被分析文本的规则，对于新的文本，无法计算它和各个主题之间的联系。因此，一些研究并没有把它归为主题模型的一种，而认为它是从传统文本聚类方法向主题建模发展的一个重要的中间阶段⑤，即不完整的主题模型。

LDA 主题模型的出现，标志着完全主题模型的形成。LDA 模型假设文本由一种潜在的语义结构生成，文本的生成规则如图 3-3 所示。根据这个生成规则，文本的分析被设计成反映

图 3-3 LDA 生成文件的过程

① T. Hofmann, "Unsupervised Learning by Probabilistic Latent Semantic Analysis", *Machine Learning*, 2001, Vol. 42, Issue. 1-2, pp. 177-196.

② H. Schutze, C. Silcerstein, "Projections for Efficient Document Clustering", *ACM SIGIR Forum*, 2010, Vol. 31, Issue. SI, pp. 74-81.

③ S. C. Deerwester, S. T. Dumais, T. K. Landauer, et al. "Indexing by Latent Semantic Analysis", *Journal of the American Society of Information Seience*, 1990, Vol. 41, Issue. 6, pp. 391-407.

④ R. K. Ando, L. Lee, Iterative residual resealing: An analysis and generalization of LSI [2018-06-22]. http://citeseerx.ist.psu.edu/viewdoc/download? doi=10.1.1.193.2785&rep=rep1&type=pdf.

⑤ 丁铁群：《基于概率生成模型的文本主题建模及其应用》，杭州：浙江大学，2010 年。

文本语义的过程，其目的是能够挖掘文本（或文本集合）背后的语义结构，并帮助人们理解文本背后的语义。

由于LDA模型从文本潜在的生成规则入手分析文本，因此获得了解决文本的高维性、一词多义等问题的解决方案。

3.2.3　LDA主题模型

Blei等人提出的主题模型（latent Dirichlet allocation，简称为LDA），也称作隐含狄利克雷分布，是最经典的主题模型之一。

主题模型通过对目标文本集进行建模分析（该部分将在第4章中详细介绍），可以发现文本集合中潜在的主题，并通过这些主题标识文本信息，这些隐含的主题也能够被用来对文本集进行聚类、总结和检索。

LDA主题模型是一种非监督学习技术，可以用来识别大规模文档集（document collection）或语料库（corpus）中潜藏的主题信息。它有一个重要的假设——词袋（bag of words）——即一篇文本中的单词是可以交换次序而不影响模型的训练结果，可交换表明在文本中，词项的出现与顺序无关。词袋方法简化了问题的复杂性，同时也为模型的改进提供了契机。

LDA主题模型是建立在文本生成过程的一种假设，如图3-4所示。主题可以理解为一篇文章、一段话或是一句话所要表达的中心思想。模型认为，每一篇文本都会围绕某个想法展开，而它的作者为了能够阐述这个想法，就会选择组成这篇文本的主题分布，根据这些主题的分布情况，主题由一组特定的词项来反映。根据假设，每个主题都是由特定位置上的词项组成，而文本则是由每个词项不断重复而完成。

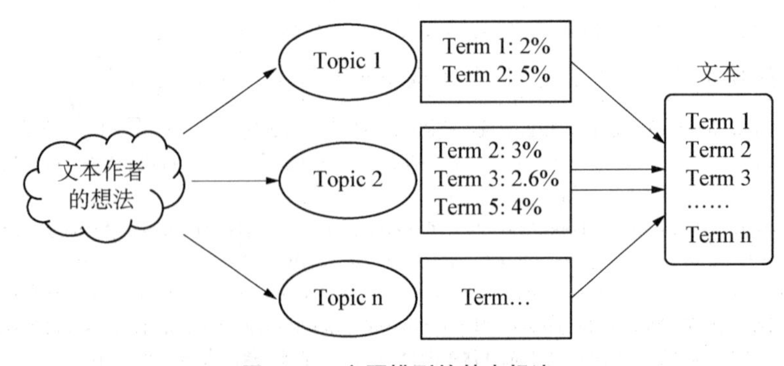

图3-4　主题模型的基本想法

主题模型利用词语的共现，通过词项的概率计算，来发现主题与词项之间的概率分布规律，以及文本与主题之间的概率，因此说，主题模型是一种混合概率模型①。主题模型允许一篇文本包括多个主题，但同时为了避免主题太多无法描述文本的内涵，通过狄利克雷分布来限定主题的比例。主题模型的建模如图 3－5 所示。

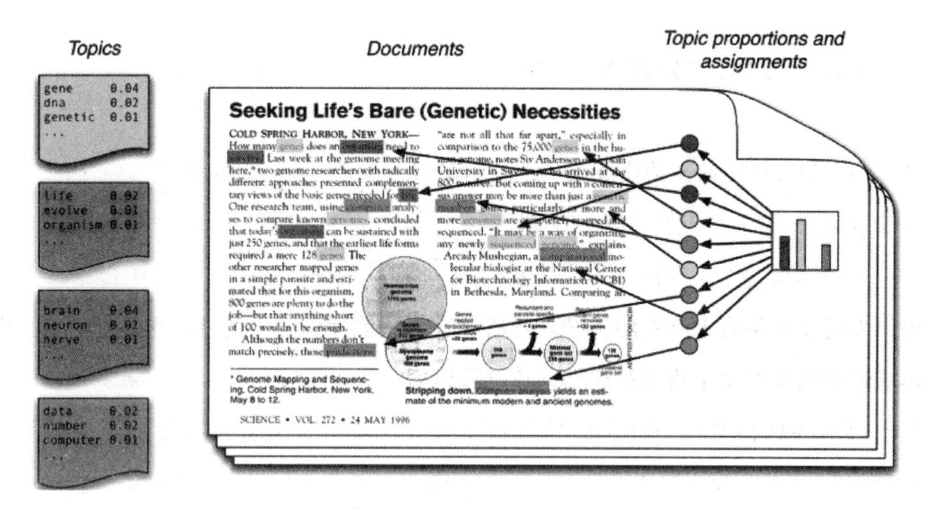

图 3－5　主题模型的建模效果示例②

图 3－5 的左侧是表示不同的主题，通过 LDA 模型将文本中的每个词项分配给一个主题（即图中从灰到黑不同程度的圆圈），并获得文本的主题分布情况（右侧的柱状图），最后生成文本中主题与词项之间的概率分布（图左侧的 Topics 列表）。

由此可见，LDA 主题模型是一个三层贝叶斯概率模型③，它包括单词层、主题层、文档层三层，即每一篇文档代表了一些主题构成的一个概率分布，而每一个主题又代表了很多单词构成的一个概率分布，如图 3－6 所示。假设在一个文档集 D 中有 m 篇文档，即 $D=\{d_1, d_2, d_3, \cdots, d_m\}$，文档集 D 中分布着 k 个主题 z，即 $\{z_1, z_2, z_3, \cdots, z_k\}$，其中每个主题 z 都是一个基于单词集合 $\{w_1, w_2, \cdots, w_n\}$ 的概率多项分布。就“主题–词”的概率分布而言，可以表示成向量 $\varphi_k=\{p_{k1}, p_{k2}, \cdots, p_{kn}\}$，其中 p_{kn} 表示词 w_n 在主题 z_k 中的生成概率；就“主题–文档”而言，

① D. M. Blei，“Probabilistic Topic Models”，*Communications of the ACM*，2012，Vol. 55，Issue. 4，pp. 77－84.

② 同上注。

③ D. M. Blei，A. Y. Ng，M. L. Jordan，“Latent Dirichlet Allocation”，*The Journal of Machine Learning Research*，2003，Vol. 3，Issue. 3，pp. 993－1022.

可以表示为 $\theta=\{\theta_1, \theta_2, \cdots, \theta_d\}$，其中每一个向量又可以用 $\theta_d=\{p_{d1}, p_{d2}, \cdots, p_{dk}\}$ 来表示文档的主题分布，其中 p_{dk} 是主题 z_k 在文档 d 中的生成概率。

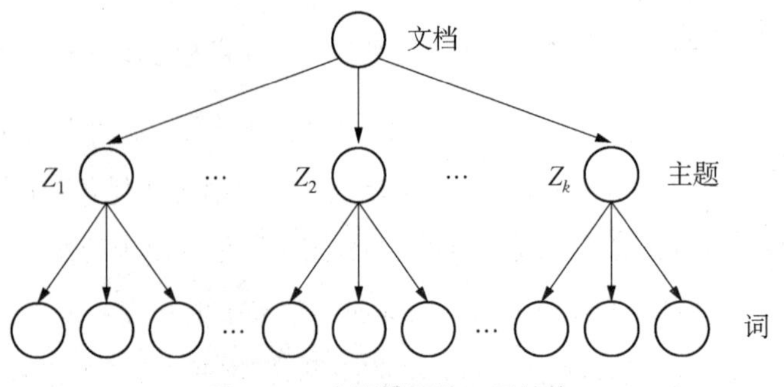

图 3-6　主题模型的三层结构

LDA 模型如图 3-7 所示，其中 D 为整个文档，N_d 为文档 d 的单词集，α 和 β 分别是"文档—主题"概率分布 θ 和"主题—词"分布 ϕ 的先验知识。表 3-1 为模型中各符号的含义。

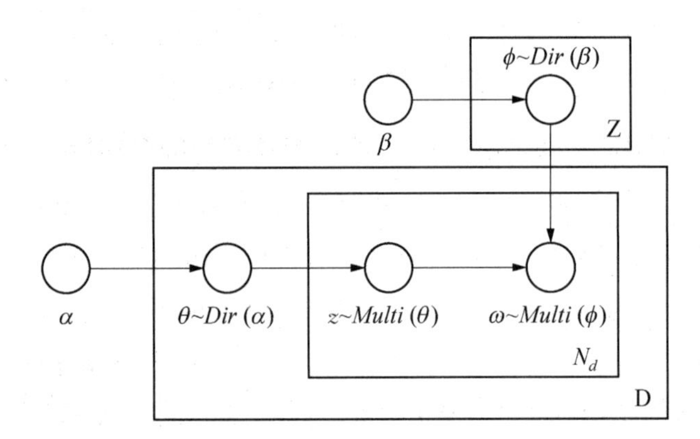

图 3-7　LDA 模型

表 3-1　LDA 图模型的参数说明

符号	含　　义	符号	含　　义
α	θ 的超参数	w	词
β	ϕ 的超参数	D	文本数
θ	文本—主题概率分布	N	词数
ϕ	主题—词概率分布	Z	主题数
z	词的主题分布		

LDA 主题模型在对文本主题求解过程中，采用了隐含狄利克雷分布和吉布斯采样两个主要的技术环节。

1. 隐含狄利克雷分布

狄利克雷分布（Dirichlet process，简称 DP）可以看作是分布之上的分布，它是为了纪念德国数学家约翰·彼得·古斯塔夫·勒热纳·狄利克雷而得名的。对于狄利克雷，我们可以这样来理解，例如：为判断某一事件出现的概率，可能会采用 50 次的随机试验，假设得到四种结果，这四种结果表明该事件发生的概率分别是 0.4，0.65，0.3，0.5。如果在此基础上需要继续验证该事件发生的概率，则针对每一个结果再进行 50 次子实验，这样就得到了一个概率的分布。这就是狄利克雷分布。

隐含狄利克雷分布中的“隐含”是指主题的表示是隐含的，即指在处理文本时并不知道文本包含什么样的主题，也就是说，在 LDA 进行主题获取时，只给出了主题的数量而不知道主题具体是什么。由此可见，LDA 模型是一个无监督的计算器学习算法，训练时不需要手工标注文本集，仅给出主题数量即可。

在 LDA 中，有两组先验概率，一组是“文档→主题”的先验，来自一个对称的 Dir（α）；一组是“主题→词项”的先验，来自于一个对称的 Dir（β），对于经验值 α，β 的取值，有 $\alpha=\frac{50}{Z}$，$\beta=0.1$①。

2. 吉布斯采样

主题模型的求解是一个非常复杂的最优化问题，一般进行模型的求解有三种方法：一种是吉布斯（Gibbs）采样的方法②，一种是基于变分法的 EM 求解③，还有一种是基于期望推进的方法④。由于吉布斯方法推导的结果简单且效果不错，因此是目前采用较多的一种求解方法。吉布斯是一种近似推理算法，假设文本中出现的

---

① T. L. Griffiths，M. Steyvers，“Finding Scientific Topics”，*Process of the National Academy of Sciences*，2004，Vol. 101，Suppl. 1，pp. 5228 - 5235.

② 同上注。

③ D. M. Blei，A. Y. Ng，M. L. Jordan，“Latent Dirichlet Allocation”，*The Journal of Machine Learning Research*，2003，Vol. 3，Issue. 3，pp. 993 - 1022.

④ T. P. Minka，Expectation propagation for approximate bayesian inference [2018 - 06 - 22]. http：//vismod. media. mit. edu/pub/tpminka/papers/minka-ep-uai. pdf.

词汇连成一串且不重复，在 LDA 迭代的过程中，Gibbs 为这个串中的每一个词分配一个主题，然后 Gibbs 不断地更新节点状态，直到收敛到一个较为稳定的数据集上，以此计算出 LDA 的概率分布的近似值。

3.3 主题模型在文本知识发现中的作用

近十年来，主题模型本身及其在各个领域的应用皆翻新不断，有很大部分的新模型都是在 LDA 的基础理论上衍生而来的。归纳起来，主题模型在文本知识发现的作用主要体现在：与元数据的结合、面向特殊任务的知识提取及社会化媒体中的主题提取。

3.3.1 与文本元数据的结合

在文本中，除了文本本身内容，通常还包括如作者、题名、链接、时间等信息，这些信息可以看作是文本的元数据。文本元数据有可能影响潜在语义结构，比如一篇文本的作者（元数据）会影响该文本的主题（潜在语义结构）等。Author-LDA① 是较早使用元数据的主题模型，由于每一个作者都可能对应一个特定的语言结构，为了降低模型的复杂性，Author-LDA 并不限定每一个作者对应一个主题，而是将每一个作者对应一个主题分布，形成了"作者→主题"的概率分布，如果从整个文本集来看，所有作者都共享这些主题集合。Author-LDA 模型也可以利用主题，计算作者之间的相似性。时间元数据指文本发表的时间，加入时间因素，可以发现特定主题随时间的变化情况，监测在一个时间流中主题的变化和产生情况。TOT 模型（topic over time model）② 是一个典型的时间序列主题模型，该模型从美

① M. Rosen-Zvi, T. Griffths, M. Steyvers, et al. The author-topic model for authors and documents [2018-06-22]. http://psiexp.ss.uci.edu/research/papers/uai04_v8.pdf.

② X. Wang, A. Mccallum. Topics over time: A non-markov continuous-time model of topical trends [2018-06-22]. http://ciir.cs.umass.edu/pubfiles/ir-514.pdf.

国国家历史文献中挖掘出 4 个主题及其冷热程度随时间变化的规律。融入时间元数据的主题模型还有动态主题模型（dynamic topic model，DTM）①。TOT 模型在时间轴上为每个主题添加概率分布，计算主题在某个时间点的热门程度；而 DTM 则是将文本按时间分组，计算每个时间段内文本的主题，同时该时间段内的主题受前一个时间段内的主题影响。

3.3.2 面向特定任务的知识提取

文本中的人名会存在重名的情况，人名的消歧是文本处理过程中的一个难题。针对这一问题，研究者②提出了基于 LDA 的实体模型，用来处理这些有歧义的问题。该模型将书目信息作为训练集，通过训练结果，模型能够预测新书目中的真实作者姓名。也有研究者③将文本中的作者姓名看作是一个变量，这样可以获得该主题下作者姓名的概率分布，通过文本聚类来判断作者信息是否存在歧义。

在情感分析方面，Mei 等人④提出了一个 LDA 的情感分析模型 TSM（topic-sentiment mixture)，该方法再把一些无用的词汇剔出后，将剩下的与主题相关的词项分成中性、正面和负面三大类，然后采用 EM 算法估计每个主题的词项概率分布。也有研究⑤分析了词项随时间变化的关系，判断词项随时间变化在情感方面的波动情况。

在对具有标签（tag）的文本进行主题识别过程中，Ramage 等人⑥提出了

---

① D. M. Blei，J. D. Lafferty. "Dynamic Topic Models"，*Proceedings of the 23rd International Conference on Machine Learning*，Pittsburgh：ACM，2006，pp. 113 - 120.

② I. Bhattacharya，L. Getoor. Latent Dirichlet model for unsupervised entity resolution [2018 - 06 - 22]. http：//www. siam. org/meetings/sdm06/proceedings/005bhattai. pdf.

③ Y. Song，J. Huang，G. Councili，et al. "Efficient Topic-Based Unsupervised Name Disambiguation"，*JCDL'07 Proceedings of the 7th ACM/IEEE-CS Joint Conference on Digital Libraries*，New York：ACM，2007，pp. 342 - 351.

④ Q. Mei，X. Ling，M. Woddra，et al. Topic sentiment mixture：Modeling facets and opinions in weblogs. [2018 - 06 - 22] http：//www2007. wwwconference. org/papers/paper680. pdf.

⑤ I. Titov，R. McDonald，A joint model of text and aspect ratings for sentiment summarization [2018 - 06 - 22]. https：// people. cs. pitt. edu/～ huynv/research/aspect-sentiment/A% 20joint% 20model% 20of%20text%20and%20aspect%20ratings%20for%20sentiment%20summarization. pdf.

⑥ D. Ramage，D. Hall，R. Nallapati，et al. Labeled LDA：A supervised topic model for credit attribution in multi-labeled corpora [2018 - 06 - 22]. http：// wmmks. csie. ncku. edu. tw/ACL-IJCNLP-2009/EMNLP/pdf/EMNLP026. pdf.

Labeled LDA（也称 LLDA）模型，用于多标记文本的分类。LLDA 模型将每个 tag 对应一个主题，即文本集合中主题的个数就是标签的个数，通过模型计算，就可实现将标签 tag 与主题对应，实现文本中词项与标签的关联。

2006 年，Blei 提出了 DTM 模型，把文本集合按照时间进行切片，在 DTM 的基础上，2010 年，Gerrish 与 Blei① 又提出了 DIM 模型（document influence model）用来识别文本集合中具有影响力的文档。这个模型假设，一篇文档的影响力，与其后续时间相关主题文档具有很强的正相关性。实验也证明了这一点。

3.3.3 社会化媒体中的主题提取

文本数据有多种类型，学术文章以及网络新闻文本是较为规范的文本集合，对于这些文本的潜在主题求解，主题模型具有天然的优势。然而，在社会化媒体平台中（如博客），各种用户生成内容文本在形式上与学术文章及网络新闻之间存在明显的不同，这些用户生成内容的篇幅更短、更新，速度更快，数量更多。相对于普通文本，社会化媒体文本太短是主题模型处理的主要难点。

针对社会化媒体的特点，一些研究将主题模型进行了改进，主要有 Twitter-LDA②、relational topic model（RTM）③ 等模型。

Twitter-LDA 是一个 LDA 的变形，它为 Twitter 内部的所有词项分配一个统一的主题标签，同时从 Twitter 的用户层面和内容层面进行建模，即同时实现用户层面的主题分布和内容层面的主题分布。Twitter-LDA 的一个优点是可以统计 Twitter 层面上有关问题的数量，如统计共有多少对某事件评价的 Twitter 等。但由于 Twitter 的内容过短，加上 LDA 是一种无监督的学习，在 Twitter 主题分布的效果上不是很理想，也有研究探讨将 Twitter 合并成一个长文本，实现主题分布的挖掘。

社会网络数据除了文本内容本身外，相关信息还存在于各种类型的数据关系集

---

① S. M. Gerrish, D. Bleid. A language-based approach to measuring scholarly impact [2018 - 06 - 22]. http://citeseerx.ist.psu.edu/viewdoc/download?doi=10.1.1.182.4459&rep=rep1&type=pdf.

② W. X. Zhao, J. Jiang, J. Weng, et al. Comparing twitter and traditional media using topic models [2018 - 06 - 22]. https://pdfs.semanticscholar.org/2cf3/79819632deb93b2cd9250da25bf21fa25171.pdf.

③ J. Chang, D M. Blei, Relational topic models for document networks [2018 - 06 - 22]. http://proceedings.mlr.press/v5/chang09a/chang09a.pdf.

合中，如博客中的好友关系、网页中的链接关系等，这些关系的挖掘与文本本身的挖掘具有同样的价值。RTM 是一种可以发现网络文本关系的模型。RTM 的基本思想是：两个节点形成链接关系首先是由于其主题分布的相似性，其次是网络社区的从属关系的相似性。RTM 可以实现网络文本之间的引用和被引用关系，通过建立网络文本之间的关系，可以预测文本间的链接及文本中出现的词项，该模型依赖于两篇文本中用来产生词项的主题分配，并定义了文本之间的链接关系。

3.4 主题模型在文本知识发现中的优势

自 2003 年 Blei 提出 LDA 模型以来，经过十几年的发展，主题模型已经形成多种变形，并在文本挖掘、自然语言处理等多个领域获得了广泛的应用。目前，主题模型的研究已经进入一个平稳期，虽然新变形算法在减少，但在实际应用中的研究却大大增多，针对主题模型，我们有必要深入地了解其在文本处理中的特点及其优势。其主要优点如下：

（1）模型表示简单，便于解决实际问题

如图 3－7 所示，主题模型对文本的计算很简洁，通过“文本→主题→词项”的概率计算，识别文本生成的规则，这种间接模型的表示对实际问题的解决具有很大的优势。

（2）形成了一个基于语义的抽象特征描述

主题模型对文本的抽象级别高于一般对词频特征的抽象描述，这种抽象带来了文本特征在更高层面的语义上的描述，便于对文本的深入理解。

（3）将贝叶斯网络运用到文本处理中

LDA 模型在贝叶斯网络的基础上实现对文本主题的概率分布计算，促使研究者更多地关注贝叶斯网络在文本处理中的应用以及相关问题的研究。

主题模型除了本身具有的优点外，相对于传统的文本挖掘方法能够更好地帮助人们快速理解海量文本的相关主题思想。此外，在应对传统文本挖掘面临的挑战方面，主题模型相对于传统文本建模、聚类、分类方法，也具有一定的优势，具体如下：

1. 与 TF－IDF 比较

在主题模型出现以前，TF－IDF 是比较广泛使用的文本特征项权值计算方法。与 TF－IDF 相比，主题模型主要具有两个方面的优势。首先，由于 TF－IDF 将文本集合作为一个整体，通过计算 IDF 值，来计算词项在文本集合中的重要程度，缺乏对文本本身分布情况的描述；而主题模型不但从文本角度进行词频统计，还通过贝叶斯概率计算词项的分布特征，这种描述比 TF－IDF 的描述能力强很多。其次，TF－IDF 在进行词项分布统计时，忽略了特征在不同类中的分布是否均匀的问题，因为如果某个特征在文本集合中的某几篇文本大量出现，而在其他文本出现较少，那么这个特征的权值相对较低，且描述文本的代表性不高。而主题模型通过语义的表述，对词项在不同文本中出现的概率进行分析，不仅能够更好地区分特征的权重，也能表述更多的语义信息。

2. 与文本聚类方法比较

大多数聚类算法都有一个共同的缺点，就是在聚类时需要制定聚类的数目，例如在 K-means 方法中，需要确定如何计算文本相似度，如何更新聚类中心；在层次方法中，需要确定如何计算类之间的文本，如何合并相似的聚类及如何选择最优的层次划分等。主题模型的一种变形模式 HDP（hierarchical Dirichlet process，即层次 Dirichlet 过程）①，可以自主学习文本集合中的主题数目，虽然 HDP 涉及的 Dirichlet 过程比较复杂，但是提供了一种无监督聚类的方法。主题模型作为一种特殊的聚类算法，通过文本语义信息的抽取，可以实现对文本的简化描述，能够得到一种对文本简洁的语义结构描述②。

3. 与文本分类方法比较

分类算法的基本思想是通过对已知类标的数据进行训练，将新的数据归类到已

---

① Y. W. Teh，M. I. Jordan，M. J. Beal，et al. Sharing clusters among related groups：hierarchical Dirichlet processes［2018－06－22］. http：//papers. nips. cc/paper/2698-sharing-clusters-among-related-groups-hierarchical-dirichlet-processes. pdf.

② National Research Council，Committee on the Analysis of Massive Data. Frontiers in massive data analysis［2018－06－22］. https：//pdfs. semanticscholar. org/341c/889d6bb18033d44477c6c4275fd7520e6c14. pdf.

知的类别中的过程。由于需要首先学习固有的数据类标信息，因此分类过程需要人工的参与。主题模型则通过概率分布计算，根据概率分布将词项归到同一个主题中；而主题可以看作是抽象的文本分类类标。因此，主题模型通过求解可以选择恰当的词项，作为类似分类算法的类标信息，实现文本数据集的分类。其实，从图3－7可以看出，主题是一个抽象的概念，如果将一组词作为分类标准的话，主题模型计算的结果就足以区分文本集中的不同文本，且主题包含有丰富的语义信息。

4. 降维能力

目前文本挖掘多基于向量空间模型来描述文本，该模型认为文本是一个词项的集合，忽略了词汇之间的相关关系，认为词的出现与其他词汇无关。如果文本集上词汇众多，该方法往往伴随着一个高维稀疏的矩阵，使许多挖掘算法性能严重下降。

降维（或者说低维表示）是数据分析中一个重要的问题①，其目的是找到一个既能对数据进行有效压缩，又对数据具有良好表现力的方式，降维可以带来很多好处，如去除文本的噪声、降低文本表示空间等。本章在描述文本挖掘面临的挑战时曾分析到，传统向量空间模型描述的文本通常达到成千上万个维度，每个维度代表语料库中的一个单词，这样的高维度给文本挖掘带来了前所未有的困难。面对这样的维数灾难，传统文本挖掘方法采用的降维方法效果并不好。虽然采用去除停用词②以及 TF－IDF③ 等方法，可以去除一部分的词项，在一定程度上实现文本的降维处理，但是在海量的文本集处理过程中，基于词典的这种方法，降维的作用有限。

主题模型对给定的文本集采用隐含狄利克雷分布进行主题挖掘，即识别隐含的“文本→主题→词项”之间的关系，这个过程将文本的词项空间描述转变到了文本的语义空间描述，从这个角度来看，主题模型在主题求解的过程中就是一个文本的降维过程，可以从成千上万的单词维度降到文本的主题语义维度上。主题的语义维

---

① C. M. Bishop, *Pattern Recognition and Machine Learning*. New York: Springer, 2006.

② K. M. Hammouda, M. S. Kamel. “Efficient Phrase-Based Document Indexing for Web Document Clustering”, *IEEE Transactions on Knowledge and Data Engineering*, 2004, Vol. 16, Issue. 10, pp. 1279－1296.

③ A. Singhal, C. Buckley, M. Mitra, Pivoted document length normalization [2018－06－22]. http://singhal.info/pivoted-dln.pdf.

度可以看作是文本模式表达方式，用来作为文本分析的输入，从这个角度来看，主题模型就可以解决文本挖掘过程中高维度的问题。有研究发现[①]，采用主题模型进行文本集主题求解后，文本数据的维数降到了原来的 0.4%；同时，利用降维后的数据再采用 SVM 进行文本分类，分类精度比不用主题模型进行降维的更高。

5. 实现文本元数据建模

文本中包含有多种元数据，传统的文本挖掘技术在为文本元数据或领域知识建模方面存在不足。LDA 主题模型的生成过程，是根据潜在的语义结构构建文本，这就为在主题模型中融入文本元数据提供了可能。文本的元数据受文本的主题影响，如学术论文的主题（潜在语义结构）决定了论文发表的期刊（元数据）；反过来文本的元数据也会影响到文本的主题，如一篇学术论文的作者（元数据）会影响该篇论文的主题（潜在语义结构）。由于文本元数据、潜在语义结构（主题）以及文本本身三者之间的相互作用，为文本挖掘带来了一定的困难。在利用主题模型进行文本建模时，可以将各种与文本有关的元数据（如期刊、作者、时间等）加入到主题模型中，使用贝叶斯模型描述它们，有助于我们从文本数据、元数据中挖掘出丰富的潜在主题（语义结构）。文本元数据的使用，扩展了主题模型应用的范畴，也丰富了主题模型在文本挖掘中应用的场景。

3.5 小　结

本章介绍了本研究的基础理论主题模型。

目前，面对海量文本、高维度的文本数据及各种噪声问题，使得传统知识发现方法面临着巨大的挑战。文本知识发现需要对文本信息进行较高层次的理解，而主题模型正好可以从语义层面实现对文本信息的降维处理，这使得主题模型天然地成

---

① D. M. Blei, A. Y. Ng, M. L. Jordan, "Latent Dirichlet Allocation", *The Journal of Machine Learning Research*, 2003, Vol. 3, Issue. 3, pp. 993 - 1022.

为文本知识发现的解决方案。随后，本章系统地阐述了主题模型在文本知识发现中的应用，即社会媒体中的主题提取、与文本元数据的结合以面向特定任务的主题提取等。最后，我们给出了主题模型在文本知识发现的优势。

本章是主题模型在文本知识发现应用的理论描述，为下一章模型设计提供了理论基础。

第4章　面向主题模型的文本知识发现框架

随着各种数字化资源的建设和互联网的高速发展，人们面临着海量异质、快速增长的数据资源。如何在数据的海洋中有效地利用和挖掘各种信息资源，获取潜在的、有价值的知识，是人们的迫切需求，也是一个重要的研究课题。

目前，我们正处在一个信息极度丰富的时代。海量的信息资源快速累积，使得科研机构、政府、公司甚至个人在信息处理中都面临着前所未有的挑战，相对于数据过剩，我们对"知识贫乏"、"信息迷失"的问题①则更显得无助。

从当前的研究现状来看，从海量的数据中快速、准确地获得信息及挖掘隐藏在信息中的知识是人们的迫切需求。我们不仅需要具备存储和查询海量数据的能力，也需要能够通过规模化的自动内容分析来处理这些数据，从中获取显性和隐含的知识。但是在大数据环境下，从数据中获取知识仍非易事，具体到发现知识，则更加困难。由于数据量呈几何级数增长，存储科技论文、技术报告数据库、知识库及现在分散在网络中各式各样的文本信息，不仅数量庞大，也由于这些信息在组织上存在局部规范性而全局松散的特征，为从这些数据源中提取和发现知识带来了很大的困难。这些挑战主要表现在难以准确获得所需要的知识；难以获得信息之间潜在的联系；难以在不同的异构系统中获取知识②。因此，我们需要新的研究思路，从海量的文本中及时、准确地发现知识。

本章将介绍基于主题模型的文本知识发现研究框架。

---

① D. Lazer, A. Pentland, L . Adamie, et al. "Computational Social Science", *Science*, 2009, Vol. 323, Issue. 5915, pp. 721 - 723.

② 郭勇：《基于语义的网络知识获取相关技术研究》，博士论文，北京：国防科技大学，2007.

4.1 语义建模

4.1.1 文本语义建模的发展

进行文本知识发现的首要工作是将无结构化或半结构化的文本信息表示为可被计算机处理的数据形式，它是一个非常重要的基础性工作。布尔模型是较早的文本表示模型①，该种文档特征表示方法是基于布尔逻辑和集合理论的，文档由词汇的集合组成，若词汇在该文档中出现，则取值为 1，否则为 0。布尔向量使无结构化的文本信息得以结构化，实现了文本信息被计算机自动处理的目标。然而，布尔模型只能反映词汇在文档中的出现与否，无法反映更高层次的信息。为了能够进一步挖掘文本中更高层次的信息，空间向量模型（VSM）成为一种新的解决方案。由于 VSM 建立在文档中词汇无关性的假设基础之上，而现实的文本中，词汇之间存在必然的联系，使得这种文本特征表述模型在文本的语义描述上天然地存在一定问题（本书在第三章中详细描述了 VSM 对文档的处理进行，这里不再赘述）。在语义特征描述方面，本体（ontology）被引入文档的建模中②，用来对文本中所包含的知识进行表示，这种文本的语义表达模型借助本体知识库，可以区分同义词、一词多义等问题；然而如何实现将文本隐射到本体的实例和概念上，如何度量本体概念之间的相似性，是基于本体实现对文本语义描述需要解决的重点问题。也有一些学者尝试了其他方法对文本进行建模，如从文本中抽取短语作为文本特征表达的扩充，虽然提高了文本知识发现（分类、聚类）的精度，但这种方法却增加了特征空

---

① G. Salton, M. J. Mcgill, *Introduction to Modern Information Retrieval*. New York: McGraw-Hill, 1983.

② J. J. Jung. "Ontological Framework Based on Contextual Mediation for Collaborative Information Retrieval", *Information Retrieval*. 2007, Vol. 10, Issue. 1, pp. 85 - 109; C. Brewster, K. O'Hara "Knowledge Representation with Ontologies: Present Challenges-Future Possibilities", *International Journal of Human-Computer Studies*. 2007, Vol. 65, Issue. 7, pp. 563 - 568; K. B. Jaco, P. Stephan, S. Michael, et al. "Ontology Based Text Indexing and Querying for the Semantic Web", *Knowledge-Based Systems*. 2006, Vol. 19, Issue. 8, pp. 744 - 754.

间维数，使得知识发现的性能下降。

如本书在论述知识发现任务时所描述的，知识发现的一个主要任务是在应用中解决一些实际问题。然而在实际应用中，现有的方法并不能帮助人们更好地理解文本集合在语义上的共性，如：在文本聚类过程中，聚类算法为什么将这些归到一个类别？是基于哪种依据划分的类别？聚类算法都没有给出明确的语义解释。而主题模型针对文本聚类实现的一个优势就是能使用“主题”为这些文本进行建模，不仅能将一组类似的文本归为一类，更能向用户解释为什么将这些文本归为一类。

4.1.2 主题模型与文本知识描述

对于主题模型基于语义建模在知识描述的优势，下面通过一个信息检索的例子加以说明。例子中表明，主题模型不仅仅是用一组标记（词项）代表这些文本，对于提高文本隐含知识描述也具有很高的应用价值。

信息检索对用户输入的关键词动辄返回几百万条甚至上千万条结果，如在Google里搜索“ancient myths”（古代神话），返回的结果多达1 980万，对于用户来说很难在短时间内全面掌握“ancient myths”的有关内容。在一些能提供检索结果聚类的搜索引擎如yippy中，搜索这个内容得到的结果如图4－1所示，网页的右侧是搜索结果，左侧则显示了搜索结果得出的个类。其中每一类都包含有一组与内容相关的搜索结果，并用关键词作为该类的注释。从图中我们可以认为每一类代表一个主题，如“Greek”这个主题包含了有关希腊神话的搜集结果集合，“Egypt”则是有关埃及神话这个主题的检索结果集合。

yippy搜索引擎提供的元搜索将检索结果分为若干类，体现了和关键词相关的主题信息，并且帮助用户点击每个主题可以找到属于该主题的搜索结果，这样的聚类大大地方便了人们对“ancient myths”这个内容的认识。

从图4－1可见，帮助人们快速了解“ancient myths”这个关键词所包含的主题信息是相关的类描述词，如“Greek”、“Egypt”、“Mystery”、“Fiction”等。如果没有这些描述词，用户将不会了解每个类所包含的检索结果的内容，可见这些描述词有助于对分类文本的总结。这些描述词对于知识的描述起到了一定的作用，它将上千万条检索结果中的主题信息进行了提取并展示了这些主题之间的结构关系。这类描述词描述了某一个分类的主题含义，可以说这是一个最简单的文本主题建模，

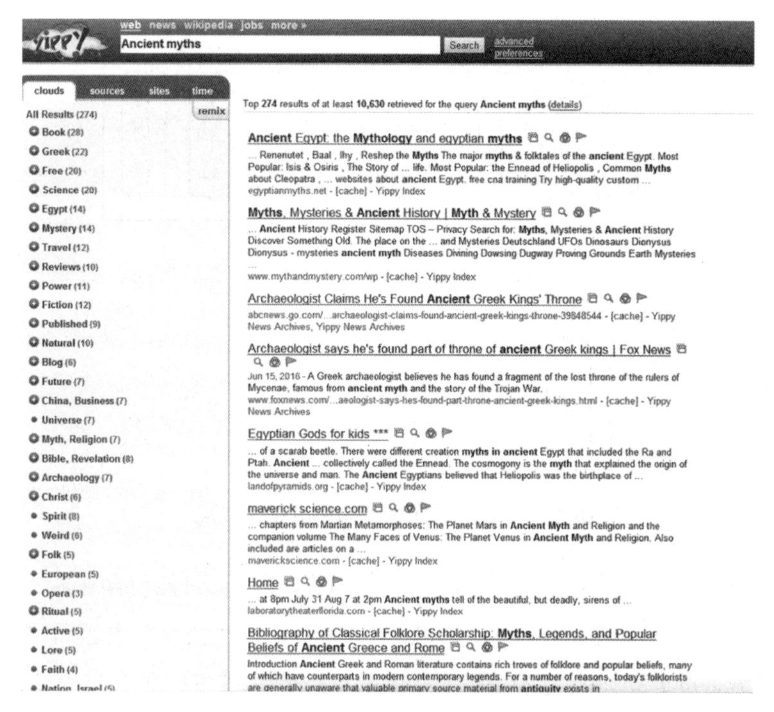

图 4-1　检索结果聚类

虽然是一个简单的描述词，但已经可以帮助我们对大量文本进行理解，可见主题本身对人们理解文本的重要性。

上文描述的是简单的主题对文本知识发现的描述。2003 年，Blei 提出的 latent Dirichlet allocation 算法，则提供了文本语义建模的新方向，为文本知识发现提供了新的思维方向。面向主题模型的文本建模，采用概率生成模型描述文本中包含的一组未知的主题，并根据这些主题生成的规则形成对文本的抽象。主题模型对文本建模的流程主要分两个步骤：模型设计、模型推理。具体过程如图 4-2 所示。

图 4-2 的横向可以看作是模型设计，而纵向可以看作是模型推理。

基于主题模型对文本建模过程可以这样理解。假设每一篇文本都有一个或多个主题，每一个主题都有其生成规则，我们可以假想一个生成未知主题文本的过程。如用户要生成有关“教育”主题的文本，那么在文本中，{招生、教师、学生、课程}等词汇出现的概率就会比较高，而{公司、经理、市场}等词汇出现的概率则较低，这样就可以把出现概率超过某个阈值（人工设定）的单词作为“教育”这个主题的关键词。这样主题模型对文本的描述将会是一组高概率的词，而不是某个单

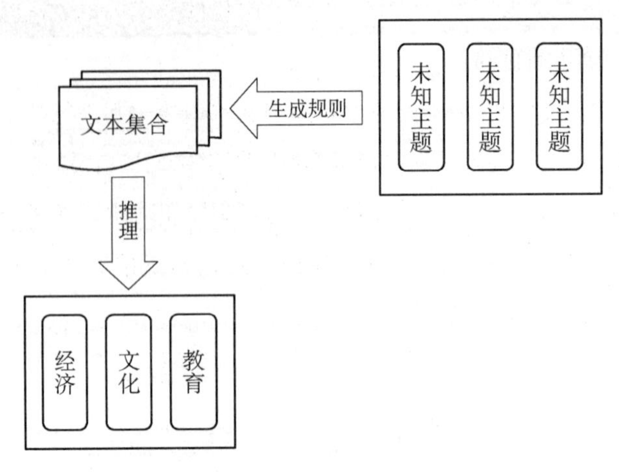

图 4-2　基于主题模型的文本建模过程①

词，这样描述的文本语义性更强。同时，在一篇文本中，可能包含有多个主题，因此图 4-2 模型推理所生成的主题可能是并列关系，如“教育”主题和“经济”主题；也可能是更为复杂的关系，如“高等教育”和“科研管理”可以认为是“教育”主题下的两个子主题。

主题模型对文本进行建模过程中，模型推理是对文本中隐含的、假想的主题生成过程。假如可以定义一种文本的生成规则：首先确定每个主题在文本中出现的概率（或权重）θ，则在文本模型推理时先按照 θ 选择对应的主题，接着根据每个主题中单词出现的概率，随机选取一个单词。例如：某篇描述科研管理的教育类新闻，通过模型推理，确定“科研”和“教育”两个主题出现的概率分别为 0.7 和 0.3。随后，在模型推理过程中，抽取文本中的每个单词按照｛0.7，0.3｝的概率进行选择；然后再确定两个主题中哪些单词出现的概率更高，进行单词的选择。一直循环这一步骤，直到找出两个主题所包含的所有单词（一般会由系统设定选取描述主题的单词数）。

主题模型使用概率分布直接抽取文本集合中每篇文本对应的主题，每个主题对应一组出现概率较高的关键词，通过关键词的描述，形成该篇文本知识的语义描述。如可以从｛专业、学生、学校、大学、人才、招聘｝这组关键词推断出对应的主题语义是“教育”，如图 4-2 所描述的那样。可见，主题模型对文本数据集进行

① 丁轶群：《基于概率生成模型的文本主题建模及应用》，杭州：浙江大学，2010 年。

挖掘，能够发现一组文本模式，有助于理解文本集的语义等抽象概念，实现从海量文本中发现知识模式的目的。

综上所述，主题模型对文本的建模是按照文本生成规则进行模型推理，将文本抽象化为一组主题中对应的文字的过程，利用主题模型，可以获得一组主题，并获得每个文本和主题之间的关系。这样每个主题代表一组文本，而文本和主题之间的关系代表了文本和类之间的关系，这种建模方式，不仅扩展了文本聚类、分类思维，也为文本之间的关联提供了语义解决方案。

4.2 基本过程

面向主题模型的文本知识发现遵循知识发现的一般规律。同时，因为主题模型的文本建模方式和知识模式的独特性，知识发现也相应地需要遵循面向主题模型的应用框架，并关注和针对独特任务提供具体解决方案。由此可知，面向主题模型的知识发现的过程、方法和任务都有独特的规律和特征。

4.2.1 文本知识发现一般过程的解析

对于知识发现的一般过程，有很多不同角度的总结，由于数据库知识发现（KDD）是从文档网络中实现知识发现的一种方法，因此与主题模型从文本自身建模实现知识发现的思路之间存在一定的差异。而文本挖掘方法则是从大量非结构数据中，实现内容的提取，因此，文本挖掘的方法对于面向主题的知识发现具有很多参考和借鉴的价值。

结合文本挖掘的一般过程，我们把文本知识发现的一般过程概括为：数据的选择、数据预处理、挖掘方法选择、解释评估四个核心过程。

符合文本挖掘一般规律的基本步骤是：

（1）数据的选择：主要是文本数据的获取，根据要分析的目标，选择合适的文本集；

(2) 数据预处理：对目标进行适当的清洗、转换，形成适合知识发现的数据格式，常用的方法是分词等处理；

(3) 挖掘方法选择：选定和采用特定的挖掘算法，从数据中挖掘出特定的模式；

(4) 解释评估：对挖掘的结果进行解释和评价，最终形成新的知识。

这一过程阐述了文本知识发现的基本过程，也就是知识发现从数据源中选定待发现的文本集开始；然后对这些初始的数据进行一系列的清洗处理，形成可以进行发现操作的基础数据；将基础数据输入到文本挖掘模块，采用相应的文本挖掘算法，产生挖掘结果集合；结果经过评估和解释后，以用户易于接受的方式（可视化表示方法等）反馈给用户，形成知识发现的全过程。

4.2.2 面向主题模型的文本知识发现的基本过程

根据以上总结的文本知识发现的一般过程，我们可以针对性地给出面向主题模型的知识发现的过程模型。该模型与文本知识发现的不同之处在于，主题模型在文本预处理过程中需要对文本进行语义建模，然后需要选取一定数量的文本集进行训练，已发现文本集中的潜在知识模式，最后再从文本集中实现新颖、有效和可用的知识模型，完成知识发现的过程。

因此，我们可以将面向主题模型的文本知识发现的基本过程概括为：文本集获取、文本预处理、主题推理、主题评估、知识应用等环节，图 4－3 描述了面向主题模型知识发现的一般过程。

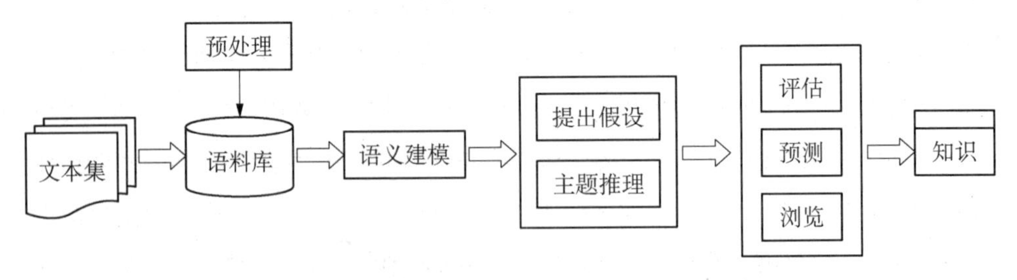

图 4－3 面向主题模型的文本知识发现的一般过程

(1) 文本集获取

从信息处理角度来看，文本的种类众多，除了科技文献文档外，文本还以很多其他形式存在。尤其是随着互联网的应用普及，越来越多的文本信息被储存在计算机中，如网络新闻文本、用户生成内容UGC等等。

各种文本数据源数据量巨大，并且动态增长，它们来自不同的数据源、不同的网络社区，涉及不同的领域。同时不同数据提供者对信息描述的规则也大相径庭，既有半结构化的文本信息，如科技文献、网络新闻文本在格式和内容相对较为规范；也有非结构化的文本信息，如用户生成内容。这些文本在形式上也存在一定的差异，如篇幅长短不一、表达方式不同等。因此，在海量、异构、动态的数据源上选取数据进行知识发现，文本集的选取尤为关键。如何根据发现的目的识别和筛选相关的数据源，同时确保数据的完整性、准确性等，是文本知识发现的关键步骤。

(2) 文本预处理

由于搜集来的数据类型各异，为了进行知识发现，需要对这些数据进行清理，去除不相关的数据、无意义的内容，有时甚至还需要消除数据的不一致和歧义性。

数据清洗后，需要构建主题推理所需要的语料库。主题模型能对大规模语料库按照隐含的语义特征（也就是主题）进行归纳整理，探索大规模语料库中的内容。文本数据语料库的生成，可以采用自然语言处理工具，如jieba分词组件等。由于文本的内容包含有大量领域知识，因此需要根据不同的文本集合，构建相对应的领域知识库，实现有针对性的文本数据清洗。这里需要注意，语料库的生成是后续主题推理的关键，也决定着主题评估和知识应用的效果。

(3) 主题推理与评估

一个完整的主题模型的应用过程主要包括以下几步：针对目标问题的特点进行合适的假设；获取训练用的相关数据；完成参数估计并获得主题模型[①]。

对于获取的文本集合，往往数据巨大、结构复杂，并且存在数据维度高等问题。预处理后获得的语料库的规模也巨大，如果直接在大规模语料库中实施主题发现，在主题识别的时间效率上会比较低，且形成的上百个主题结果也无法供用户使用。因此，在获取主题模型过程中，往往将语料库的一个子集预留为测试数据集，并对这个数据集进行主题的训练测试，同时通过如perplexity等概率值评价模型，对测试集进行相关参数的估计，获取与模型相拟合的主题数量。

---

① D. M. Blei, "Probailistic Topic Models", *Communications of the ACM.*, 2012, Vol. 55, No. 4, pp. 77 - 84.

主题推理是知识发现的核心过程，由于主题模型有诸多的演化模型，因此可以根据不同的研究目的，对文本进行如聚类、分类、观点挖掘、时间序列等多角度的主题推理，进而实现知识发现。

（4）主题评估

主题评估可以从两个方面进行：一方面是采用机器算法对主题模型推理的过程进行评估，如通过模型评估算法、后验预测检查等方法来对模型的建模效果进行评估；另一方面，需要专家、用户参与的人工过程进行评估反馈。对产生的知识进行多个维度的分析，评价知识模型的有效性，并将评价结果进行反馈。

评价的作用一方面是剔除无效、价值不高的知识；另一方面，评估主题推理过程的效果，并分析在知识发现的各个环节，如数据源的选取、语料库的构建及主题模型参数的选择等等，并更换知识表示的模式。

（5）知识应用

知识的使用主要包含了对主题知识模式解释、表示、可视化的输出。

知识模式的解释是指在应用中对识别出来的主题进行有意义的解释，主题模型的知识解释可以采用多种方式，如高概率主题词描述、主题层次关系展示等。

知识的表示是在结果解释的基础之上，从模式中提取用户需要的知识，并使用易于理解的方式进行知识的重构，并产生知识模式。如可根据主题之间的关联对主题进行排序或依据时间序列对主题的演化进行描述等。

最后，知识的输出还需要将知识规范化、可视化地提供给用户，同时存储在知识库中，成为知识基础，以便今后使用、重用或共享。

4.3 基本任务

大多数文本处理方法虽然可以实现针对文本的知识发现操作，如聚类、分类、关键词抽取等，但对文本本身的研究并不多，而主题模型使用“主题”的概念对文本进行建模，正好弥补了这个空白。我们认为，主题模型可以在如下几个方面实现文本发现。

4.3.1 基于语义内容的知识发现

基于文本的内容实现知识发现，主要体现在用主题模型对文本进行聚类、分类、信息抽取等操作。LDA 主题模型是一种基于概率图的层次贝叶斯模型，利用文本中词频的共现频率来进行主题词聚类，可以有效地将与主题相近的词与词组聚成一类。如果把词、词组看作是文本主题的概率分布，则主题模型通过词项的共现信息实现了基于文本主题的知识发现。

从自然语言处理的角度来看，主题的思想实现了将文本从词的高维度表示浓缩为主题的低维度表示，维度的降低，有效地降低了文本高维稀疏的特征，同时也在很大程度上解决了处理文本时可能存在的大量噪声词对知识发现带来的干扰。同时降维后的文本，在文本信息的表示和组织方面具有更好的语义特征，能够实现对文本信息展开语义检索、自动文摘和信息抽取等更深层次的知识操作。由此可见，主题模型可以有效地从语义内容的角度理解海量文本间的语义内容。

语义是指“数据”所指代的概念，由于这些概念之间存在一定的关系，实现了对数据抽象的逻辑表示。语义性是实体间关系的语义问题，表现为显性和隐性的特征。文本所包含的语义除了由撰写者赋予外，还可以通过计算机模型产生，这种语义可以被计算机获取、理解、处理、传递和共享[①]。主题模型就是这种可以通过模型作为媒介来实现文本数据语义关系形式化描述的一种方法。

一直以来，由于文本文件的非结构性，在处理文本聚类问题时，通常采用的方法是“非结构化→结构化”，即将文本文件结构化，以便于各种数据挖掘方法对文本进行处理。而主题模型借助贝叶斯概率模型实现了“主题”、“主题间关系”等概念的建模，有效实现了基于文本语义的知识发现研究。

因此，主题模型为我们提供了从海量文本集合中挖掘潜在知识的方法，把文本集合中的词按照语义进行划分时，得到一些语义相关的词构成的主题。根据词的分布抽取出独立的主题（如本书第三章，图 3－1 显示的例子，共提取“公司”、

---

① 毕强，牟冬梅，陈晓美：《数字图书馆 KOS 的变革与创新》，载《图书馆学研究》，2009 年第 11 期，第 11—14 页。

“招聘”、“医疗”、“比赛”四个主题)，每个主题由语义相关的一组词构成。根据这些词的分布，主题模型将完成文本文件基于语义的聚类，实现内容的知识发现。

由此，我们认为基于文本语义的知识发现模型如下图所示。

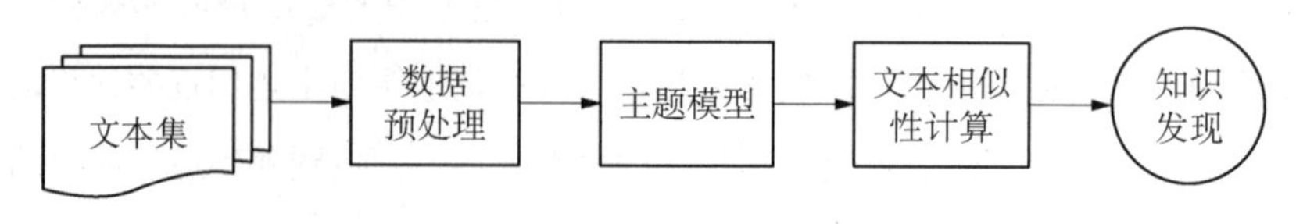

图 4-4　基于语义内容的知识发现流程

由图 4-4 的流程可以看出，面向主题模型的知识发现可以结合文本的语义信息实现文本聚类、分类等知识发现任务。

4.3.2　基于时间序列的知识发现

文本作为一种非结构化(或半结构化)数据，其记录的内容除了具有语义特征外，从时间维度上看，还具有明显的时序性。趋势分析是挖掘文本所蕴含知识的发展态势，趋势预测与总结通常是建立在各个时段内活动的整体特征。如从文献文档角度来看：如果将某一领域内的文献视为一个动态变化的整体，文献中所包含的语义信息就带有该领域技术发展的重要知识模式。从网络文本层面来看：通过主题模型在时间序列上对 Web 文本进行处理，将能挖掘出文本在不同时间断层中所包含的语义信息；结合信息传播等理论知识，将可以挖掘 Web 文本中所隐含的知识模式。由此我们可以发现，通过对文本集合的时序特征(temporal characteristic)进行分析①，可以挖掘出能够代表时序层面上某一领域或某一范围的走势。

如果将时序特征的时序趋势(temporal trend)以及反映语义属性的语义主题(semantic topics)两者关系进行结合，其图形化表示如图 4-5 所示。

从图 4-5 中可以看到，如果按照时序和语义两个维度实现文本集合的知识发

① S. Fuchun, L. Tainrui, L. Hongbo. *Foundations and Applications of Intelligent Systems*, New York: Springer Heidelberg, 2012, pp. 111-121.

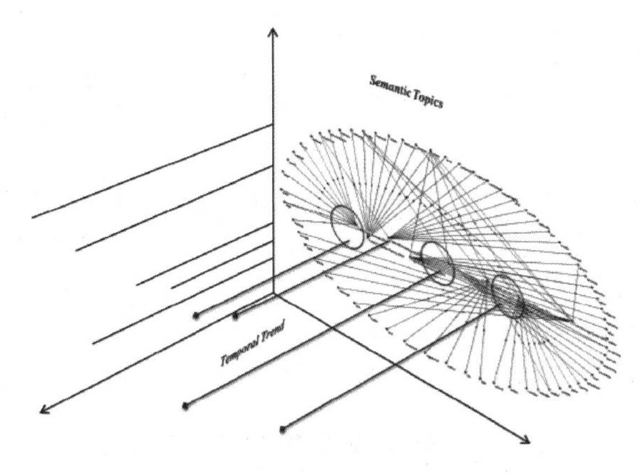

图 4-5 文本集合时序属性及语义属性关系图[①]

现过程，在语义层面上的每一个主题都在另一个表征时序的维度上有着不同的发展程度，将两种属性放在一起考虑，对文本集合的分析将会更加深刻和全面[②]。

将文本的语义特征和时序特征联系起来的最直接的方式是按照时间序列来划分文本集合（如年、季度、月），这样可以实现在等长的时间段上分析文本所包含的语义层面上的变化特征，也便于分析语义与时间之间的关联。但对于一些特殊形式的文本数据，如专利文献等，就不能单纯地以时间变化为分析基础，还需要结合专利文献的生命周期等知识，对文献历史时序趋势变化进行分析，并对未来的发展态势进行评估预测。同样对于突发事件的用户评论文本进行时序分析时，也需要结合危机管理发展阶段的相关理论进行综合考虑，从信息发布规律的角度去具体化、定量化主题的时序特征。

为此，在构建面向主题模型的文本知识发现时序任务研究前，需要更好地综合利用相关领域知识，然后结合文本集合中的语义属性及时序属性，有针对性地对两种属性进行分析和计算。

使用主题模型实现基于时间序列的知识发现模型如图 4-6 所示。

由图 4-6 可见，主题概念是主题模型求解获得的一系列反映文本语义的词集合，而领域知识则是反映某一个特定领域包含的时序概念的描述，如专利技术生命周期、危机管理信息发布周期等；而趋势则描述了结合主题模型和领域特征的文本集合语义趋势的变化特征。

① 陈虹枢：《基于主题模型的专利文本挖掘方法及应用研究》，北京：北京理工大学，2015 年。
② 同上注。

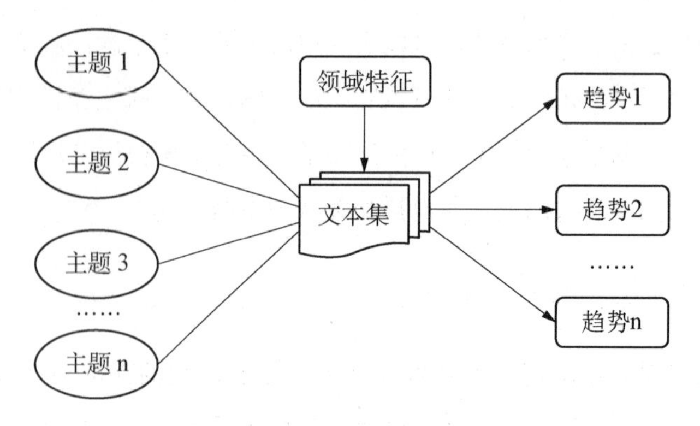

图 4-6　主题与文本语义的趋势关系图

可见，主题、领域特征、趋势识别与定量分析，可以实现面向主题模型实现文本基于时间序列的知识发现任务。

4.3.3　基于关联关系的知识发现

随着文本信息呈几何级数的增长，这些信息在组织上存在局部有序而整体无序的状态，同时信息之间的关联性也在不断增强，高效地识别出海量文本集合中语义之间的关联关系是文本知识发现的一个重要课题。由于主题模型可以对文本进行有效的语义建模，在面对海量高维、结构复杂的文本集合时，主题模型能够有效地从中发现有价值的内容。

主题模型可以从文本的主题关系和主题层次关系两个角度实现对文本关联关系的发现。

1. 文本主题关系的知识发现

由于 LDA 模型在进行 Dirichlet 分布时，要求变量满足对立性，使得每个主题变量中的元素几乎相互独立，从而使得一个主题无法与其他主题构成联系。因此在文本主题关系知识发现过程中，一些 LDA 的扩展模型可以为我们提供更多的帮助。如关联主题模型（correlated topic models，CTM）[①]，将 Dirchlet 分布替换成对数正

① D. M. Blei，J. D. Lafferty，Correlated topic models [2018-06-22]. https：//papers. nips. cc/paper/2906-correlated-topic-models. pdf；D. M. Blei，J. D. Lafferty，“A Correlated Topic Model of Science”，*Annals of Applied Statistics*，2007，Vol. 1，No. 1，pp. 17-35.

态分布，在描述数据上更加灵活，可以实现成对关系的主题进行建模。再比如，分配模型（pachinko allocation model，PAM）是一种四层关联主题模型①，可以利用有向连接图描述主题之间的关系，借助连接图，主题知识获得了延伸，主题的延伸扩展不仅包括共同出现的词项，还包括相关联的主题。

2. 文本主题层次的知识发现

文本主题层次的知识发现主要可以从文本主题层次的深度和广度两个方面展开。主题层次的深度不但可以描述主题之间的层次关系，还能够通过文本中的段落研究主题之间的关系；而主题层次的广度则可以通过挖掘文档之间的相似度来探讨主题之间的关系。文本主题层次的知识发现仍然可以通过 LDA 的扩展模型来实现。如主题层次模型（hierarchical Dirichlet process，HDP）②，可以推测出每个组中的主题，并可以发现语料库中的共享主题；段落结构主题模型（segmented topic model)，则可以通过文本文件中的段落关系，识别文本主题之间的关系③；而关系主题模型④的工作原理是通过文本间的联系函数考虑文本之间的主题结构。关系主题模型中重要的部分是链接概率方程（link probability function)，链接概率方程使得关系主题模型不仅可以表示文档内词的关联，还可以表示两个文档的链接结构。

使用主题模型实现文本关联关系的知识发现模型如图 4－7 所示。

文本关联关系知识发现的一个应用场景是文本信息的排序。检索系统可以将文

---

① W. Li，A. Mccallu. Pachinko allocation：DAG-structured mixture models of topic correlations [2018－06－22]. http：//skat. ihmc. us/rid＝1P072N3C4-V6XZJW-2Q6M/PACHINKO. pdf；D. Mimno，W Li，M. A. Mccallu，Mixtures of hierarchical topics with Pachinko allocation. http：//citeseerx. ist. psu. edu/viewdoc/download? doi＝10. 1. 1. 475. 1522&rep＝rep1&type＝pdf. 余淼淼，王俊丽，赵晓东，等：《PAM 概率主题模型研究综述》，载《计算机科学》，2013 年第 40 卷第 5 期，第 1—7 页，第 23 页。

② Y. W. Teh，M. I. Jordan，M. J. Beal，et al. Sharing clusters among related groups：Hierarchical Dirichlet processes [2018－06－22]. http：// papers. nips. cc/paper/2698-sharing-clusters-among-related-groups-hierarchical-dirichlet-processes. pdf. D. M. Blei，M. I. Jordan，Variational inference for Dirichlet process mixtures [2018－06－22]. http：//people. eecs. berkeley. edu/～jordan/papers/blei-jordan-ba. pdf.

③ C. H. Chueh，J. T. Chien，Segmented topic model for text classification and speech recognition [2018－06－22]. http：//legacydirs. umiacs. umd. edu/～jbg/nips _ tm _ workshop/7. pdf. L. Du，W. Buntine，H. Jin，“A Segmented Topic Model Based on the Two-Parameter Poisson-Dirichlet Process”，*Machine Learning*，2010，Vol. 81，Issue. 1，pp. 5－19.

④ J. Chang，D. M. Blei，“Hierarchical Relational Models for Document Networks”，*The Annals of Applied Statistics*，2010，Vol. 4，No. 1，pp. 124－150.

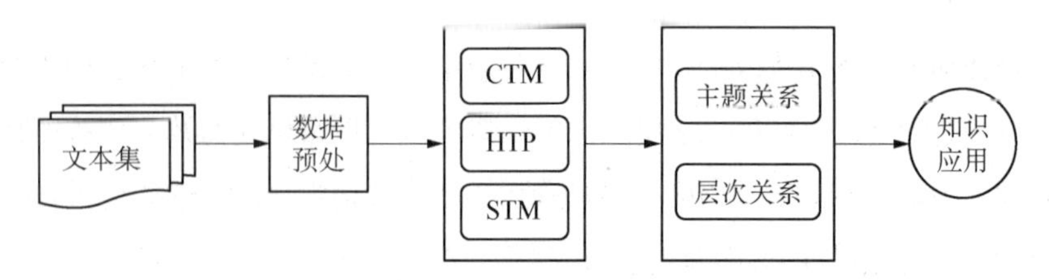

图 4-7 面向主题的文本关联关系知识发现流程

档按照相关性降序排列，由此可以获得更有效的信息服务①。主题模型则可以将学习到的主题按照一定的依据进行排序，方便用户从这些主题中获得规范性的知识模型。可见，主题排序是一种实现主题关联的有效方法②。按照主题之间的关联对主题进行排序的方法主要有两种：

(1) 从获得的主题的角度实现文本关联的知识发现

基本方法是选择每个主题最恰当的词项作为主题的表示词，从词项角度计算主题之间的关联，实现主题排序③。这种方法从词项角度出发，识别文本之间的关联，但是忽略了主题之间的各种可能的联系。

(2) 对主题打分，实现主题之间的关联排序

在机器学习和信息检索领域有一些成熟的标准，如 Laplacian 评分，通过评分结果，对主题进行排序，实现主题之间的关联发现。

4.4 模型构建

4.4.1 知识发现模型

根据文本知识发现的一般过程和基本任务分析，面向主题模型的文本知识发现

---

① S. Robertson, H. Zaragoza, "The Probabilistic Relevance Framework: BM25 and Beyond", *Foundations and Trends in Information Retrieval*, 2009, Vol. 3, Issue. 4, pp. 333 - 389.

② L. Aisumait, D. Barbara, J. Gentle, et al. Topic significance ranking of LDA generative models [2018 - 06 - 22]. https://mimno.infosci.cornell.edu/info6150/readings/ECML09_AlSumaitetal.pdf.

③ J. H. Lau, D. Newman, S Karimi, et al. Best topic word selection for topic labelling [2018 - 06 - 22]. https://www.researchgate.net/profile/Sarvnaz_Karimi/publication/221102629_Best_Topic_Word_Selection_for_Topic_Labelling/links/09e415081f727478cd000000.pdf.

模型可以概括为一个应用模型。这个应用模型是分层的模型，本书将其分为知识发现资源层、处理层、应用层三个层次。该模型将面向主题模型的知识发现的特殊性拟合到了知识发现的一般过程中，并充分利用主题模型的特征，实现知识发现的应用。

具体模型如如图 4－8 所示。

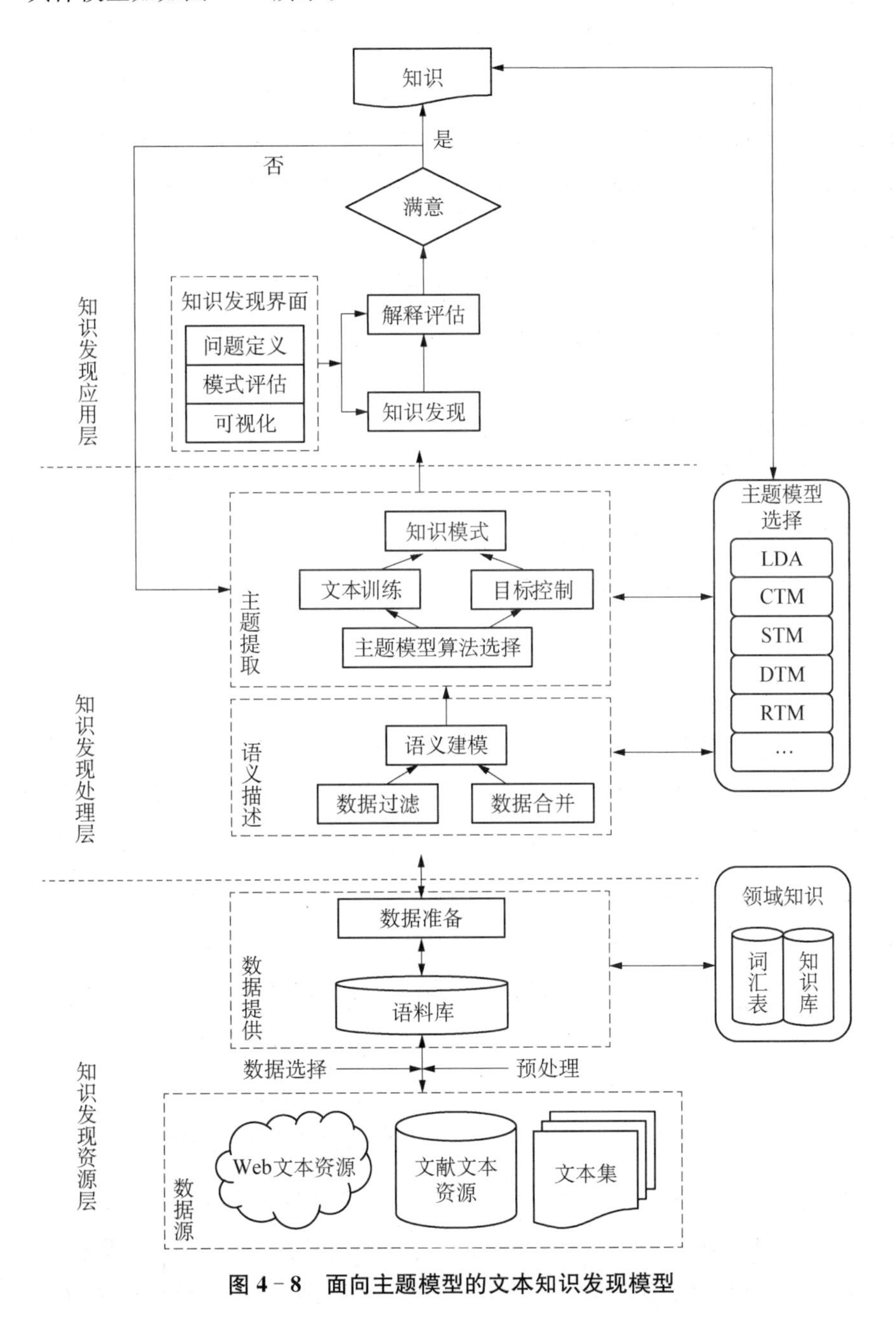

图 4－8　面向主题模型的文本知识发现模型

由图 4-8 可以看出，整个模型的底层是为知识发现数据提供环境，这一环境中包含了针对主题模型进行知识发现而设计的各种文本处理方法和技术；模型的中间层是一个处理层，这一层中包含了各种主题模型的算法，为不同的知识发现目标提供技术准备；在模型的最上面，是知识发现应用层，这一层除了包括用户界面外，还包括用户对知识发现的需求（问题定义）、提供知识的反馈（模式评估）及便于用户对知识理解的呈现方式（可视化）等等环节。由于知识发现是一个循环求精的过程：根据用户对知识发现结果的评估和反馈，可以循环回到知识发现的处理环节；根据评估结果进行处理过程、算法使用的调整，可以获得符合用户需求的更为准确的结果。

4.4.2 模型的功能要素分析

1. 数据准备功能

数据准备环节包括数据获取、数据预处理两个重要的功能，是知识发现的基础和保障环节。这一环节的目标是保证为知识发现处理过程提供高质量的语料库资源，确保主题挖掘的正确性、准确性和效率。

数据获取是一个关键工作，能否准确、全面、高效地获得所需要的数据是决定知识发现成败的关键。面向主题模型的知识发现的数据获取，是保证数据源质量的首要条件；没有高度相关和精炼的数据源，也不会有准确和高效率的知识发现过程，从而无法保证发现的价值和意义。在数据准备环节中，需要根据知识发现的最终目标，选择适合处理的数据源。传统的知识发现获取大多是单一的目标数据源；而面向主题模型的知识发现，则是面对涉及传统文献资源、各种文本集合及网络范围内相关的多个数据源，这样能够针对复杂的问题，给出更完整的答案。因此，在数据获取环节，有时会针对不同的数据源特征，采用如网络爬虫等方法，从多个数据源进行数据采集，以确保待分析数据的完整性。

数据预处理是根据获取数据的特征进行数据分析前的准备工作，是一个复杂、繁琐的过程。首先，数据预处理需要对获取的数据进行分词等操作，在这个过程中，一些文本预处理的基本工具会被使用，如分词工具。其次，需要使用词汇表、知识库等领域知识确保预处理的准确性。实践经验显示，主题模型求解的效果好坏，与为它提供的语料库质量有非常大的关系。为了能够获得高质量、准确的知识发现模式，数据预处理阶段需要能够剔除原始数据源中各种可能干扰分析的噪声，如剔除垃圾词、归并同义词、保留专有词等等。因此，数据预处理是一个不断循环完善的过程，需要根据实验反馈作相应的调整。

2. 数据处理功能

在数据获取和预处理的基础上，需要采用主题模型对文本信息进行语义建模处理。本章前半部分已经介绍了主题模型进行文本语义建模的特点，这里不再赘述。语义建模过程是一个文本降维的环节，也就是提取文本中能够表达语义信息的过程。这个环节有时需要考虑处理数据的特点，有针对性地进行数据过滤、数据合并等操作。如在科技文献文本知识发现过程中，题名、关键字等信息并不是语义建模的对象，因此需要过滤掉这些数据。再比如，在网络文本处理过程中，一些用户生成内容（UGC）的篇幅较短，短文本为主题模型求解带来了困难（主要是用户内容较短，语义表达不完整，使得主题提取效果不理想），为了获取有效的语义信息，在实际处理中还需要进行文本的合并（本内容将在第七章中做详细介绍）。可见，数据处理环节是一个重要的功能需要，在数据完整性、一致性、准确性的基础上，将数据的特点和用户的需求相结合，组织出适合知识发现的数据集。

3. 主题提取功能

这是面向主题的知识发现的主要功能，是主题求解的过程，也是知识模式初步产生的环节。这个环节将根据不同的任务需求，选择不同的主题模型，实现知识模式的发现。主题模型的选择是一个很重要的工作，本章第二节介绍了面向主题模型的知识发现的主要任务，并就不同任务进行了模型的设计。主题模型近些年来发展迅速，不同的模型可以针对性地解决不同的知识发现任务，并从不同的角度去发现更多的隐藏的知识和关联。如在聚类、聚类的知识发现过程中，可使用 LDA、HDP 等模型；在挖掘数据动态特征时，可使用 DTM、TOT 模型挖掘文本随时间序列变化过程中主题信息的变化情况；在挖掘文本内部关联的知识模式时，CTM、RTM、STM 等模型则可以帮助我们从文本主题关系、段落层次关系等角度实现知识模式的提取；如果要挖掘文献作者之间的交叉关系，Author-LDA 模型则有助于我们获得相应的模式。可见，在面向主题模型的知识发现体系下，根据不同的知识需求选择不同的主题模型是一项重要的工作。此外，通过不同模型获得的知识模式，根据用户的评估和反馈，还可以进行一定的修正，如通过模型参数的调整，改进模型对知识的求解计算，进一步为用户提供更符合需求的知识模式。

4. 知识生成功能

知识生成功能主要包括结果的模式解释、知识表示和可视化的输出。模式解释是指在应用背景下对挖掘结果中蕴含的模式进行显示意义的解释，是一种知识的再提炼；知识表示功能是在模式解释的基础之上，从各种模式中提取用户需要的知识，在满足用户需求的基础之上，以用户易于理解的方式对获取的知识进行重新建构，形成最终的知识模式；可视化则是知识输出的一种形式，是将知识规范化、模型化地输出给用户的过程。知识生成之后，经评估，用户满意的知识，还需要存储在知识库中，成为基础知识，以方便今后的使用、重用和共享。

5. 评估反馈功能

评估反馈是知识发现完善和改进的过程。主题模型提取的知识模式，需要用户、专家共同参与评估过程，对产生的知识进行多维度的测评，评价结果的优劣，并将评价结果组成有效的反馈信息。评估反馈的作用有两个：一是通过评估识别出无效的知识模式，并剔除其中的冗余信息，尽可能地为用户提供最精炼的知识模式；二是当发现结果不能满足用户的需求时，则需要重新评估选择的主题模型，并重新对问题进行界定，选择新的模型算法或更换知识表示模式。有时，反馈可能还需要重新进行数据预处理、语义建模，甚至重新获取数据集等环节的操作。此外，评估和反馈也可以实现知识发现的经验累积，更好地完善发现的目标。

4.5 小　结

本章提出了面向主题模型的知识发现模型和框架。首先，详细地介绍了主题模型在文本语义建模过程中的优势及挖掘文本信息语义特征所带来的优点，进而将这种特点与知识发现的一般过程进行结合和分析，确定了面向主题模型的知识发现的一般过程。其次，探讨了主题模型在挖掘文本的语义、时间序列、关联关系的方法，以及与知识发现融合的实现模型，总结出主题模型在知识发现应用中的主要任务。最后，在上述分析的基础之上，本章给出了面向主题模型的知识发现模型，并就模型的主要要素进行了分析，进而形成了较为完整的面向主题的知识发现原理，完成了本研究的基础理论部分。

第5章　面向主题模型的文献知识关联发现

信息技术的不断发展，科技文献资源的数量越来越多。随着情报分析研究的深入，用户更倾向于利用现有资源，使用数据挖掘及可视化的方法，从大量的文献文档中找出核心结论，并通过可视化展示平台，对已有的知识进行深层次的挖掘和发现。这一转变也在推动着传统的文件网络向语义关联资源的转变，为基于文献文档的知识发现活动提供了新的发展方向。

目前各种文献检索平台的应用，使得我们可以方便、快速地获得大量的科技文献，但由于科研人员存在背景知识的限制和思维方式的差异，从这些文献中获取的知识非常有限。图书馆是数字资源的聚集地，从迅速增长的电子馆藏资源中发现有效的知识，与图书馆知识服务的趋势是吻合的，而从大量馆藏数字资源中实现知识关联的研究，将为图书馆知识服务的推送提供实现路径。如何最有效、最快速地筛选出目标信息，为人们提供有价值的知识，是信息处理领域所关注的问题。

检索系统可以根据文献信息的内在特征进行有效的分组，然而随着文献资源的不断增加，依靠检索技术所获得的结果数量也越来越多。如何使用信息技术在检索结果中进行知识的归纳和提炼；如何发现检索结果所蕴含的深层知识；如何准确地描述检索结果中知识的关联，帮助用户快速获取所需的信息，具有很大的理论和实用价值，也是面向主题模型的知识发现研究的一个重要领域。

情报学领域知识服务的方法主要包括数据挖掘技术、可视化分析、聚类分析、数据融合与数据集成等[①]。但这些方法目前主要针对结构化的数据及对关键词、主题词等进行聚类分析、共现分析等，尚不存在较为完善的针对非结构化或半结构化

① 曾建勋，魏来：《大数据时代的情报学变革》，载《情报学报》，2015年第34卷第1期，第37—44页。

数据资源进行知识发现的系统化流程①。为了促进资源关联背景下的知识发现，将主题模型引入文献文档的知识发现处理过程，不仅可以发挥主题模型在非结构化文件处理过程中的高性能及智能化特点，同时也将会为基于文献文档知识发现提供一种新的思路和发展方向。

本章将介绍主题模型对文献间知识关联识别的方法和实现路径。我们将以主题模型作为主要的研究方法，综合运用关联挖掘、共词分析、聚类算法等，力图挖掘文献所记录的知识之间存在的关联关系，构造基于知识关联的检索结果的智能处理方法，从微观角度（主题词）揭示检索结果中知识之间的联系。

5.1 文献知识发现

文献知识发现（knowledge discovery in document）是识别和提取文献资源中有价值的、新颖的、潜在的和最终可以理解的模式的过程。文献知识发现过程中最复杂的是从文献中发现主题之间的相互关系，即从文献中发现知识之间的相互关系。目前的一些研究主要从基于文献和非文献的知识发现、知识关联、检索结果聚类等方面展开。

5.1.1 基于文献和非文献的知识发现

1996 年，Fayyad 对知识发现的定义仅界定了知识发现的目的与目标，对于知识发现过程中涉及的素材、工具、手段与技术等问题并未加以限定。作为知识发现的数据集，可以是数值数据，也可以是非数值数据；可以是结构化数据，也可以是非结构化或半结构化数据。文献作为一种数据类型，逐渐成为知识发现研究的重点之一，以文献数据作为知识发现的数据集，进行知识发现的过程，便是基于文献的知识发现。

① 刘红煦，曲建升：《文献综合集成模式下领域知识发现流程研究》，载《图书情报工作》，2016 年第 60 卷第 4 期，第 125—133。

文献知识发现是以数据库中的文献为对象进行全文分析，发现文献之间的关联，获知新知识的过程，也即对内容上有关联的文献进行比较和分析，从中识别和抽取有价值信息的过程[①]。

文献知识发现主要从相关文献和非相关文献两个范畴展开。所谓相关文献是文献之间存在引用或共词（具有共同的关键词）关系，从而形成了基于外部特征或表面特征的相关和内容相关两种情形。外部特征或表面特征是指一组文献在标题、著者、著者机构和地址等外部与表面特征上存在相似。内容相关是指文献与文献之间在内容上存在关联，如文献之间描述的主题内容相似、研究的学科领域方面相同或相近等。在相关文献知识发现研究中，外部特征或表面特征相关一般作为研究的辅助手段，大多数的研究都是从文献之间的内容相关入手，从文献内容相关挖掘文献之间深层次的关系，通过内容相关进行文献的聚类、比较，进而分析、识别和抽取相关文献之间有价值的信息。

相关文献的知识发现采用得最多的技术是共引分析。共引关系（co-citation）是指两篇或两篇以上的文献同时被其他文献引用。共引关系通过共引强度来识别两篇或多篇文献之间的关联度和内容相似性，如果一篇文献被其他文献同时引用的次数越高，表明这些文献之间具有较高的内容相关性。因此，基于共引关系可以将文献组成文献共引网络，直观反映学科与学科之间的关联。共引分析就是以具有共引关系的文献为研究对象，对文献间的共引关系进行量化和抽象描述。共引分析理论最早由 H. Small 提出，并逐渐发展到词共引、著者共引、期刊共引、主题共引等一系列文献共引关系的研究领域。共引分析主要采用文献计量学方法，并综合运用数学、统计学和逻辑分析等方法。共引方法目前已经成为相关文献知识发现的主要研究手段[②]。此外，共词分析也是相关文献采用较多的一种分析方法，该方法将在下一部分详细介绍。

非相关文献即文献与文献之间在外部特征或内容方面不存在相似、相近或关联关系的两篇或多篇文献。非相关文献之间彼此不引用、没有或极少被共引，并且也不共引其他文献，无论从共词还是从共引角度，这些文献都不存在任何关联。这些

---

① 张树良，冷伏海：《基于文献的知识发现的应用进展研究》，载《情报学报》，2006 年第 25 卷第 6 期，第 700—712 页。

② 同上注。

文献是相互独立的，或说是非相关的[①]。非相关文献的知识发现最早由芝加哥大学D. R. Swanson教授在1986年提出，他从相互交叠的文集中，即从雷诺氏病的文献集合（A文献集）与食用鱼油的文献集合（C文献集）中，得出食用鱼油应该对雷诺氏病患者有帮助的假设。而联系这两个文献集合的主要概念是血液黏稠度(B)[②]。这种识别文献文档概念之间的关系方法中，通过文献互引的关系，将文献各自的研究问题联系在一起，形成逻辑关联，称之为互补的非相关文献。这种关联在常规的数据库引文中是检索不到的，属于未被发现的知识。通过分析处理非相关文献，能够获得大量的潜在知识，并且所能获得的知识量会远多于通过分析相关文献而获得的知识量。实验证明了通过分析不相关文献而获得的潜在知识具有更大的创造价值。

在Swanson的基础之上，很多研究开始将关键词、短语表达和语义关系引入了文献文档的知识发现。Z. Chen开始将文献的知识发现深入到文献文档内部的知识片。[③] Weeber则提出将语义分析方法与知识发现相结合，通过文献的语义分析挖掘潜在的知识联系。[④] Tsuruoka, et. al (2008)[⑤] 和Yetisgen, et. al (2009)[⑥] 则运用共词统计方法分析文献中及文献之间存在的词语联系，进而挖掘文献之间的知识关联。为了识别出非相关文献之间的概念，解决文献知识片段的语义联系，T. Cohn, et. al (2010)[⑦] 从文献中概念的高阶关联入手，挖掘隐含的知识模式，周峰等（2012)[⑧] 提出通过概念的语义相似性度计算，寻找合理的假设发现。为了

---

① D. R. Swanson. "Undiscovered Public Knowledge", *The Library Quartedy*, 1986, Vol. 56, Issue. 2, pp. 103 - 118.

② 张浩，崔雷：《生物医学文本知识发现的研究进展》，载《医学信息学杂志》，2008年第9期，第5—9页。

③ Z. Chen. "Let Documents Talk to Each Other: A Computer Mod for Connection of Short Documents", *Journal of Documentation*, 1993, Vol. 49, Issue. 1, pp. 44 - 54.

④ M. Weeber, H. Klein, J. V. D. Berg, et al. "Using Concepts in Literature-Based Discovery: Simulating Swanson's Raynaud-Fish Oil and Migraine-Magnesium Discoveries", *Journal of the Association for Information Science and Technology*, 2001, Vol. 52, Issue. 7, pp. 548 - 557.

⑤ Y. Tsuruoka, J. Tsujii, S. Ananiadou, "Facta: A Text Search Engine for Finding Associated Biomedical Concepts Bioinformatics", *Bioinformatics*, 2008, Vol. 24, Issue. 21, pp. 2559 - 2560.

⑥ M. Yetisgen-Yildiz, W. Pratt, "A New Evaluation Methodology for Literature-Based Discovery", *Journal of Biomedical Informatics*, 2009, Vol. 42, Issue. 4, pp. 633 - 643.

⑦ T. Cohen, R. Schvaneveldt, D. Widdows, "Reflective Random Indexing and Indirect Inference: A Scalable Method for Discovery of Implicit Connections", *Journal of Biomedical Informatics*, 2010, Vol. 43, Issue. 2, pp. 240 - 256.

⑧ 周峰，林鸿飞，杨志豪：《基于语义资源的生物医学文献知识发现》，载《情报学报》，2012第31卷第3期，第268—274页。

使文献文档知识发现能够应用计算机实现自动识别和推理，温浩[①]等人提出了语义互补的知识发现方法，克服了传统的基于关键词发现非相关文献知识方法带来的大量噪声问题。基于文献文档的知识发现技术越来越受到重视，有研究预测[②]，文献知识发现将会为市场产品研发提供理论支持。

5.1.2 知识关联识别

知识关联是指构成知识系统的知识节点与节点之间的联系，即各相关节点形成意义系统的联系[③]。

近年来，国内学者对知识关联的理论从不同视角进行了探讨。在情报学领域，有学者认为，知识关联就是指大量的知识单元之间存在的知识序化的联系及所隐藏的、可理解的、最终可用的关联[④]。知识本身和知识载体间存在着各种关联，这种联系对外表现出一定的结构特征，如有线性结构、非线性结构、链式结构、等级结构，以及网络结构等[⑤]；在计算机领域，研究的重点是对知识关联进行抽取、挖掘和应用，在挖掘知识关联的同时实现组合知识、利用知识和创新知识的目标。在一些研究中，提出了知识元本体模型的解决方案，利用被引知识关联，发现了知识元间隐含的关联关系，并通过隐含关联发现了新知识[⑥]。

知识单元间关联强度的测度是知识关联研究的定量化分析，由于知识关联数量是比较容易计算的，因此，如何计算知识单元的价值及其与其他知识之间的关联程度是知识关联测度的重点和难点。

知识关联识别常用的方法是词共现分析。词共现分析法在 20 世纪 70 年代末由

---

① 温浩，温有奎：《基于语义互补推理的文献隐含知识的发现方法研究》，载《计算机科学》，2014 年第 41 卷第 6 期，第 171—175 页。

② R. Hale，"Text Mining：Getting More Value from Literature Resources"，*Drug Discovery Today*，2005，Vol. 10，Issue. 6，pp. 377 - 379.

③ 文庭孝，刘晓英，刘灿姣，等：《知识关联的结构分析》，载《图书馆》2011 年第 2 期，第 1—7 页。

④ 文孝亭，龚蛟腾，文庭孝，等：《知识关联：内涵、特征与类型》，载《图书馆建设》，2011 年第 4 期，第 32—35 页。

⑤ 文庭孝，刘晓英，刘灿姣，等：《知识关联的结构分析》，载《图书馆》2011 年第 2 期，第 1—7 页。

⑥ 温有奎，成鹏：《基于知识单元间隐含关联的知识发现》，载《情报学报》，2007 年第 26 卷第 5 期，第 653—658 页。

法国文献计量学家首先提出[①]，80 年代中后期法国国家科学研究中心的 Calfon 和 Law 等人出版了第一部关于共词分析法的学术专著，正式确立了共词分析的体系[②]。词共现分析属于相关性分析，是一种将共现信息进行定量化分析的方法，通过对信息共现测度，可以发现研究对象之间的相关性和联系，挖掘对象隐含的或潜在的有用知识，并揭示研究对象所代表的主体的内在结构[③]。词共现分析通过文献中关键词的共现关系揭示关键词所代表的研究主题之间的关联关系[④]。

词共现分析的基本原理是：获取文献之间共同出现的词汇的频次，在频次分析的基础上，揭示这些词在语义上的关联，进而分析这些词所代表的学科、主题之间的关联和演进。在知识关联识别过程中，词共现分析法根据关键词的共现关系分析特定领域的主题结构[⑤]，并通过主题结构透视出领域的研究热点[⑥]，进而对领域的发展过程及其趋势进行描述[⑦]。通过词共现分析识别文献知识关联的研究在提高信息检索效率方面[⑧]、专利研究[⑨]、企业间竞争关系[⑩]等方面获得了较多的研究成果。一些研究还开发了共词分析系统[⑪]，对学术文献的共词现象进行分析，揭示新兴学

---

① M. L. Marc, J. P. Courtial, E. D. Senkovska, et al. "The Dynamics of Research in the Psychology of Work from 1973 to 1987: From the Study of Companies to the Study of Professions", *Scientometrics*, 1991, Vol. 21, Issue. 1, pp. 69 - 86.

② 秦长江，侯汉清：《知识图谱——信息管理与知识管理的新领域》，载《大学图书馆学报》，2009 年第 1 期，第 30—37 页，第 96 页。

③ R. N. Kostoff, "Database Tomography: Multidisciplinary Research Thrusts from Co-Word Analysis", *Technology Management: The New International Language*, IEEE, 1991, pp. 27 - 31.

④ 邱均平，王菲菲：《基于共现与耦合的馆藏文献资源深度聚合研究探析》，载《中国图书馆学报》，2013 年第 3 期，第 25—33 页。

⑤ C. Bredillet, Investigating the future of project management: A co-word analysis approach. [2018 - 06 - 22] https: //eprints. qut. edu. au/49507/1/2006 _ IRNOP _ VII _ Investigating _ the _ Future _ of _ Project _ Management _ - _ a _ co-word _ analysis _ approach _ Bredillet. pdf.

⑥ M. Rokaya, E. Atlam, M Fuketa, et al. "Ranking of Field Association Terms Using Co-Word Analysis", *Information Processing & Management*, 2008, Vol. 44, Issue. 2, pp. 738 - 755.

⑦ E. Garfield, "Historiographical Mapping of Knowledge Domains Literature", *Journal of Information Science*, 2004, Vol. 30, Issue. 2, pp. 119 - 145.

⑧ S. C. Hui, A. C. M. Fong, "Document Retrieval from A Citation Database Using Conceptual Clustering and Co-Word Analysis", *Online Information Review*, 2004, Vol. 28, Issue. 1, pp. 22 - 32.

⑨ S. Bhattacharya, H. Kretschmer, M. Meyer, "Characterizing Intellectual Spaces Between Science and Technology", *Scientometrics*, 2003, Vol. 58, Issue. 2, pp. 369 - 390.

⑩ 刘志辉，赵筱媛，杨阳：《基于网络关系整合的竞争态势分析方法》，载《图书情报工作》，2011 年第 55 卷第 20 期，第 64—67 页。

⑪ 肖伟，魏庆琦：《学术论文共词分析系统的设计与实现》，载《情报理论与实践》，2009 年第 32 卷第 3 期，第 102—105 页。

科的研究特点和发展方向。

5.1.3 检索结果处理

检索结果处理重点研究如何利用有限的空间满足用户不同的信息需求，这方面的研究主要从检索结果的聚类、多样化、可视化等方面展开。

上个世纪90年代末，随着搜索引擎的使用，检索结果聚类的研究不断深入并获得了广泛的应用。检索结果聚类研究主要从文献的内容聚类和聚类标签提取两个方面探讨检索结果处理的问题。聚类过程是将文献特征进行提取并设定合适的相似度阈值，从而将相似的文献聚到一起，聚类主要采用数据挖掘的聚类算法，如k-means算法①、后缀树（suffix tree clustering，STC）聚类算法、层次聚类算法等，也有采用词语共现②的方法实现检索结果聚类。

聚类标签则是从检索结果中抽取能够体现类簇文档主题的词、短语、句子等作为特征标签，方便用户对聚类结果的理解。在聚类标签描述方面，Navigelli③等人提出将词语共现的方法运用到检索结果的聚类，运用基于图的算法在检索结果中识别出查询词的语义，发现任意两个数据点之间的联接关系和相似程度，然后完成聚类；基于标签的典型算法是STC算法④，该算法通过后缀树发现共现短语作为聚类的依据，将同时出现高频词组合序列的文本进行聚类。为了解决共现词语的语义问题，Banerjee等人⑤基于Wikipedia发现候选标签和高频词语之间的语义关系和Han的文献⑥结合维基的语义知识将文本中的相关主题转换为概念，实现聚类结果的语义图描述。

目前，检索结果聚类研究已经取得可观的研究成果。然而，类别标签抽取困

---

① S. Maiti, D. Samanta, "Clustering Web Search Results to Identify Information Domain", *Emerging Trends in Computing and Communication* 2014. Dordrecht: Springer, 2014, pp. 291 - 303.

② A. D. Marco, R. Navigli. Clustering web search results with maximum spanning trees [2018 - 06 - 22]. https://pdfs.semanticscholar.org/3345/2b0d52ee99ba7ce878a423c055767f00ddd0.pdf.

③ 同上注。

④ O. Zamir, O. Etzioni, Web document clustering: A feasibility demonstration [2018 - 06 - 22]. http://kitt.cl.uzh.ch/clab/satzaehnlichkeit/tutorial/Unterlagen/Zamir1998.pdf.

⑤ S. Banerjee, K. Ramanathan. Clustering short texts using Wikipedia [2018 - 06 - 22]. http://citeseerx.ist.psu.edu/viewdoc/download? doi=10.1.1.408.6931&rep=rep1&type=pdf.

⑥ X. Han, J. Zhao. Topic-driven web search result organization by leveraging Wikipedia semantic knowledge [2018 - 06 - 22]. http://nlpr-web.ia.ac.cn/cip/ZhaoJunPublications/paper/CIKM2010.pdf.

难、聚类效果难以评价等问题，成为检索结果聚类发展的瓶颈。

为了能够使检索结果更加符合用户对信息的需求，避免由于大量的检索结果造成用户的信息迷航，用户希望检索系统能够提供尽可能新颖和多样化的选择。为了更好地解决这些问题，研究者们开始了对检索结果多样化的研究①。检索结果多样化（search result diversification）是指基于主题覆盖度、信息冗余度、信息新颖性等各种策略，为用户生成一个多样化的检索结果，使排在前面的检索结果尽可能多地覆盖用户需要的相关信息。检索结果多样化可以极大地提升用户满意度，在互联网文本自动摘要②等多个领域得到了深入的研究与应用。对于检索多样化的处理，现在的方法主要是在语义覆盖和主题相关度之间寻找一个平衡，并在文档的新颖性③、文档的重要性等方面进行研究，以满足用户对检索的需求。

检索结果可视化技术可以将检索结果用图形进行可视化呈现。由于用图形来表示信息，可以赋予信息某种虚拟的形态，可以辅助用户对检索结果进行分析并发现信息之间的某种联系，可以改善列表式检索结果带来的检索体验④。可视化检索主要从语义、概念相互关系、主题分类等角度切入，构造了主题树、概念地图等图形体系，且在检索过程可视化、语义呈现可视化、可视化的用户分析等方面均有一定的研究成果⑤。在检索结果可视化的应用研究中，主要是通过检索结果的词频分析、共现分析找出关联词汇⑥来确定文献的相关度，并为用户提供图形化的检索结果。

5.1.4 常用方法评述

1. 对词共现分析的述评

词共现关系在分析文献的知识内容关联、挖掘知识价值中是一种重要的手段。

---

① S. Bhataia, Multidimensional search result diversification: Diverse search results for diverse users [2018-06-24]. http://sumitbhatia.net/papers/sigir11_diversity.pdf.

② N. Kanhabua, W. Nejdl, Understanding the diversity of tweets in the time of outbreaks [2018-06-22]. http://www.l3s.de/~kanhabua/papers/WOW2013-diversity-twitter.pdf.

③ R. McCreadie, C. Macdonald, I. Ounis, News vertical search: When and what to display to users [2018-06-22]. http://www.dcs.gla.ac.uk/~richardm/papers/mccreadie2013_VerticalSearch.pdf.

④ 周宁，文燕平：《检索结果的可视化研究》，载《中国图书馆学报》，2002年第6期，第48—53页。

⑤ 周姗姗，毕强，高俊峰：《基于社会网络分析的信息检索结果可视化呈现方法研究》，载《现代图书情报技术》，2013年第11期，第81—85页。

⑥ AquaBrowser (2017-06-29). http://www.proquest.com/products-services/AquaBrowser.html.

词共现模型是基于这样一个假设：认为这两个词在意义上是相互关联的，而且共现的频率越高，其相互间的关联越紧密。

在词共现分析应用中，人们在大多情况下选择文献的关键词作为知识关联分析的基本单元。然而，由于汉语中同义词和多义词的大量存在，价值文献中关键词的选择有时会带有较强的主观性，因此在实际知识关联研究时会出现某些关联知识无法被识别的现象。此外，词共现分析以词频统计为基础，这就使得一些高频无意义的词汇大量出现，而在知识关联发现过程中，这些高频孤立词将会被归为某种知识联系，从而造成知识关联归类的不准确。除了上述问题外，在使用词共现分析时还会出现词对的“同量不同质”的问题，即无法有效识别词对共现关系是属于直接相关的高强度关联还是间接相关的普通强度联系①。

由此可见，若要更有效地获得文献间的知识关联，以关键词作为词共现分析会存在一定弊端，也会在一定程度上造成分析结果的不准确。所以，我们认为，除了发挥词共现分析法自身客观性的优点外，还需更有效地结合文献的语义内容。

为了解决这个问题，在文献知识关联识别研究中，我们将词共现分析分成词共现的关联关系和词共现的相关关系两个层面进行分析。词共现关联关系的关键是找出共现词对联合概率值较高的项集，相关分析用于发现词共现的相关规则。从知识关联角度来看，如果有足够多的文献都对同一术语关系进行认可，那么这种关系就代表所关注的知识领域具有一定的关联意义。从事物的概率角度来看，关联分析侧重于考察事件的频繁性，相关分析侧重于考察事件之间的依赖性。

2. 对检索结果聚类的述评

检索结果聚类能使用户在更高的主题层次上查看搜索结果，根据聚类标签定位感兴趣的类簇，方便地找到所需要的信息。从对文献知识的提炼和描述的角度来看，也是文献知识发现实现的一种方式。尽管检索结果聚类采用机器学习的方法实现文献的快速聚类，并使用标签对每一个类簇进行描述；但文献的排列方式仍然是按照相关度的列表排列，当文献量较大时，用户仍然需要长时间和耐心地把整个列表扫描完。

---

① 李纲，王忠义：《基于语义的共词分析方法研究》，载《情报杂志》，2011年第30卷第12期，第145—149页。

此外，为了便于对知识的描述，检索结果聚类需要有一个可以利用的重要信息供用户对聚类结果进行识别，这也使得检索结果的聚类有了更加明确的指向性。聚类标签提取的思路，是从聚类结果中选择一个代表性的词语或短语作为标签来描述每个聚类的特征。然而，这种以短语作为聚类结果的标签，只考虑了文献词项出现的频率特征，而没有更多的启发式规则的约束。从结果上看，产生的聚类标签可读性比较差[①]，从而使得用户根据系统提供的聚类标签难以识别出符合自己需求的类别，影响了用户快速地找到自己所需要的信息。为了解决这个问题，一些研究者开始注重如何在进行聚类之前先抽取合适的标签，如先通过人工标注训练集，采用 N-gram 的方法，在人工标注的训练集中选取候选标签[②]。

然而，文献自身包含有丰富的内部语义知识，单纯地依靠外部语义知识无法实现有效的挖掘，这也限制了聚类的效果。因此，我们认为将主题模型应用到文献文档检索结果聚类，为挖掘文本蕴含的潜在知识提供了一个有效的工具。此外，由于主题模型的概率算法与文本集自身规模无关，也更适合用于大规模文本集。

将主题模型应用到检索结果聚类的过程中，将结合一些经典聚类算法（如 k-means 算法），运用主题模型挖掘文本内部语义知识，将“文本—潜在主题”概率分布作为 k-means 聚类依据，通过计算获得与每个聚类中心最为接近的最佳主题，最后在检索结果标签提取过程中，利用“潜在主题—特征词”模型提取最佳主题的词项，实现对类簇的描述。

综上所述，从现有的文献知识关联识别的研究可以看出，在文献语义关系的描述方面仍然存在不足，也无法解决文献知识片段的语义关系。为此，我们将主题模型引入文献知识关联发现的研究领域，这种方法将能够有效地提高文献之间隐含关联的知识发现效率，也会对跨学科研究的科学技术研究者发现交叉学科之间存在隐含的新知识提供帮助。

---

① H. Chim, X. Deng, A new suffix tree similarity measure for document clustering [2018 - 06 - 21]. https://www2007.org/papers/paper091.pdf.

② H. J. Zeng, Q. C. He, Z. Chen, et. al. Learning to cluster web search results [2018 - 06 - 22]. https://www.researchgate.net/profile/Wei-Ying_Ma/publication/221301041_Learning_to_cluster_Web_search_results/links/00b49524c36c994bd8000000.pdf.

5.2 文献知识关联发现模型设计

在各种资源库中，文献依据特定的主题存在普遍的联系，文献间这种的联系也映射出文献所记录知识之间存在着某种关联。这些知识间的关联是基于某一主题所体现出来的，因此，利用主题词的共现关系，可以揭示这种关联的表现特征。从共现角度来看，词共现关系可分为词的关联关系和词的依赖关系，一般来说，主题词的关联关系体现了知识之间联系的频繁程度，主题词的依赖关系则体现了知识之间联系的紧密程度。基于此，我们将从科技文献主题之间的共现关系，挖掘知识之间的内在关联，并呈现知识之间的依赖性。

5.2.1 模型设计

我们认为，文献知识关联识别主要包括三个主要构成技术：信息检索(information retrieval，IR)、主题提取（topic extraction，TE）和关联挖掘（association mining，AM)。其中信息检索的目的是根据用户的需求识别出相关的文献，因此构成知识发现的基础；主题提取则是根据主题模型识别出文献中的语义内容及语义联系；关联挖掘旨在识别文献文档中存在的非琐碎的、隐含的、以前未知的潜在知识模式，关联挖掘不仅要识别文献内容的关联，也要能够根据这种关联实现文献的聚类或分类等知识发现操作。

面向主题模型的文献知识关联发现模型如图 5－1 所示：

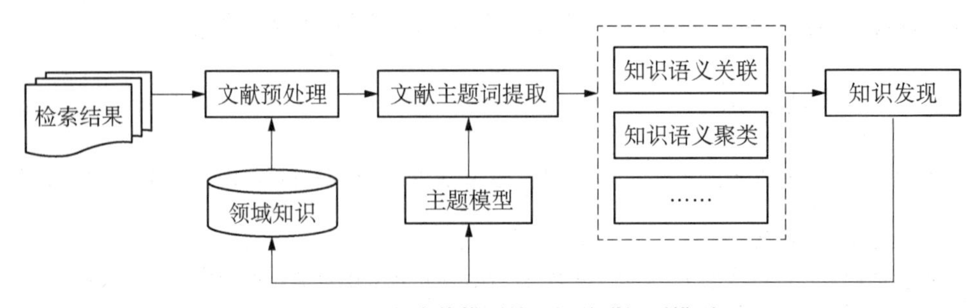

图 5－1　面向主体模型的知识关联识别模型

由图 5-1 可见，知识关联识别模型主要有以下四个步骤：

1. 检索结果获取

检索结果获取主要是通过各种检索平台获取用户所需的文献集合。在一个特定的知识领域中，主题词是解释该知识领域的重要知识元。对于科技文献来说，题名、摘要和关键词包含有最能代表文献主题的内容，为了能够实现抽取的主题词具有一定的语义关系，我们选择摘要作为主题词抽取的数据源进行主题识别。为此，文献间知识关联发现的研究中，我们将以文献摘要作为研究对象。这一过程是知识发现基本需求的提出。

2. 文献预处理

预处理过程主要是对文献摘要进行清洗、分词等操作，结合实际应用，需要构建领域知识库作为用户词典，并根据摘要撰写基本特征，剔除一些如“结果表明”、“本文”、“指出”、“现状”、“目的”等高频词，将其作为停用词。

知识关联识别的实施需要满足两个假设条件：(1) 作者都是认真选择技术术语对文献包含的知识进行描述；(2) 用来描述文献内容的关键词是可信赖的。为了实现这两个条件，在文献预处理过程中需要采用领域知识库对文献摘要中的技术术语进行规范化处理。该知识库可以对文献摘要中的一些描述进行规范化处理，同时也对主题模型求解进行了限定。

领域知识库是摘要文本进行预处理和主题词集构建的重要知识描述，通过领域知识库，我们可以实现对文献摘要的规范化处理，最大程度上避免由于关键词选择的随意性和主观性而带来的分析不准确问题。领域知识库的构建要根据应用的具体情况，要结合文献的特征进行选择。我们在 5.3 实践中，采用了《汉语主题词表（工程技术卷）》(2014 年版)① 对文献主要的用词进行规范化处理。

3. 主题词提取

主题是文本内容的抽象描述，对主题模型中主题的数量需要预先给定，一般来

---

① 中国科学技术信息研究所编:《汉语主题词表（工程技术卷 第Ⅷ册 自动化技术、计算机技术)》，北京：科学技术文献出版社，2014 年。

讲，语料集越大，主题的数量越多。面向主题模型的文献知识关联识别的效果好坏与主题的选取有非常大的关系，最佳的主题数将带来较好的知识抽取。

为确定文献集合的主题数，我们使用统计语言模型中常用的评价指标，即困惑度①来确定最优的主题数。困惑度一般在自然语言处理中用来衡量训练出的语言模型的好坏，在用 LDA 作主题和词聚类时，采用困惑度来确定主题数量，困惑度的描述公式如下所示：

$$perplexity = \exp^{\Delta}\left\{-\left(\frac{\sum \log(p(w))}{N}\right)\right\} \tag{1}$$

公式（1）中，p（w）是指文本集中出现的每一个词的概率，N 则是文本集中出现的所有词。困惑度为文档集中包含的各句子相似性几何均值的倒数，随句子相似性的增加而逐步递减。困惑度 $perplexity$ 表示预测数据时的不确定度，取值越小表示性能越好。

4. 知识关联识别

知识关联识别过程是知识发现的重要过程。由于文献信息的知识发现可以从知识关联、语义聚类等多个角度进行描述，为此这一环节的实现需要借助更多的技术处理方法，如关联规则、词共现分析、聚类算法等等。如本章 5.3 中，我们采用了关联规则和共词分析方法，而在 5.4 部分，我们采用 K-means 聚类算法。

知识关联的相关分析侧重于考察事物之间的依赖性。对于高关联的主题词集，我们选择的依据是：共现频次超过一定阈值时，将该共现词对所包含的主题词选作为高依赖性主题词对。

5. 知识关联描述及评估

知识关联结果描述将采用可视化的分析工具，如 NetDraw 软件等，通过图形方式实现对知识的可视化描述。对获取的知识关联描述结果，还需要进行人工的评估，对于不符合的结果还需要重新进行预处理和主题求解，对于符合的结果则进行保存。

---

① T. L. Griffiths, M. Steyvers, "Finding Scientific Topics", *Process of the National Academy of Sciences*, 2004, Vol. 101, Suppl. 1, pp. 5228 - 5235.

5.2.2 面向主题模型的文献知识关联的优势

1. 知识共现识别优势

主题模型是一种能够提取文本隐含主题的非监督学习模型。模型假设每个主题都由特征的多项分布产生，利用主题模型建模之后，形成了主题和词的概率分布，用矩阵表示如下：

$$\begin{bmatrix} p(w_1 \mid z_1) & p(w_1 \mid z_2) & \cdots & p(w_1 \mid z_k) \\ p(w_2 \mid z_1) & p(w_2 \mid z_2) & \cdots & p(w_2 \mid z_k) \\ \vdots & \vdots & \ddots & \vdots \\ p(w_n \mid z_1) & p(w_n \mid z_2) & \cdots & p(w_n \mid z_k) \end{bmatrix}$$

假设文献集包含有 N 个词语，词 w_i 对主题 z_j 的概率分布为 $p\ (w_i \mid z_j)$，$i=1$，2，…，n，$j=1$，2，…，k。对于矩阵中的任意一列，对其中的元素按照从大到小排序，取出高概率的特征，形成对主题 z_j 的描述。对每一个隐含主题都取前 n 个特征之后，对所有类别下得到的特征取并集，作为最终选取的特征集 W。

在文献集合中，文献依据特定的主题存在普遍的联系，文献间的这种联系也映射出文献所记录知识之间存在着某种关联。这些知识间的关联是基于某一主题所体现出来的，因此，利用主题词的共现关系可以揭示这种关联的表现特征。从共现角度来看，词共现关系可分为词的关联关系和词的依赖关系，一般来说，主题词的关联关系体现了知识之间联系的频繁程度，主题词的依赖关系则体现了知识之间联系的紧密程度。基于此，面向主题模型的文献知识关联不仅可以有效地挖掘知识之间的内在关联，还可以呈现知识之间的依赖性。

此外，由于“主题”可以很好地将不同文献联系起来，将主题模型运用到文本相似性的计算中，将可以有效地从文本语义层面实现内容的知识发现。在主题模型聚类研究中，通过主题模型，实现文献基于语义层面上的降维，改进了文献之间相似性的计算[①]，提高文本分类的效率[②]。

---

① M. Chen, X. Jin, D. Shen, Short text classification improved by learning multi-granularity topics [2018-04-23]. https://www.aaai.org/ocs/index.php/IJCAI/IJCAI11/paper/viewFile/3283/3736.

② 姚全珠，宋志理，彭程：《基于 LDA 模型的文本分类研究》，载《计算机工程与应用》，2011 年第 47 卷第 13 期，第 150—153 页。

相对于文献可视化的研究，面向主题模型的知识共现也具有一定的优势。文献可视化的方法采用图形来表示文献信息，有助于人们分析、综合信息以及信息之间的关系，提高了人们对大量信息的理解和认知的能力，可以解决检索结果冗余而导致的迷航问题，在直观反映文献间关联的同时，也能够有效地改善文献的使用效率。然而，文献可视化的主题图在文献之间隐性知识的关联、知识之间的依赖性和相互影响关系方面表现不足，因此，无法满足人们对科技文献检索结果的深层次知识的需求。

2. 文献聚类的优势

主题模型是一种生成模型，通过对文献主题分布的概率计算，对文献进行一个简短的描述，保留本质的统计信息，有助于高效地处理大规模的文献集合。

主题模型基于三层贝叶斯网络结构，将其应用于文献集合后，三层结构即为："文献—主题—词"，在这样的假设下，主题模型忽略了文献中词语出现的先后顺序和文档的语法结构，形成文献由若干主题描述，主题又由若干词汇构成的空间模型，通过主题模型的训练，文献从词汇空间表示变成了主题空间的表示，同时具有语义上的特征。

主题模型具有清晰的层次结构，它假设文献集合中每篇文献包含一定数量的隐含主题，而每个主题包含特定的词项，文献和词项间的关系通过隐含主题 Z_k 体现。由于文献到主题服从 *Dirichlet* 分布，主题到词项也服从多项式分布。主题模型对文献文本的描述如图 5-2 所示：

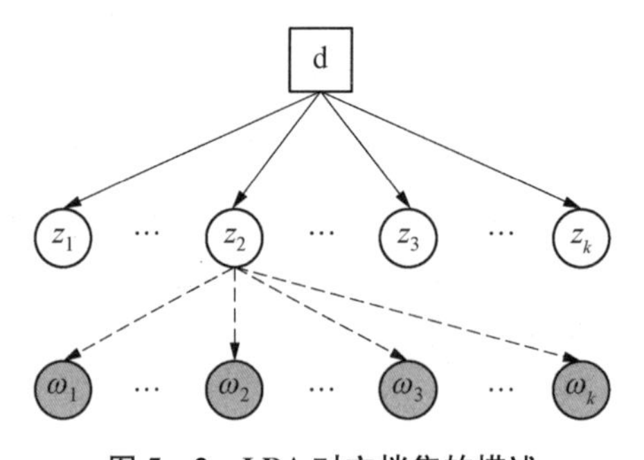

图 5-2　LDA 对文档集的描述

聚类算法的思想是通过将大量信息组织成少数有意义的簇，实现聚类的基础是合理的计算信息之间的相异或相似程度。由图 5-2 可知，主题模型计算出的隐含主题 Z 之间是相互独立的，根据概率计算结果，文献集中的文献将共享这些隐含主题，同时每篇文献将有一个特定的隐含主题分布与其对应。

由于主题模型是非监督学习模型，虽然通过多项分布计算出来的隐含主题相互之间是独立的，但其本身不能直接用于分类，需要嵌入到合适的分类算法中。聚类算法将计算隐含主题之间的相似度，并以此作为类簇的分组基础。图 5-3 显示了基于主题模型的文献聚类。

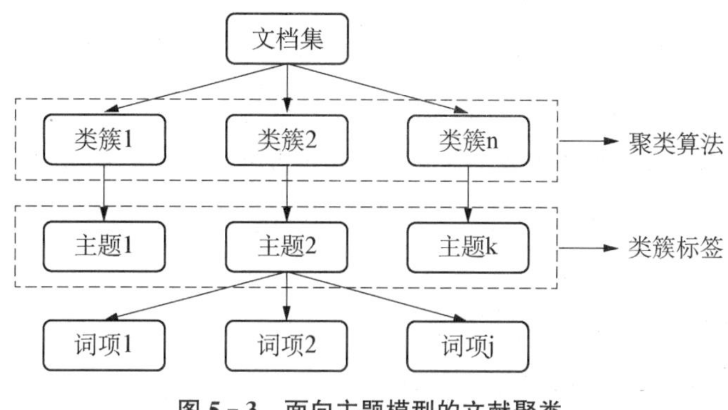

图 5-3　面向主题模型的文献聚类

图 5-3 显示，聚类算法基于主题层实现，通过主题实现文献集合的自然分组。同时主题是由词项描述，通过获得实现聚类的最佳主题，提取该主题的特征词项可作为每个类簇的聚类标签，实现对聚类结果的描述。

文献聚类需要考虑聚类的相关性以及生成标签的质量，对文献聚类结果提供一个可读性较强的标签是聚类结果可读性的一项重要任务。通过检索系统获得的文献集合，由于集合中文献的相似度较高，单独地通过抽取高频词项作为聚类效果往往难以满足用户的需求，虽然一些研究采用共现信息来解决特征提取的问题，然而频繁出现的词项序列，并不一定具有语法或语义价值，将这些特征词项作为文献聚类的依据，将包含同一高频共现词汇的文献划分为一类，会造成文献集中重叠太多的基类被不断地合并，直到无法合并为止。与此同时，由于高频词项缺乏语义信息，也会造成文献聚类标签的可读性和可理解性的不足。

主题模型是一种基于语义层面对文本进行建模的方法，模型求解后实现将文献用若干隐含主题描述的形式，而这些隐含主题又是线性结构（如图 5-2 所示），利用概率可以将单篇文献表示为这些隐含主题特定比例的混合，基于这种比例，将可以实现文献相似或相异度的计算。基于主题模型的文献聚类不需要任何标注语料和训练模型，通过主题模型的求解，实现对检索结果的非监督式计算。依据“文献—主题”概率分布进行的聚类，将主题对文献的概率作为聚类的标准，聚类结果将以聚类中心所对应的主题进行描述。

主题模型采用隐性狄利克雷对主题的概率分布进行计算，隐性主题又是由若干词项组成，也方便对文献特征的提取，同时主题模型是在文献语义层上实现文本建模，因此这些词项又能够体现一定语义特征，进而改善了聚类结果标签的提取和展示。可见，面向主题模型的文献聚类在聚类标签提取中的好处：

(1) 可读性：标签基于文本语义层面的描述，便于用户的理解；

(2) 描述性：能够从语义层面对聚类结果进行标识；

(3) 区分性：不同的标签代表不同的主题，描述文本不同的特征。

5.3 知识的语义关联实践

结合上文的理论描述，本节将通过实际应用介绍面向主题模型的文献知识关联识别的方法及流程。

5.3.1 实验数据来源

我们以知网中有关“文本挖掘”研究的检索结果为例，将该领域作为研究对象进行检索结果知识关联的应用研究。我们选择知网中期刊数据库、特色期刊数据库，并限定主题词为“文本挖掘”进行检索，共检索出1795篇学术论文。检索时间为2016年9月25日。通过人工识别，剔除无用数据，共获得1749篇，这些论文的学科分布及发文情况如下表5-1（我们显示了选取发文量排名前20的学科领域）。

表 5-1　文本挖掘研究领域学科分布（部分）

学 科 领 域	发文量（篇）	学 科 领 域	发文量（篇）
计算机软件及计算机应用	973	初等教育	30
图书情报与数字图书馆	187	宏观经济管理与可持续发展	27
互联网技术	101	贸易经济	25
中医学	67	金融	20
自动化技术	54	教育理论与教育管理	19
中等教育	50	生物学	16
新闻与传媒	47	信息经济与邮政经济	16
企业经济	46	医学教育与医学边缘学科	16
科学研究管理	45	工业经济	16
中药学	34	旅游	15

该领域的科技论文分布在 1998—2016 年，而且逐年增加，呈现出良好的发展态势，如图 5-4 所示。2016 年出现下降的原因是数据不全，因而不能完全代表领域的发展趋势。

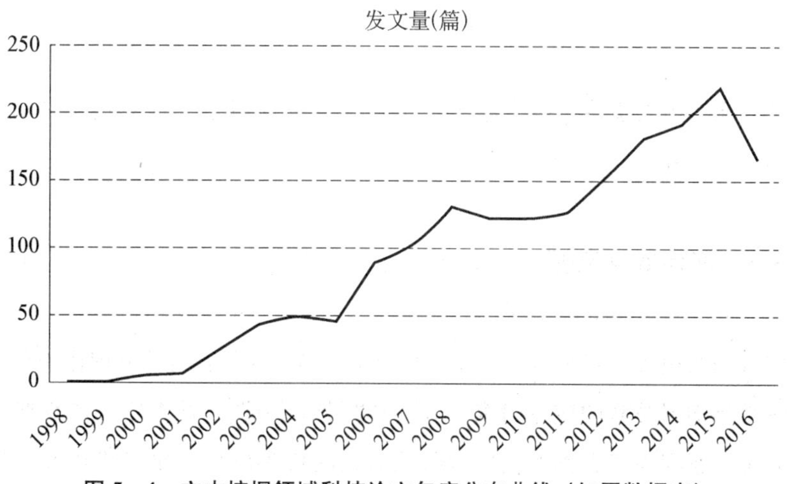

图 5-4　文本挖掘领域科技论文年度分布曲线（知网数据库）

5.3.2　检索结果文献主题集构建

检索结果主题词集的获取是利用主题模型从科技文献的摘要中抽取高概率主

题，抽取对象是转换好的 TXT 文本，主题集构建过程主要包括领域知识库构建、摘要文本预处理、主题词抽取。

1. 领域知识库构建

领域知识库构建的方法是将文献的关键词提取，通过去重处理，形成文献的关键词集；然后利用《汉语主题词表（工程技术卷Ⅷ自动化技术、计算机技术）》（2014 年版）中的“英文”和“代项”对提取的关键词集进行同义词处理，将优选词作为最后的关键词；随后，通过人工识别，对英文关键词、英文缩写和中英文混写词汇进行规范化处理，并形成关键词表；最后，对于该关键词表，结合领域专家知识，保留与文本挖掘领域有关的知识描述，形成了领域知识库。经过处理，该知识库包含了诸如支持向量机、向量空间模型、时间序列、频繁项集、模糊聚类、特征提取等文本挖掘领域常用的知识描述词表。

2. 摘要文本预处理

摘要文本预处理的步骤主要是通过应用程序对其进行分词处理，我们将构建好的领域知识库作为用户词典，同时根据摘要撰写的规则，将“结果表明”、“本文”、“指出”、“现状”、“目的”等高频词作为停用词，最后采用 python2.7 和 jieba 分词组件进行分词处理，完成摘要文本的预处理过程。

3. 主题词抽取

上文介绍过，在主题模型主题数的选取时，比较常用的方法是采用统计语言模型进行指标评价。为此，我们采用 python 编写主题模型的困惑度程序，困惑度为文档集中包含的各句子相似性几何均值的倒数，随句子相似性的增加而逐步递减，取值越小表示性能越好。通过实验，选取最佳的主题数是 140。在主题求解过程中，选用 GibbsLDA0.2 进行实验，具体的参数选择分别为：$K=140$，$\alpha=50/140$，$\beta=0.01$，Gibbs 抽样的迭代次数为2 000次，每个主题有 10 个主题词描述。主题识别结束后，将每篇文献摘要对应的概率最高的 3 个主题提取，通过去重处理，作为文献的主题词集。具体如图 5－5 所示。

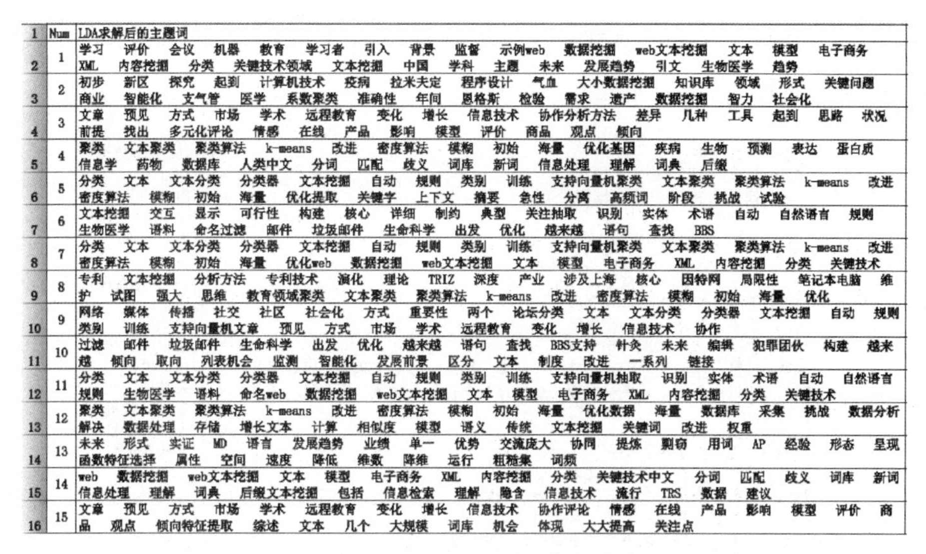

1	Num	LDA求解后的主题词
2	1	学习 评价 会议 机器 教育 学习者 引入 背景 监督 示例web 数据挖掘 web文本挖掘 文本 模型 电子商务 XML 内容挖掘 分类 关键技术领域 文本挖掘 中国 学科 主题 未来 发展趋势 引文 生物医学 趋势
3	2	初步 新区 探究 起到 计算机技术 疫病 拉米夫定 程序设计 气血 大小数据挖掘 知识库 领域 形式 关键问题 商业 智能化 支气管 医学 系数聚类 准确性 年间 恩格斯 检验 需求 遗产 数据挖掘 智力 社会化
4	3	文章 预见 方式 市场 学术 远程教育 变化 增长 信息技术 协作分析方法 差异 几种 工具 起到 思路 状况 前提 找出 多元化评论 情感 在线 产品 影响 模型 评价 商品 观点 倾向
5	4	聚类 文本聚类 聚类算法 k-means 改进 密度算法 模糊 初始 海量 优化基因 疾病 生物 预测 表达 蛋白质 信息学 药物 数据库 人类中文 分词 匹配 歧义 词库 新词 信息处理 理解 词典 后缀
6	5	分类 文本 文本分类 分类器 文本挖掘 自动 规则 类别 训练 支持向量机聚类 文本聚类 聚类算法 k-means 改进 密度算法 模糊 初始 海量 优化提取 关键字 上下文 摘要 急性 分离 高频词 阶段 挑战 试验
7	6	文本挖掘 交互 显示 可行性 构建 核心 详细 制约 典型 关注抽取 识别 实体 术语 自动 自然语言 规则 生物医学 语料 命名过滤 邮件 垃圾邮件 生命科学 出发 优化 越来越 语句 查找 BBS
8	7	分类 文本 文本分类 分类器 文本挖掘 自动 规则 类别 训练 支持向量机聚类 文本聚类 聚类算法 k-means 改进 密度算法 模糊 初始 海量 优化web 数据挖掘 web文本挖掘 文本 模型 电子商务 XML 内容挖掘 分类 关键技术
9	8	专利 文本挖掘 分析方法 专利技术 演化 理论 TRIZ 深度 产业 涉及上海 核心 因特网 局限性 笔记本电脑 维护 试图 强大 思维 教育领域聚类 文本聚类 聚类算法 k-means 改进 密度算法 模糊 初始 海量 优化
10	9	网络 媒体 传播 社交 社区 社会化 方式 重要性 两个 论坛分类 文本 文本分类 分类器 文本挖掘 自动 规则 类别 训练 支持向量机文章 预见 方式 市场 学术 远程教育 变化 增长 信息技术 协作
11	10	过滤 邮件 垃圾邮件 生命科学 出发 优化 越来越 语句 查找 BBS支持 针灸 未来 编辑 犯罪团伙 构建 越来越 倾向 取向 列表机会 监测 智能化 发展前景 区分 文本 制度 改进 一系列 链接
12	11	分类 文本 文本分类 分类器 文本挖掘 自动 规则 类别 训练 支持向量机抽取 识别 实体 术语 自动 自然语言 规则 生物医学 语料 命名web 数据挖掘 web文本挖掘 文本 模型 电子商务 XML 内容挖掘 分类 关键技术
13	12	聚类 文本聚类 聚类算法 k-means 改进 密度算法 模糊 初始 海量 优化数据 海量 数据库 采集 挑战 数据分析 解决 数据处理 存储 增长文本 计算 相似度 模型 语义 传统 文本挖掘 关键词 改进 权重
14	13	未来 形式 实证 MD 语言 发展趋势 业绩 单一 优势 交流庞大 协同 提炼 剽窃 用词 AP 经验 形态 呈现 函数特征选择 属性 空间 速度 降低 维数 降维 运行 粗糙集 词频
15	14	web 数据挖掘 web文本挖掘 文本 模型 电子商务 XML 内容挖掘 分类 关键技术中文 分词 匹配 歧义 词库 新词 信息处理 理解 词典 后缀文本挖掘 包括 信息检索 理解 隐含 信息技术 流行 TRS 数据 建议
16	15	文章 预见 方式 市场 学术 远程教育 变化 增长 信息技术 协作评论 情感 在线 产品 影响 模型 评价 商品 观点 倾向特征提取 综述 文本 几个 大规模 词库 机会 体现 大大提高 关注点

图 5-5 主题求解后文献的主题词（部分）

5.3.3 知识语义关联识别

关联规则最初应用于购物篮分析，通过交易数据库中的频繁购买模式的挖掘，发现不同商品之间的关联关系①。随着关联规则挖掘算法的不断改进和扩展，已经应用于诸多领域数据集的频繁模式挖掘，并揭示事物间的潜在关联。在图书情报领域，关联规则被应用在图书推荐的相关研究，并在基于文献关键词的共词分析中做了相关的应用研究②。

对于获得主题词集，我们采用 Apriori 算法进行关联规则挖掘。运用关联规则进行关联挖掘过程中，单纯地设定最小支持度和最小置信度可能会产生一些价值并不大的规则。为了解决这个问题，有文献③提出改善度（lift）的概念，该文认为当 lift 的值大于 3 时，挖掘的关联规则是有价值的。据此，Apriori 的实验参数为：

---

① R. Agrawal，T. Imieliński，A. Swami. Mining association rules between sets of items in large databases [2018 - 04 - 21]. http：// almaden. ibm. com/cs/projects/iis/hdb/Publications/papers/sigmod93. pdf.

② 雷雪，侯人华，曾建勋：《关联规则在领域知识推荐中的应用研究》，载《情报理论与实践》，2014 年第 37 卷第 12 期，第 67—70 页，第 66 页。

③ P. Lenca，B. Valiant，S. Lallich. On the robustness of association rules [2018 - 04 - 23]. http：// perso. telecom-bretagne. eu/philippelenca/data/pdf/lenca _ etal _ IEEE-CIS _ 2006. pdf.

supp=0.10，conf=0.05，并抽取出 lift>3.50 的规则，共 5677 条，部分结果如图 5-6所示。

1	154	{内容挖掘}	=>	{web文本挖掘}
2	690	{数据挖掘，web文本挖掘}	=>	{XML}
3	839	{数据挖掘，web文本挖掘}	=>	{内容挖掘}
4	840	{内容挖掘，数据挖掘}	=>	{web文本挖掘}
5	842	{分类，web文本挖掘}	=>	{内容挖掘}
6	2254	{关键技术，web，web文本挖掘}	=>	{XML}
7	5352	{电子商务，关键技术，模型，XML}	=>	{web文本挖掘}
8	1662	{模型，文本挖掘，相似度}	=>	{权重}
9	1665	{权重，文本，文本挖掘}	=>	{相似度}
10	1666	{文本，文本挖掘，相似度}	=>	{权重}
11	15436	{传统，改进，关键词，计算，模型，权重，文本，文本挖掘，语义}	=>	{相似度}
12	15437	{传统，改进，计算，模型，权重，文本，文本挖掘，相似度，语义}	=>	{关键词}
13	1158	{分类器，规则}	=>	{支持向量机}
14	1173	{规则，训练}	=>	{支持向量机}
15	3434	{分类，分类器，类别}	=>	{支持向量机}
16	11395	{分类，规则，类别，文本，训练}	=>	{分类器}
17	11419	{规则，类别，文本，文本挖掘，训练}	=>	{分类器}
18	10757	{分类器，类别，文本，文本分类，自动}	=>	{训练}
19	10866	{规则，类别，文本，文本分类，文本挖掘}	=>	{训练}
20	7889	{传统，关键词，权重，文本挖掘，相似度}	=>	{语义}

图 5-6　主题词集的高关联规则（部分）

图 5-6 揭示了主题词之间的关联关系，也就是知识之间联系的频繁度。为了进一步揭示知识描述之间的依赖关系，我们采用共词分析方法，对这些关联规则进行共词计算。首先使用 BibExcel 进行共词矩阵构建，然后采用 NetDraw 进行知识关联的有向图绘制，得到基于词共现关系的知识关联图如图 5-7 所示。

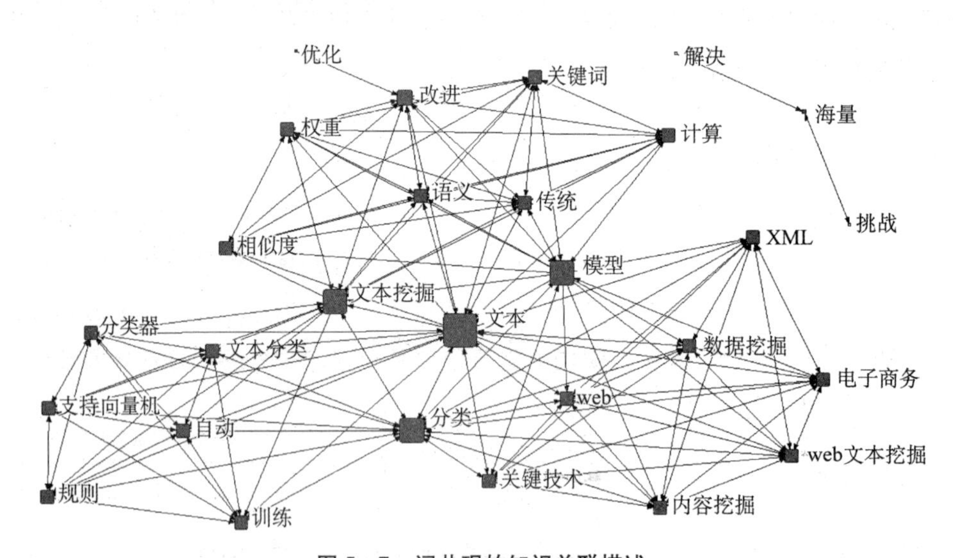

图 5-7　词共现的知识关联描述

由图 5-7 可以看出，文本挖掘检索结果的知识描述以主题词“文本”为中心，围绕着“模型”、“分类”和“文本挖掘”三大主题形成了几个比较明显的研究知识领域，即网络应用、分类应用和文本计算。不同的知识领域所研究的知识也有较为明确的区分，如在网络应用的研究领域中，更多地强调“内容挖掘”、“电子商务”、“Web 文本挖掘”、“XML”等知识；在分类应用中，“支持向量机”、“分类器”、“训练”、“规则”等知识是研究的重点；而在文本计算应用中，“权重”、“关键词”、“语义”、“计算”、“改进”等知识有比较多的研究。虽然三大主题的分类较为明显，但是也可以看出，这些研究之间，知识的交叉也是比较频繁的。除了这三个比较明显的知识领域外，在图 5－7 的右上角有三个主题词“解决”、“海量”、“挑战”形成了单独的一条线，可见随着大数据的广泛应用，文本挖掘也面临着处理海量数据的挑战。

5.3.4 对比分析

为了验证面向主题模型的文献知识关联识别结果的语义特征，我们采用文献集合中的关键字进行实验对比分析。对比实验同样利用 Apriori 和共词分析进行。在实验过程中，由于“文本挖掘”领域有 52％的关键词的词频是 1，当 Apriori 的参数设定为 sup＝0.1％，conf＝90％时，仅有 2 个关联规则产生，如果调低 conf 的值，虽然规则增多了，但是改善度（lift）的值并不理想。为此，对关键词仅采用了共词分析，实验结果如图 5－8 所示。

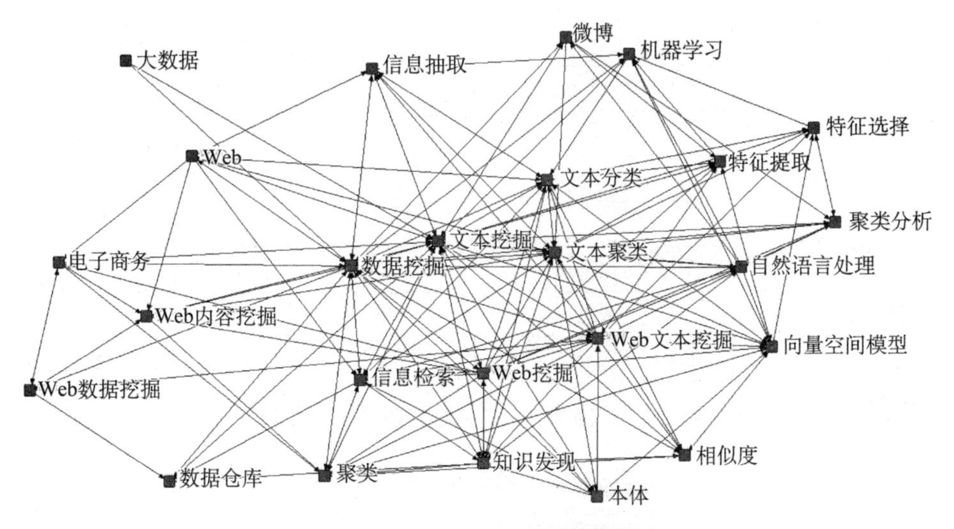

图 5－8　检索结果关键词的共词分析

对比图 5-7 和图 5-8。从形式上来看，面向主题模型的方法在词共现的知识关联描述上更能反映出内容的语义性及知识之间的关联和依赖关系；从内容上来看，由于文献关键词在内容表达上并不丰富，无法全面地反映文献所包含的隐性知识之间的联系。由于通过主题模型对文献的摘要进行主题提取，形成主题词集，使得主题词集更趋于语义的描述，对文献所包含的知识进行总结和归纳时，主题更加集中。

通过实验对比发现，在知识关联描述中，面向主题模型的方法能够有效地揭示相关知识的关联，是对文献集合的知识描述也具有更高的语义特征。

5.4 检索结果聚类的实践应用

5.4.1 检索结果聚类方法描述

图 5-9 显示检索结果聚类应用的基本步骤。

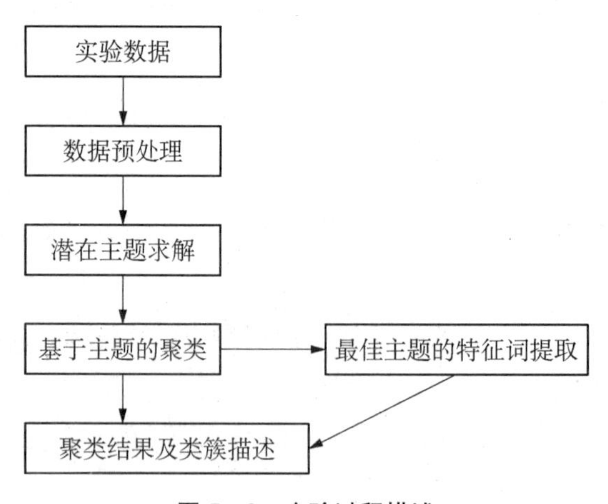

图 5-9 实验过程描述

由图 5-9 可见，实验设计主要有如下步骤：

(1) 获取实验数据，并对其进行分词、去停用词等预处理；

（2）对处理好的数据通过主题模型进行主题求解；

（3）获取“文本—潜在主题”和“潜在主题—特征词”的概率分布；

（4）采用 K-means 方法对“文本—主题”概率数据进行聚类；

（5）从“潜在主题—特征词”概率分布中提取标签数据对聚类结果进行描述。

在这实验过程中，为了获得最佳的聚类效果，最佳主题数的确定和聚类 K 值的确定是研究的两个重点。

5.4.2 预处理及主题提取

实验数据来自于知网检索结果，我们在知网中获取了主题是“文本挖掘”的检索结果，选取的学科领域是工程科技、信息科技、经济与管理科学类，在来源数据库中剔除博士和硕士论文的内容，共获得 1 489 条检索记录。为了降低数据处理的复杂度，我们将这些文献的摘要提出进行相关聚类实验。

实验使用 python 和 jieba 组件对数据进行分词处理，为了获得高质量的主题描述，文本进行自定义词典、去停用词和分词处理。将“结果表明”、“本文”、“指出”、“现状”、“目的”等高频词作为停用词，并生成停用词表；将“文本分类”、“文本聚类”等词项作为自定义词汇，在处理过程中不作分词处理。

通过困惑度程序，我们选取 140 个主题数对文献集合进行主题求解。

5.4.3 K-means 聚类

在面向主题模型的文献检索结果聚类实践中，我们采用的聚类算法是 K-means。K-means 算法是一种被最广泛使用的聚类算法，该算法以 k 为参数，把 n 个对象分为 K 个簇，使得簇内具有较高的相似度，而簇间的相似度较低。对于 K 均值算法来说，首先随机地选择 K 个对象，每个对象初始地代表一个簇的中心，对剩余的每个对象根据其与各个簇中心的距离，将它赋给最近的簇。然后重新计算每个簇的平均值，并不断重复该过程，直到准则函数收敛。

进行 K-means 进行聚类的基本思路如下：

（1）利用主题模型对检索结果的文本进行建模，并使用 Gibbs 抽样法对建模后的文本向量矩阵进行求解，获得“文献—潜在主题”概率分布矩阵；

（2）对“文献—潜在主题”概率分布矩阵中的概率值进行聚类，首先选取聚类数 K，然后计算离聚类中心最近的最佳主题作为聚类依据；

（3）依据“潜在主题—特征词”获取最佳主题的词项作为聚类结果的标签对类簇进行描述。

由于 K-means 采用欧式距离作为变量之间的聚类函数，因此该算法对聚类中心较敏感，当选择不同聚类中心时会产生不同的聚类结果且有不同的准确率。虽然 K-means 算法进行收敛的准则函数不能保证找到全局最优解，只能确保局部最优解，但是可以重复执行几次 K-means，选取收敛最小的一次作为最终的聚类结果。

为了获取较合适的聚类数，我们对 K 值的选取采用如下的方式进行：

（1）假设文本集中第 i 篇文本d_i，计算d_i与其他文本之间距离的平均值，记作d_{ia}，用于量化簇内的相似度；

（2）选取d_i之外的一个簇项 x，计算d_i与 x 中所有点的平均距离，然后遍历所有其他簇，找到最近的这个平均值，记作x_i，用来量化簇之间的相异度；

（3）对于文本d_i，就有如下公式：

$$s_i = \frac{(x_i - d_{ia})}{\max(d_{ia}, x_i)} \tag{2}$$

（4）当计算所有文本 d 的s_i后，求出平均值，即当前聚类的整体轮廓系数。

从公式（2）可知，若s_i小于 0，说明x_i与其他簇内元素的平均聚类小于最近的其他簇，表示聚类效果不好。如果d_{ia}趋于 0，或者x_i足够大，那么s_i趋近与 1，说明聚类效果比较好。

对于 K-means 聚类的 K 值，根据公式（2），我们采用 R 语言实现了聚类的整体轮廓系数。在实验评估聚类的 K 值时，考虑到一般情况下，聚类的 K 值不会太大，因为簇值比较多不仅不利于对聚类结果的理解，对聚类结果标签的选择也造成困难，在计算聚类轮廓的时候，将 K 值从 2～12 之间遍历计算。同时在实际计算过程中考虑 K-means 具有一定随机性，并不是每次都收敛到全局最小，所以针对每一个 K 值，重复执行 30 次，提取并计算轮廓系数，最终取平均值作为最终评价标准。计算获得的聚类轮廓系数如图 5－10 所示：

由图 5－10 可见，当 K 值在取 7 的时候达到最大，说明该文献集合分成 7 类可以得到最佳的效果。

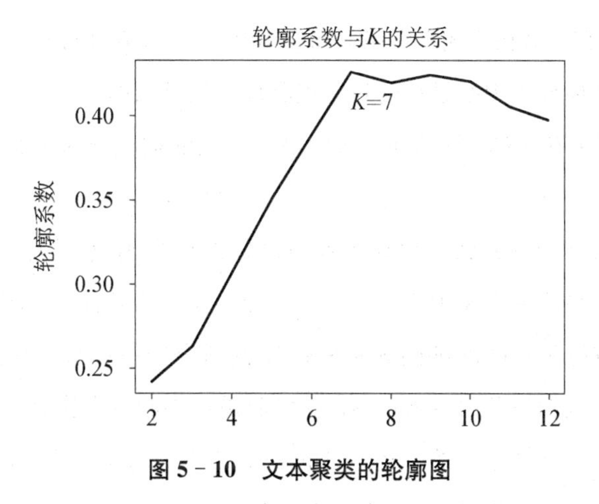

图 5-10　文本聚类的轮廓图

5.4.4　结论及分析

对于文献聚类标签的提取，我们首先获取每个主题针对各个聚类中心的距离信息，将距离聚类中心最近的主题作为每个类簇所对应的最佳主题，最后抽取该最佳主题的特征词项作为类簇标签。具体标签描述如表 5-2 所示：

表 5-2　聚类数为 7 时类簇对应的聚类标签

类簇 1 标签	类簇 2 标签	类簇 3 标签	类簇 4 标签	类簇 5 标签	类簇 6 标签	类簇 7 标签
研究 0.080685	Web 0.051030	专利 0.026095	算法 0.050247	治疗 0.030991	旅游 0.012638	评论 0.021451
文献 0.029993	挖掘 0.043271	数据 0.024952	方法 0.037673	规律 0.026130	文本 0.009436	模型 0.021211
发展 0.012940	技术 0.036352	信息 0.015807	文本聚类 0.024241	中药 0.016858	理论 0.007929	网络 0.020852
检索 0.009567	数据挖掘 0.032647	企业 0.014456	特征 0.020926	中医 0.014484	内容 0.006799	用户 0.014983
热点 0.009286	知识 0.018110	管理 0.012481	模型 0.015210	西药 0.012901	形象 0.006234	情感 0.013306

表 5-2 选择了最佳主题的前 5 个词汇作为类簇的标签。由表 1 可见，有关“文本挖掘”的检索结果分成 7 类，分别表示的类簇描述为：热点研究、Web 文本挖掘、

企业信息挖掘、算法研究、医学领域、旅游相关、用户评论的挖掘等几个领域。从这些词汇的描述中，用户可以对每个领域的分类结果有比较清晰的语义描述。

为了对比该方法的有效性，我们采用 VSM 对检索结果文本进行向量处理，然后对获得文本向量数据进行 K-means 聚类计算，并计算类簇中每一个词汇的 TFIDF 值，通过选取最高的 5 个词汇作为聚类标签，具体结果如表 5－3 所示。

表 5－3 VSM 结合 K-means 聚类对应的聚类标签

类簇 1 标签	类簇 2 标签	类簇 3 标签	类簇 4 标签	类簇 5 标签	类簇 6 标签	类簇 7 标签
文本挖掘 0.246932	文本挖掘 0.279957	web 0.250775	分析 0.240832	研究 0.261687	研究 0.268715	信息 0.258711
技术 0.231737	信息 0.233639	技术 0.224607	研究 0.222993	信息 0.250784	文本 0.248270	数据挖掘 0.258711
分析 0.216541	分析 0.225851	分析 0.215885	信息 0.219425	方法 0.245332	技术 0.227824	数据 0.244338
Web 0.197546	模型 0.124608	文献 0.100310	特征 0.112388	模型 0.141747	实验 0.116833	特征 0.105401
算法 0.189948	知识 0.124608	系统 0.093768	网络 0.108821	治疗 0.122666	主题 0.113912	分类 0.100610

对比表 5－2 和表 5－3，可以看出面向主题模型的方法在聚类质量和聚类标签提取方面都具较好的语义描述效果。根据传统的 VSM 方法进行聚类后，从每一个类簇标签看，并不能很好地显示聚类的效果，即 7 个类簇的区分并不明显；而通过面向主题模型的方法，7 个类簇清楚地将“文本挖掘”这一类文献按照应用领域、研究热点、技术方法等进行了聚类，实验的结果显示这种方法在聚类效果上要优于传统的 VSM 方法。

5.5 小 结

高质量的文献知识关联识别，可以提高资源的利用率并改善图书馆知识服务的效果。本章将主题模型引入文献的知识关联识别应用领域，并通过实践，详细地介绍了主题模型在文献知识关联的发现及在文献聚类方面的应用。通过对比，体现了主题模型在文献语义内容描述的优势。

文献知识关联识别是情报学研究的一个重要内容，目前的检索结果处理从聚类、可视化、多样化等多个方面进行了深入的研究，并获得了应用。然而这些方法在揭示文献之间隐性知识的关联方面，还存在一定的不足。我们以主题模型入手，综合运用关联规则、词共现分析、聚类算法等，挖掘知识之间的关联性和知识之间的依赖性，研究知识关联问题，为文献智能处理提供了很好的借鉴，并通过实验验证了方法的有效性和实用性。

为了进一步提高方法的可应用性，我们认为还需要从两个方面进行完善。

1. 领域知识库的构建

本节实验中，词共现基础是从文献的摘要中提取反映文献知识的主题词集，因此知识描述的规范性将直接影响结果的有效性。进一步的工作需要加强领域知识的抽取和构建的研究，为检索结果的智能处理提供数据基础。

2. 主题的抽取

本节实验中，选取主题模型来进行摘要的主题提取，该算法基于概率统计的方法对文本生成规则进行分析，因此对一词多义的处理效果较好，但该方法在学科术语权重的处理效果还有待进一步深入的探讨。

第6章　面向主题模型的新闻文本知识发现

目前在中国，存在两个社会舆论场地：一个是以报纸、广播、电视等为代表的主流媒体；一个是以互联网为平台的社交媒体[①]。在这两个社会舆论场中，越来越多的信息是以文本的方式被存储，文本信息的快速增长使得人们在信息处理和检索中面临前所未有的挑战。对这些文本信息的处理，不仅有助于信息检索、内容发现等情报工作开展，同时对信息的有效分类、组织也提供了借鉴。

相对于传统新闻媒体，网络新闻在时效性与互动性上的优势，使它对于社会重大事件的报道具有更为深远的影响力[②]。在日常生活中，网络新闻成为人们获取新闻信息的主要来源。2017年1月，中国互联网信息中心（CNNIC）发布了第39次《中国互联网络发展状况统计报告》[③]，报告对个人互联网网络新闻的使用情况进行了分析：截至2016年12月，我国网络新闻用户规模为6.14亿，年增长率为8.8%，网民使用比例达到84.0%。其中，手机网络新闻用户规模达到5.71亿，占手机网民的82.2%，年增长率为18.6%。具体如图6-1和图6-2所示。

在网络新闻使用过程中，简单的新闻阅读已不能满足人们获取信息的需求，将某一事件的相关网络新闻信息整合成一个新闻集合，全面地了解新闻事件的概貌成为网络新闻使用的基本要求。面对这样的需求，互联网中各种新闻聚合、新闻热点挖掘、新闻搜索的应用开始出现，它们以新闻话题为研究对象，挖掘新闻话题，为用户提供某一事件新闻的信息整合服务。然而，这些应用大多数是以新闻信息的文

---

① 陈晓美：《网络评论观点知识发现研究》，长春：吉林大学，2014年。

② 赵旭剑：《中文新闻话题动态演化及其关键技术研究》，合肥：中国科学技术大学，2012年。

③ 网址：http：//www.cnnic.net.cn/hlwfzyj/hlwxzbg/hlwtjbg/201701/t20170122_66437.htm

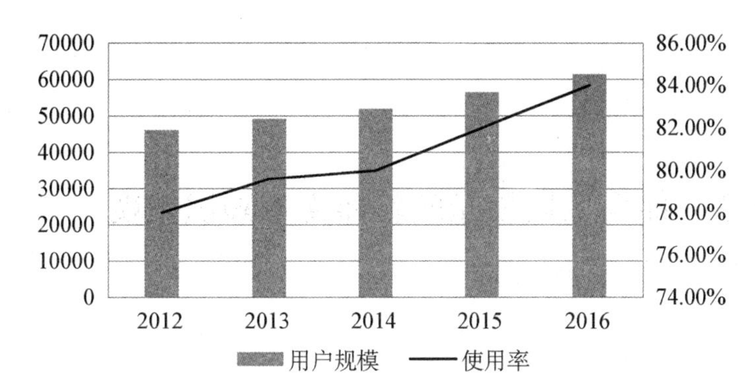

图 6-1 网络新闻应用用户规模和使用率（2012—2016）①

应用	2016 年		2015 年		
	用户规模（万）	网民使用率（%）	用户规模（万）	网民使用率（%）	全年增长率（%）
即时通信	66628	91.1	62408	90.7	6.8
搜索引擎	60238	82.4	56623	82.3	6.4
网络新闻	61390	84.0	56440	82.0	8.8
网络视频	54455	74.5	50391	73.2	8.1
网络音乐	50313	68.8	50137	72.8	0.4
网上支付	47450	64.9	41618	60.5	14.0
网络购物	46670	63.8	41325	60.0	12.9
网络游戏	41704	57.0	39148	56.9	6.5

图 6-2 中国网民各类互联网应用的使用率（2015—2016）②

本话题抽取为目标，缺乏对新闻文本语义内涵以及新闻话题动态演化进行合理、有序的自动化处理与组织。

为了解决人们对新闻知识提炼的需求，本章将介绍主题模型在网络新闻文本知识发现中的应用方法，并通过实验验证其有效性。

① 数据来源：中国互联网络信息中心，第 39 次《中国互联网络发展状况统计报告》（2017 年 1 月）。
② 同上注。

6.1 新闻话题描述模型

6.1.1 新闻话题研究概述

新闻文本知识发现的核心是对新闻话题（topic）的研究，对于新闻话题的描述，有学者认为是一个事件或活动以及所有与之直接相关时间或活动的集合[①]。例如将“创新创业”作为新闻话题，则“创客空间”、“创业团队”、“大学生就业”、“政策改革”等相关事件将组成一个完整的新闻话题。

目前，将新闻话题作为研究对象，结合不同的研究领域，衍生出新闻聚类[②]、新闻话题追踪[③]、新闻搜索[④]等研究方向。在这些研究中，以新闻话题为对象进行知识发现的相关技术，旨在帮助人们解决信息过载问题，希望通过监控新闻报道描述的话题，发现新的用户感兴趣的信息并加以追踪，同时将涉及某个话题的新闻报道自动组织起来呈现给用户，实现对新闻文本的自动化处理。

话题检测与跟踪（topic detection and tracking，简称 TDT）是一项针对新闻报道进行信息识别、挖掘和组织的研究[⑤]。TDT 最早源于美国，其目的是提供一种能自动确定新闻报道流中话题结构的技术。TDT 主要涉及两项任务：话题检测和话题跟踪。话题检测用于识别未知新闻事件，并将其作为种子事件挖掘新闻资源中的相关报道。话题跟踪则基于已知新闻话题，识别和收集实时新闻流中的后续相关报道[⑥]。在实际应用中，新闻话题的检测与跟踪往往相互依存，当新闻事件发生后，

---

① 李保利，俞士汶：《话题识别与跟踪研究》，载《计算机工程与应用》，2003 年第 39 卷第 17 期，第 7—10 页，第 109 页。

② 韩普，万接喜，王东波：《基于混合策略的英汉双语新闻聚类研究》，载《情报科学》，2013 年第 31 卷第 1 期，第 118—122 页。

③ 张晓艳：《新闻话题表示模型和关联追踪技术研究》，北京：国防工业出版社，2013 年。

④ 曾小芹：《基于领域本体的新闻搜索引擎的研究与实现》，南昌：南昌大学，2012 年。

⑤ J. Allan, J. Carbonell, G. Doddington, et al. Topic detection and tracking pilot study: final report [2018 - 04 - 21]. http://nyc.lti.cs.cmu.edu/yiming/Publications/allan-tdt1-final-report.pdf.

⑥ 洪宇，张宇，范基礼，等：《基于语义域语言模型的中文话题关联检测》，载《软件学报》，2008 年第 19 卷第 9 期，第 2265—2275 页。

话题监测可以帮助人们建立一个话题模型，该模型将作为新闻话题跟踪的工具；在不断跟踪新闻事件的发展后，人们还需要对初始话题模型进行补充与完善。TDT 研究体系对新闻文本从六个层面进行处理，分别是：报道切分、话题关联识别、新事件发现、话题追踪、话题发现、分层话题发现[①]。从这些基本任务来看，TDT 的本质任务其实就是新闻文本的检索、聚类、分类的问题，与信息检索、文本聚类、文本分类等知识发现研究具有一定的关联。

目前新闻话题的相关研究大多沿用 TDT 中对话题的定义，TDT 在网络新闻文本处理中具有重要的地位。新闻文本主题的含义较为宽泛，涵盖多个类似的具体事件或者根本不涉及任何具体事件。例如“创客空间”和“创业团队”是主题，而“创新创业”则是新闻话题，而未描述任何具体事件的“大学生就业”方面的文章也属于该主题。为此，在实际应用中以新闻话题为研究对象，表现为某一新闻事件引发的所有相关报道，这些报道与话题紧密相关，包含两个或多个独立陈述某个事件的子句的新闻片段。

6.1.2 新闻话题挖掘模型

新闻文本话题挖掘模型是新闻知识发现研究的基础。话题挖掘模型在信息处理方面具有重要的研究价值，模型不仅可以实现对新闻文本从文字表达到数字信息的抽象，还可以方便地使用各种数学工具对新闻文本进行计算，识别文档中隐含的知识。在实际研究中，经常使用的话题发现模型主要有向量空间模型（vector space model，VSM）、语言模型（language models，LM）、词汇链模型（lexical chains models，LCM）、图模型（graphs models，GM），以及分类器等多种方法。

向量空间模型是一种经常使用的话题发现模型。由于该模型结构简单、方便计算等优点，其应用较为广泛。向量空间模型在向量特征候选集的处理方面，已经从原来的不做任何区分提升到了可以使用统一的向量来表示新闻文档中所包含的信息[②]。

---

① J. Allan. “Introduction to Topic Detection and Tracking”, *Topic Detection and Tracking*, *Springer*, 2002, No. 12, pp. 1 - 16.

② M. Connell, A. Feng, G. Kumaran, et al. UMass at TDT 2004 [2018 - 06 - 22]. http://citeseerx.ist.psu.edu/viewdoc/download?doi=10.1.1.81.1118&rep1&type=pdf. 陈莉萍，杜军平：《突发事件热点话题识别系统及关键问题研究》，载《计算机工程与应用》，2011 年第 47 卷第 32 期，第 19—22 页。

目前，VSM逐渐在新闻内容的细粒度区分和新闻分类表示的方向发展①，通过计算改进，减少了噪声单词对于新闻话题识别的影响。在对新闻文档中的事件进行建模②、新闻子话题追踪③等方面获得了一定的研究。VSM模型虽然在新闻文字信息转换过程中较为直观，但并没有考虑新闻中文字信息之间的语义联系，因此在话题识别过程中容易丢失一些潜在的词与词之间的关联信息，造成一定的缺失。

语言模型④（language models，LM）是一种基于马尔科夫假设的新闻话题模型。在新闻话题处理方面，LM通过分析新闻文档中词汇之间的依存关系，并计算条件概率，建立词之间的依赖模型，即n元语言模型⑤。语言模型的基本原理是一种概率模型，存在特征独立性假设。该种方法在新闻的聚类⑥、分类⑦、排序⑧等方面，获得了一定的效果。从计算的性能来看，语言模型与向量模型效果相当，有时表现可能更好。但是，n元语言模型中，词之间的概率计算主要是依赖于较近距离的前n－1个词，这使得该方法在面对新闻话题的突发性、新颖性问题时会存在一定困难，虽然可以采用似然估计（likelihood estimation）的方法，通过语料训练进行参数的调整，但是仍无法准确、及时地挖掘新闻文档中的新话题，在新闻话题的研究领域中，仍然不是一种主流模型。

词汇链模型（lexical chains models，LCM）是由一系列词义相关的词组成的链

---

① H. C. Chang, Extraction of Topic and Event Keywords from News Story [2018-04-22]. http://dspace.lib.fcu.edu.tw/bitstream/2377/10817/1/CE07NCS002007000140.pdf；张晓辉，李莹，常桂然，等：《适于Internet新闻文本实时分类的动态向量空间模型DVSM》，载《计算机科学》，2004年第31卷第6期，第64—67页。

② J. Makkonen, H. AHONEN-MYKA, M. Salmenkivi, "Simple Semantics in Topic Detection and Tracking", *Information Retrieval*, 2004, Vol. 7, Issue. 3-4, pp. 347-368.

③ 周学广，高飞，孙艳：《基于依存连接权VSM的子话题检测与跟踪方法》，载《通信学报》，2013年第34卷第8期，第1—9页。

④ W. B. Croft, J. Lafferty. *Language Modeling for Information Retrieval*, Dordrecht: Kluwer Academic Publishers, 2003.

⑤ C. Lee, G. G. Lee, M. Jang, "Dependency Structure Language Model for Topic Detection and Tracking", *Information Processing and Management*, 2007, Vol. 43, Issue. 5, pp. 1249-1259.

⑥ Q. Pu, D. Q. He, "Semantic Clustering Based Relevance Language Model", *Information Technology Journal*, 2010, Vol. 9, Issue. 2, pp. 236-246.

⑦ R. Awadallah, M. Ramanath, G. Weikum, Language-model-based pro/con classification of political text (2018-04-21) [2018-08-22]. https://www.procon.org/sourcefiles/procon_classifcation_of_political_text.pdf.

⑧ F. Li, D. Zheng, T. Zhao, "Event Recognition Based on Time Series Characteristics", *Fuzzy Systems and Knowledge Discovery*, Shanghai: IEEE, 2011: 26-28.

状集合，最早是被用来分析文本结构，鉴别文本中心观点。由于这样的链状体能够借助词汇线索反映文本所描述的信息，因此，词汇链被学者引入新闻话题识别领域，希望其能够挖掘新闻文档中所包含的话题词汇链。目前，构建新闻话题识别的词汇链模型主要借助语言词典，如 hownet 和 wordnet。其中 wordnet 更多地是面向英文应用[①]，而 hownet 则主要是针对中文新闻文档[②]。由于词汇链关系并不依赖于具体的新闻报道，而是依赖于第三方词典，因此在面对新闻文档中的新词、多义词、别义词时，找到关联映射并挖掘这种关联关系时存在一定困难，在一定程度上也影响了该模型的性能。其次，词汇链的思想仍然属于向量模型的范畴，也就是基于单个词的一种话题构建方式，其效果与向量空间模型差别不大。

图模型（graphs models，GM）能够考虑文本中上下文的语义关系，用结构图而非集合来表示文本，弥补了传统话题模型语义信息缺失的不足。图模型改进了其他模型容易忽略的关联特征，将文本话题以一个中心向四周扩散，构建了一种具有方向性和变化性的文本话题模型。从结构上来看，符合新闻文本以事件为中心向多个侧面发展的特点，最能体现新闻文本的内容和结构。在文本检索应用中，图模型取得了较为理想的实验效果[③]。在文本内容识别中，图模型也进行了有益的探索[④]，如文献从文本中相邻词语的共现关系建立话题模型，并在分类应用中获得了较好的效果[⑤]。然而，在实际应用中，图模型所描述的关联关系主要是通过计算结点在文本中的物理距离获得，从某种角度看，属于伪关联特征，给表示模型带来不必要的噪音[⑥]。此外，由于图结构自身的特点，基于图结构的话题模型构建较为复杂，且要较高的计算代价，这使得基于图模型的新闻话题识别效果还不太理想。但从图模型的结构角度来看，该模型在描述新闻话题中仍然具有较高的研究价值，尤其是图

---

① J. Carthy, Lexical Chains versus keywords for topic tracking [2018 - 06 - 22]. https://pdfs.semanticscholar.org/fe5e/44924754123be6d4abdeef5f3e4b39e00cf9.pdf.

② 赵林，胡恬，黄萱菁，等：《基于知网的概念特征抽取方法》，载《通信学报》，2004 年第 25 卷第 7 期，第 46—54 页；刘铭，王晓龙，刘远超：《基于词汇链的关键短语抽取方法的研究》，载《计算机学报》，2010 年第 33 卷第 7 期，第 1246—1255 页。

③ 陈锐，张蕾，卢春俊，等：《基于概念图的信息检索的查询扩展模型》，载《计算机应用》，2009 年第 29 卷第 2 期，第 545—548 页，第 553 页。

④ 周昭涛，卜东波，程学旗：《文本的图表示初探》，载《中文信息学报》，2005 年第 19 卷第 2 期，第 36—43 页。

⑤ A. Schenker, M. Last, H. Bunke, et al. Classification of web documents using a graph model [2018 - 04 - 25]. https://pdfs.semanticscholar.org/c81b/1e4a905a2c79f6d53cf5e3f28b056d118ca8.pdf.

⑥ 张晓艳：《新闻话题表示模型和关联追踪技术研究》，北京：国防工业出版社，2013 年。

中关联关系的识别有较大的研究空间。

分类器方法是另外一种研究较多的话题模型。机器学习是近些年兴起的研究热点，对新闻话题分类主要是利用机器学习通过分类来构建话题模型，其核心思想是从新闻文本中抽取一个特征集合，训练分类器对集合进行分类①。新闻文本特征抽取采用不同的方法，如按信息增益选取特征②或根据互信息和文档频率对话题特征进行训练③等。然而，由于新闻话题具有动态演进性，仅仅使用历史数据训练出的分类器对新近发生的新闻文档在分类时会产生内容偏移，从而造成偏差，因此通过这种方法进行流数据文本的处理并不是很适合。

6.1.3 新闻话题演化模型

时序信息是新闻文本中的重要组成部分，时间不仅标识了新闻中不同事件的时间属性，也构成了事件之间关联的关键因素。结合时序信息的新闻文本知识发现能够帮助我们更直观地建立认知逻辑顺序，更好地理解新闻文本内涵。

新闻文本信息时态处理是指从新闻中提取具有时态语义的信息，并使用统一的格式进行表示和存储。相对于单纯地提取时态信息，新闻话题演化研究更关注“事件—时间”之间的关联，通过这组关联，分析事件与时间的映射来推导事件之间的相互关系，这对新闻文本知识发现具有十分重要的研究意义。

本世纪初，有关新闻事件与时间关联的研究就已经展开④，研究希望通过构建“事件—时间”关系，来改进问答系统对于文本理解的不足。同时自然语言处理方向的国际顶级会议 ACL（The Annual Meeting of the Association for Computational Linguistics）也专门针对文本的“事件—时间”关联问题连续举办了四届研讨会，从事件识别（events detection）、时态表达识别（temporal expressions detection）以

---

① 薛春香，张玉芳：《面向新闻领域的中文文本分类研究综述》，载《图书情报工作》，2013 年第 57 卷第 14 期，第 134—139 页；王海涛，赵艳琼，岳磅：《基于标题的中文新闻分类研究》［2018 - 04 - 25］. https：//image. hanspub. org/pdf/HJDM20130300000 _ 25115213. pdf.

② N. Hoogma. The modules and methods of topic detection and tracking［2018 - 04 - 23］. https：//pdfs. semanticscholar. org/4f73/7790bf6eb1b4b1191a16b57143ea41fd1360. pdf.

③ 张国梁，肖超锋：《基于 SVM 新闻文本分类的研究》，载《电子技术》，2011 年第 8 期，第 16—17 页。

④ 2000 年由美国 ARDA（Advanced Research and Development Activity）资助的 AQUAINT 项目开始关注事件与时间关联的研究。

及时间关系识别（temporal relation detection）三个方面对“事件—时间”关系问题进行全面的研究。

从研究的热点来看，新闻文本信息时态处理研究主要是希望能够建立新闻“事件—时间”之间的映射关系。一些研究提出通过分析句子中时间元子和事件元子之间的关系建立两种联系[①]，这种方法无法解决潜在时态信息的挖掘。随着机器学习的应用，研究开始通过聚类方法将相同或相似事件的句子聚合，再利用句子集合中的时态信息去综合推理事件时间[②]。由于该种方法一开始假定了事件和时间之间的关联，这对后面事件时间推理产生了很大的限制作用，因此实际应用效果并不理想。

在新闻话题追踪研究中，话题（相关事件报道的集合）和事件如何表示一直是一个基础问题。在已有的方法中，话题表示和事件表示本质上是类似的，因此话题模型通常也是相关事件报道的主要求解方法。由于大多数话题模型仅仅考虑了静态数据的应用，忽略了新闻文本的动态变化特征，无法充分挖掘新闻信息中的话题演化情况。因此，学者们提出了话题演化模型的理论，将时态信息引入传统的话题模型，从时间维度分析话题的开始、发展、高潮、衰落和消亡的演化过程。

2004 年，Griffiths and Steyvers 将时间信息引入主题模型，提出了话题演化模型理论[③]，该模型首先对新闻文档集合构建话题模型，然后根据文档的发布时间将新闻文档离散到各个时间戳中，最后计算各个时间戳内某话题的强度均值，进而用所有时间戳上的强度均值来表示话题的演化态势。该种模型简单易行，但由于假设在一个时间戳内新闻文档是顺序无关的，使得模型并没有充分利用时间信息，使得模型容易出现困惑度值很高的情况。2006 年，Wang 等人提出了 TOT[④]（topic over time）模型，该模型采用 Beta 分布对给定时间范围内的文本主题强度变化进行建模，将文本、词、时间三者相结合分析主题随时间变化的情况。TOT 模型将主题识别建立在连续的时间序列上，避免了时间粒度选取的问题；但模型假设文本话题

---

① 徐永东，徐志明，王晓龙，等：《中文文本时间信息获取及语义计算》，载《哈尔滨工业大学学报》，2007 年第 39 卷第 3 期，第 438—442 页。

② V. Eidelman. Inferring activity time in news through event modeling [2018 - 04 - 23]. http://www.anthology.aclweb.org/P/P08/P08-3003.pdf.

③ T. L. Griffiths, M. Steyvers, “Finding Scientific Topics”, *Process of the National Academy of Sciences*, 2004, Vol. 101, Suppl. 1, pp. 5228 - 5235.

④ X. Wang, A. McCallum. Topics over time: A non-markov continuous-time model of topical trends [2018 - 06 - 22]. http://ciir.cs.umass.edu/pubfiles/ir-514.pdf.

在任意时间区域内的分布是独立的，并且忽略了话题内容的变化。同年，Blei 等人提出了动态主题模型（dynamic topic models，DTM）①，模型将时间离散化切片，在某一时间片下，文本的主题概率分布和词项概率分布均依赖于前一个时间片。DTM 模型体现了话题的连续性，可以同时分析话题强度和内容变化。随后，学者们提出了一系列融入时间信息的主题模型，如连续时间动态主题模型②（continuous time dynamic topic model，CDTM）等。由于 CDTM 在处理变化大的数据时表现较好，因此该模型的泛化能力不高。

6.2 面向主题模型的新闻文本知识发现模型

6.2.1 新闻文本知识发现一般模型

面向主题模型的新闻文本知识发现与文本知识发现具有一定的共性，但是考虑到新闻文本的特殊性以及知识发现的需求，面向主题模型的新闻文本知识发现模型如图6－3所示。

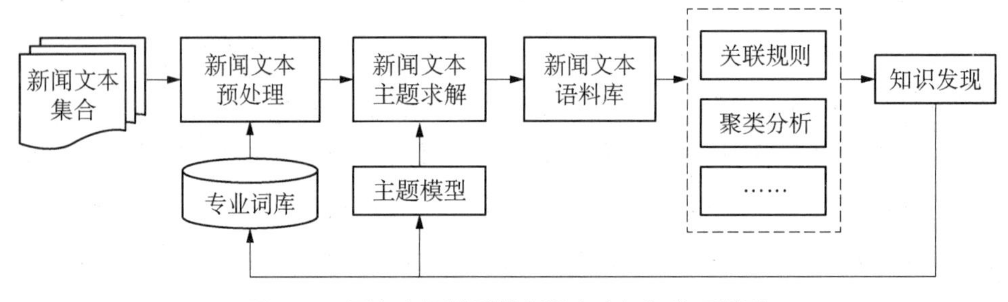

图 6－3 面向主题模型的新闻文本知识发现模型

由图 6－3 可见，面向主题模型的新闻文本的知识发现主要有如下几个步骤：

① D. M. Blei，J. D. Lafferty. “Dynamic Topic Models”，*Proceedings of the 23rd International Conference on Machine Learning*，Pittsburgh：ACM，2006，pp. 113－120.

② C. Wang，D. Blei，D. Hecherman. Continuous time dynamic topic models [2018－04－23]. http：//people. ee. duke. edu/～lcarin/WangBleiHeckerman2008. pdf.

1. 首先获取所需的新闻文本集合

新闻文本的获取要同用户的需求以及知识发现的目标一致，选择合适的数据源，获取新闻文本集合。

2. 构建专业词库

每一个新闻话题都有它的应用背景，需要针对新闻文本集合的特征，构建相应的专业词库，以便于进行分词、停用词等预处理。例如有关“一带一路”话题的新闻文本集合，在分词处理过程中，“海上丝绸之路”、“中国梦”等专有名词需要进行保留，而一些无意义的词汇也需要定制停用词表，如“本报讯”等。专业词库的设计，直接决定了主题求解的效果，也会对最终知识发现的结果造成影响。

3. 选择主题模型进行新闻主题求解

预处理后的新闻文本集通过主题模型对其进行主题提取，然后根据主题模型生成的“新闻—主题”分布特征文件，选取高概率主题的特征词对新闻进行描述，进而实现了新闻基于主题特征的降维。新闻主题特征降维的目的不仅减小了新闻文本表示模型的特征向量的维数，同时保留了新闻文本的语义特征，从而提高信息提取的效率和精度。

4. 结合相关方法进行知识发现

降维后的新闻形成了特征词项集合，可以采用各种文本处理方法，如关联规则、聚类算法等对求解后的新闻文本语料库进行处理，获取特定的知识信息，进而实现新闻文本集合潜在知识的发现。

5. 知识评估

对知识发现的结果进行评估，如果符合要求，则将知识发现结果传递给用户，并作存储；否则根据实际情况，修改参数设定，重新进行主题求解。

6.2.2 新闻文本内容关联发现模型

关联检测（link detection task）是 TDT 中的一项重要子任务，其核心任务是检测随机选择的两篇新闻是否论述同一话题[1]。关联检测属于 TDT 研究领域的一个辅助性研究，并不针对特定任务。以新闻文本聚类为例，两篇新闻文本是否包含某一新闻话题，是否存在相关性，其中每篇新闻文本的匹配过程都是一次关联性检测。在一些研究中，开始尝试将话题的先验知识融入到话题模型中，作为后续新闻文本相关性检测的依据，其本质是一种文本间相关性匹配的问题。关联检测的核心问题是对新闻文本篇章的理解和语义分析，往往需要剖析文本的语法规则和语义关联性等[2]。可见，新闻文本的关联检测是信息抽取、文本挖掘和自然语言处理的应用平台。

传统的新闻文本关联检测研究主要是基于统计策略的方法，思路是将新闻报道描述成高频特征集合进行匹配，新闻文本之间的相关性取决于共有特征的数量及其权重。如采用向量空间模型描述报道的特征空间，依据特征在新闻文本中的概率分布进而计算特征权重，然后利用余弦夹角衡量新闻文本之间的相关性[3]。

关联检测的核心问题在于如何挖掘新闻文本的主题并对其语义进行描述，新闻文本之间的相关性则依赖于主题语义的一致性。从这个角度来看，新闻文本的关联检测趋向于文本的语义识别，通过主题模型描述新闻主题的语义空间在各结构中的概率分布，进而识别出新闻文本间的相关性。

主题模型实际是一种话题模型，相对于向量空间模型，主题模型有更好的数学理论基础。在新闻文本特征选择上，主题模型和向量空间模型类似，都强调细化话题描述，从事件词和主题词两个角度来看待话题的构成[4]，使用实体词和其他词两种概率分布[5]挖掘新闻话题。

主题模型（LDA）从 Dirichlet 分布中抽样生成每篇新闻文档的话题混合比例（news topic proportion），增强了对新闻文本语义的挖掘。目前，LDA 模型对新闻“话题—词汇”概率分布上采用先验计算，并运用 Gibbs 抽样算法进行推理。但是

---

① 骆卫华，刘群，程学旗：《话题检测与跟踪技术的发展与研究》，载《全国计算语言学联合学术会议(JSCL-2003)论文集》，北京：清华大学出版社，2003 年，第 560—566 页。

② 于满泉，骆卫华，徐洪波等：《话题识别与跟踪中的层次化话题识别技术研究》，载《计算机研究与发展》2006 年第 43 卷第 3 期，第 489—495 页。

③ G. Kumaran, J. Allan. Text classification and named entities for new event detection [2018-04-23]. http://maroo.cs.umass.edu/pdf/IR-340.pdf.

④ R. Nallapati. Semantic language models for topic detection and tracking [2018-04-23]. http://www.anthology.aclweb.org/N/N03/N03-3001.pdf.

⑤ 王会珍，朱靖波，季铎等：《基于多向量模型的中文话题追踪》，载孙茂松，陈群秀：《自然语言理解与大规模内容计算》，北京：清华大学出版社，2005 年，第 669—671 页。

这种方法存在三个基本假设：即词在新闻文本中具有顺序无关性（词袋）、文档顺序无关性以及新闻话题数目确定性。

主题模型以统计理论作为指导，将新闻文本中的话题形成词、文本、话题三者之间的概率分布，在构建模型过程中，参数学习的代价不会因为文档数的增加而增加。但由于 LDA 模型对词袋的基本假设，无法有效地识别新闻文档中词之间的关联性。为此，我们在对新闻文本话题的知识发现研究的过程中，将主题模型与关联规则进行结合，通过主题概率计算的方式来更好地理解新闻文本，并完整展示新闻中的知识，从而将新闻文本中的词项空间变换为主题空间，实现对新闻文本的语义降维，然后再进行关联规则挖掘，通过控制关联规则算法的支持度和置信度，挖掘新闻主题的关联关系，得到更深层次的新闻文本知识。

通常新闻中出现的词汇都可以表达其主题，只不过与主题的相关程度有所不同。LDA 模型是一个包括了单词层、主题层、文档层的三层贝叶斯概率模型。假设在一个新闻文档集 D 中有 m 篇文档，即 $D=\{d_1, d_2, d_3, \cdots, d_m\}$，文档集 D 中分布着 k 个主题 Z，即 $\{Z_1, Z_2, Z_3, \cdots, Z_k\}$，其中每个主题 Z 都是一个基于单词集合 $\{w_1, w_2, \cdots, w_n\}$ 的概率多项分布，W 则是这些所有描述主题的单词构成的词汇集合。

新闻往往是围绕某个主题展开，针对某一领域，信息之间往往存在着直接或间接的语义关联，识别新闻文本中具有语义关联的实体，将有助于我们对新闻集合的认识，并能够更好地理解新闻文本集中隐含的知识。主题模型实现了新闻文本在语义空间上的表述，结合关联规则的新闻主题知识发现，则希望对新闻文本所包含的主题进行关联规则发现，计算新闻文本中实体间语义关联的强度，将关联强度大的新闻主题进行描述。

这里，我们假设新闻文本空间 D 上有主题集合 T 和词汇集合 W，其中，$d_i=\{d_1, d_2, \cdots, d_i\}\in$ D 代表第 i 篇新闻文本，$t_k=\{t_1, t_2, \cdots, t_k\}\in$ T 代表新闻文本空间中的第 k 个主题，$w_{ik}\in W$ 为第 i 篇新闻文本所包含的主题词项。在关联规则处理中，将 D 表示为交易组，d_i 为交易组中的第 i 项交易，并作为唯一的交易标识（TID）和一组项列表（itemlist）组成，W 则为项目集，由描述 D 集合的主题词项组成，包含 w_{ik} 的交易集合表示为 $\{d_i \mid W\subseteq d_i, d_i\in \mathrm{D}\}$。

新闻文本内容关联发现模型如图 6-4 所示：

由图 6-4 可见，新闻文本内容关联发现模型以主题模型为基础，结合关联规则的方法，实现了对新闻文本内容关联的发现，其优势主要体现在以下三方面。

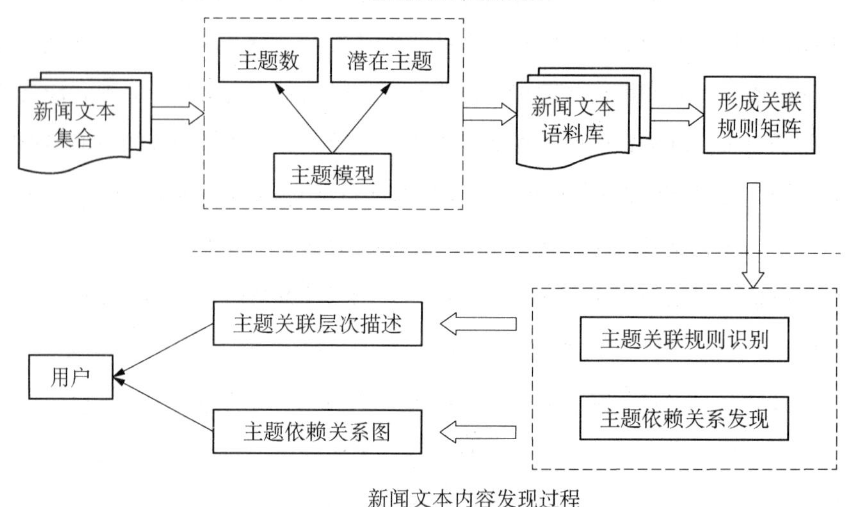

图 6-4 新闻文本内容关联发现模型

1. 解决了关键词之间的语义关系

传统的关键词提取多采用统计方法提取文本中的术语，然而高频术语有可能是一个单纯的词项，与新闻中其他词项之间缺乏语义联系。

2. 实现新闻文本在语义空间的降维描述

主题模型作为一种降维的工具，在主题求解过程中，通过机器学习，能够得到一个文档在主题空间的表示。此过程将词项空间的文档转换成了主题空间的表示，有效地实现了新闻文本维度的降低。

3. 发现词项之间的知识关联

关联规则算法通过支持度和置信度的设置，能够实现多元词汇关联的挖掘，实现信息之间直接或间接的关联发现。

6.2.3 新闻文本主题词聚类模型

有关新闻文本主题词聚类方面的研究，主要是采用各种聚类算法和词频统计。

在现有的研究中，有的采用混合主题词聚类方法实现主题词聚类[①]，也有设计网络文本主题词提取和组织的算法，利用余弦距离的方法计算主题词之间的距离实现文本主题词聚类[②]。在新闻主题聚类研究方面，学者[③]采用 TF－IDF 方法提取文本的高频词，然后构建共词矩阵，最后通过 bisecting K-means 算法对主题词进行聚类。这些研究中，在主题词聚类过程中忽略了词项对文本语义的描述，因此获得的主题词聚类缺乏对内容的语义描述。

为了更好地从语义层面实现新闻文本主题词聚类的研究，我们在主题模型的基础之上，结合新闻文本的语义特殊性，综合运用共词分析、K-means 聚类算法，实现新闻文本主题词聚类发现研究。

将共词分析应用到新闻文本的基本原理，是通过对一组词项在一篇新闻中共同出现的次数统计，并以此对这些词进行聚类，从而反映出这些词项之间的关联强弱，进而分析这些词项所反映的该篇新闻的主题结构。一般来说，词项对在同一篇新闻中出现的次数越多，则表明该词项对的关系越紧密；如果词项在新闻文本集合中出现的次数越多，则说明该词项与新闻文本之间的关联性越强。

共词分析法的基本流程主要分为四个步骤：（1）确定分析数据集；（2）确定分析对象；（3）构建共词矩阵；（4）共词分析。该方法采用一套结构图有效地展示了词项之间的关联。早期共词分析的数据集来源主要是各类结构化数据，如基于 Web of Science 或 CNKI 等数据库下载的数据，在这些数据库中存在有结构化的数据标引，如文献的关键词等。随着自然语言处理技术的发展，一些针对非结构化文本数据中提取有价值的词项对的研究取得一定的成果，并且在 Twitter 社交网站[④]、企业网站[⑤]等领域获得了应用。

---

① 史成金，程转流：《基于混合聚类的中文词聚类》，载《微计算机信息》，2010 年第 26 卷第 5—3 期，第 222—223 页。

② 曾依灵，许洪波，白硕：《网络文本主题词的提取与组织研究》，载《中文信息学报》，2008 年第 22 卷第 3 期，第 64—70 页，第 80 页。

③ 王小华，徐宁，谌志群：《基于共词分析的文本主题词聚类与主题发现》，载《情报科学》，2011 年第 29 卷第 11 期，第 1621—1624 页。

④ S. Choi，H. W. Park. “An Exploratory Approach to A Twitter-Based Community Centered on A Political Goal in South Korea：Who Organized It，What They Shared，and How They Acted”，*New Media & Society*，2013，Vol. 16，Issue. 1，pp. 129－148.

⑤ L. Vaughan，J. You. “Word Co-Occurrences on Webpages as A Measure of the Relatedness of Organizations：A New Webometrics Concept”，*Journal of Informetrics*，2010，Vol. 4，Issue. 4，pp. 483－491.

新闻文件不同于科技文献，缺少文献数据所具有的关键词或主题词。如果单纯地从新闻文本的题名中提取关键词的话，可供使用的关键词数量会比较少。此外，由于题名大多都比较短，对题名进行分词、去停用词等处理后，题名关键词所包含的信息量会比较有限，无法反映文本的全貌，这势必会影响共词分析的效果。

我们认为，对新闻文本主题词的选取，必须深入新闻文本信息的语义层面，从语义层即词项之间的语义关联角度进行分析。从这个角度来看，挖掘新闻文本的语义内涵是实现主题词聚类的核心问题。为此我们认为 LDA 主题模型，通过新闻文本主题求解，获取文本主题的描述信息，并以此获取高频主题词作为共词分析的研究对象。具体的研究框架如图 6－5 所示。

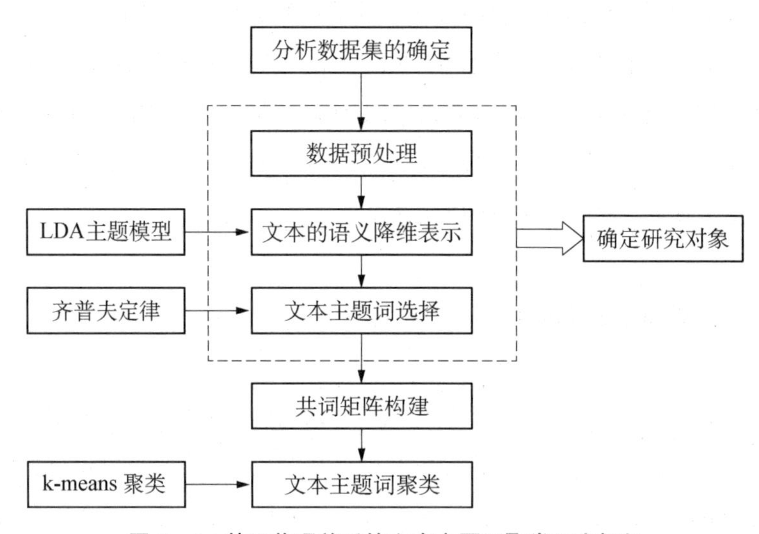

图 6－5　基于共现关系的文本主题词聚类研究框架

在图 6－5 中，确定研究对象是知识发现研究的一个重点，该过程分为：数据预处理、文本的语义降维表示和文本主题词选择等步骤。

合理地选择新闻主题词作为共词分析的研究对象是该模型应用的一个难点。一般来说，共词分析多选择高频主题词作为研究对象，常用的方法一般有两种：一是根据研究者的经验选择一定数量的高频词；二是根据齐普夫第二定律来识别高频词的界限。第一种方法受研究者的经验限制，而第二种方法由于高频词和低频词界限的确定问题，对结果的影响很大。一些经验表明，中频词往往是包含大量有主题意义的关键词，能够更好地反映文本主题分布规律。为此，我们根据实际应用，通过齐普夫定律识别更具有语义特征的中频词。有研究[①]提出同频词理论的假设，认为高低词频存在一个分界点，而这个“拐点”的出现在词频特征上趋向统一，即词频n的词的个数趋向1。为此，在新闻主题词提取时，我们借鉴同频词理论思想，首先构建主题词的齐普夫图像描述，然后通过人工判断，将出现的词频“拐点”作为区分高频、中频和低频词的分界点，并选择两个“拐点”之间的主题词作为共词分析的数据集。实验发现，该种方法选择的主题词能够获得更好的主题分布效果。

新闻主题词共现分析中，词与词之间的关系是用共现次数来体现的，如果两个词共同出现的次数多，说明这两个词的关系比较密切，进而代表两个词所表达的语义更加接近。根据词之间的关联强度，即词与词之间的距离，采用聚类算法，将主题词分成几个类团，根据这些类团的内容可以分析文本的语义结构。

由此可见，我们的方法运用LDA主题模型对文本进行主题识别，同时依据齐普夫定律，结合借鉴同频次理论，识别出更具有主题区分度的中频词形成共词分析的研究对象，通过聚类分析，挖掘新闻文本集合中主题词的关联强度，更客观地揭示新闻文本中所蕴含的有价值的情报信息。

6.2.4　新闻话题演化模型

新闻话题具有动态演化性，如何根据新闻话题的演化而合理、有序地组织新闻文本，并将新闻文本所包含的知识提供给用户，是新闻文本知识发现过程中需要进一步解决的问题。新闻话题演化是网络舆情分析的重要内容之一。随着时间的推移，新闻话题自身的关注强度会发生改变，同时其话题的观点也会随时间的变化而变迁。

在新闻话题演化的研究中，自然语言处理一直是一个较大的难题。网络文本是一种非结构化（或半结构化）数据，同时样本量巨大、特征空间多维，这使得文本挖掘面临着特征空间维度表达以及话题计算带来的挑战，并且已成为制约网络文本知识发现的瓶颈问题。基于概率图模型的主题模型能够较好地解决这个问题[②]。

在新闻话题演化研究中，话题漂移是另一个需要解决的难点。话题漂移是概念

---

① M. L. Pao. “Automatic Text Analysis Based on Transition Phenomena of Word Occurrences”, *Journal of the American Society for Information Science*, 1978, Vol. 29, Issue. 3, pp. 121 - 124.

② D. M. Blei, “Probabilistic Topic Models”, *Communications of the ACM*, 2012, Vol. 55, Issue. 4, pp. 77 - 84.

（主题）漂移[1]的问题。从概念上来看，话题漂移是指某一个新闻话题产生后，随着时间的演化，话题的重心（侧重点）也将改变，直至话题消亡。一些研究已经揭示了新闻话题这种动态变化的现象，如有研究者对 TDT4 实验语料中第 40002 号有关联合国荷兰海牙气候会议的新闻话题进行分析，结果发现：在会议开始时，新闻话题主要集中在会议召开、会议内容、讨论议题等方面；在会议结束时，新闻话题的重心则转移到了会议的召开对海牙本地旅游事业带来的影响[2]。在一些社会关注的新闻报道中，话题漂移的现象也比较常见，例如奶粉三聚氰胺事件由最初的受害婴孩胆结石治疗到奶粉品牌的三聚氰胺检测及处理等等。

新闻话题漂移是非常普遍的一种现象，如果将一些持续时间比较长的话题按时间单位（如以月为单位）进行抽取并放到整个时间轴上，也可以纵向观察到话题的波动。一些话题会在某一个时间点上达到讨论的峰值，而随着时间推移则会慢慢淡化。由此可见，在新闻文本知识发现研究中，识别出新闻中所包含的话题漂移情况是非常必要的。

由于新闻文本相对于科学文献而言不太规范，文本长度差异相对较大，且每日更新文本量大，因此主题模型对其内容进行分析时，对内容的依赖性较强，这对主题模型的适应性、泛化能力提出了较高的要求。在话题演化识别模型的选择方面，我们通过实验发现，LDA 模型在话题热度呈现方面相对比较平滑，话题的分布比较均衡，但并没有突出热门事件的话题；TOT 模型则并不支持话题内容的演化分析；从上文分析可以看出，CDTM 模型更适合于话题变化较大且时间戳比较密集的文本数据。从实验数据来看，我们发现新闻集合中，话题的变化普遍不大。因此，我们在新闻话题演化的知识发现研究中选择 DTM 模型，该模型能更好地在时间片内对新闻文本主题进行处理，并能更好地体现时间片内主题的强度变化。

DTM 模型的基本原理：现根据时间窗口分割文本集合，将时间离散化切片，并假定相邻时间片上整个文档的主题分布以及主题内容都随时间演化；在 t 时间片内，文档集的主题分布 ∂_t 以及该主题下词项分布 $\beta_{t,k}$ 均依赖于上一个时间片 ∂_{t-1} 和 $\beta_{t-1,k}$，因此在 t 时刻，文档的生成如下：

---

① A. Tsymbal. The problem of concept drift: definitions and related work [2018 - 04 - 23]. http://citeseerx.ist.psu.edu/viewdoc/download? doi=10.1.1.58.9085&rep=rep1&type=pdf.

② 张晓艳：《新闻话题表示模型和关联追踪技术研究》，北京：国防工业出版社，2013 年。

抽取主题分布∂_t，并抽取主题所包含的词项分布β_t，针对每篇新闻文本。

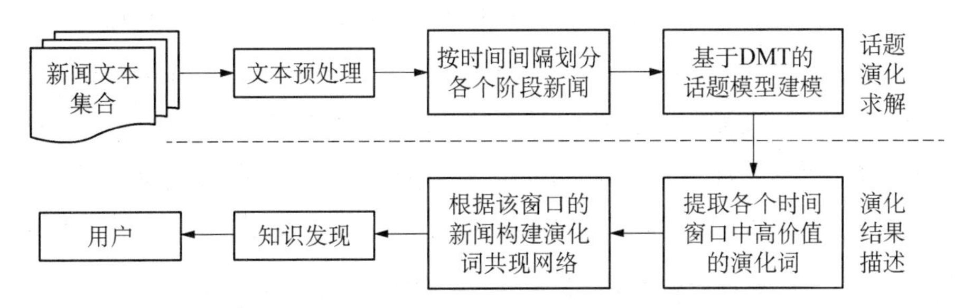

图 6－6　新闻文本话题演化发现模型

基于 DTM 的新闻文本话题演化发现模型如图 6－6 所示。我们将话题演化发现分成两大阶段，分别是话题演化求解和演化结果描述。在话题演化求解过程中，我们主要采用 DTM 对新闻文本集合进行话题挖掘，这个过程涉及文本预处理，需要对新闻文本进行分词、去停用词等规范化处理；处理完成，需要将新闻按照时间间隔划分，这个过程是一个不断调整和修改的过程，一般情况，在新闻话题变化不大时，我们采用按月划分，通过实验分析，对于有些话题演化比较大的新闻集合，可能会调整为按 15 天（或更短的时间间隔）进行划分；反之，对于话题演化不大的新闻集合，将会采用按 1 个季度的方式来进行划分。在演化结果描述阶段，先通过人工识别，抽取每个时间间隔内的高价值的演化词；然后结合共词分析等方法，构建每个事件窗口的词共现网络，进而挖掘该时间窗口所描述的新闻文本话题。

6.3　新闻文本知识发现实践

对于新闻文本知识发现的实践应用，我们分别采集数据，从新闻内容关联、新闻主题词聚类、新闻话题演化三个角度进行实验。

6.3.1　新闻内容关联发现

我们获取了“一带一路”相关的新闻报道，采用 6.2.2 所给出来的模型进行相关实验。

1. 获取实验数据

为了实现新闻话题的知识发现，我们以国家图书馆慧科报刊数据库中有关“一带一路”的报道为数据源，通过该系统，在题名和主题中精确检索包含“一带一路”的相关文献，获取了 2014 年全年有关“一带一路”政策的新闻报道，总共下载量为 13 392 篇，文本共 73.7 M。

在数据集预处理过程中，我们构建了自定义词典、停用词表等，并通过 python 和 jieba 分词组件对文本集进行分词处理。对于自定义用户词典，我们通过人工分析，提炼了新闻集合中的专业词汇，如“一带一路”、“海上丝绸之路”、“丝绸之路经济带”、“中国梦”等词项生成自定义词典。在预处理中，这些词将不作分词处理；为了有效降低文本的维数，分词时我们又自定义停用词表，去除如“记者”、“日报”、“晚报”、“本报讯”等新闻报道中出现的高频无意义词汇。

2. 新闻主题挖掘

新闻主题的挖掘是内容关联发现的基础，主题识别的效果将影响最终知识发现所提供的知识模型。为此，我们首先将新闻文本总量的 1/3 作为主题学习和训练数据，然后对剩余新闻文本进行主题识别，并获得相应的新闻文本降维描述。

对于新闻文本集合所包含的主题数，我们仍然采用困惑度（perplexity）的方法进行求解。在实验过程中，我们对训练数据进行迭代 1 000 次，每个主题选择 10 个主题词，实验结果观察显示，困惑度曲线在 230 的位置有一个比较明显的转折点，并趋于平稳，因此我们在主题模型计算中选择主题数量为 230 个。其他参数为 $\partial=50/230$，$\beta=0.01$，$k=230$，每个主题选 10 个主题词，迭代 1 000 次。

主题模型求解后，获取每篇高概率的主题作为新闻文本的降维描述。我们对每篇新闻所计算的主题中，选取概率最高的前 3 个主题，作为对该篇文本的表示。降维后，每篇文本将由 30 个主题词项在语义维度上进行描述。实验的部分结果如图 6 - 7 所示。

3. 新闻文本话题的知识发现

对新闻内容关联的知识发现，我们采用 Apriori 算法进行关联规则的挖掘。

1　方式　模式　全球　未来　影响　环境　带来　市场　阶段
作用　合作　丝绸之路经济带　海上丝绸之路　提出　经济
丝绸之路　构想　国家　建设　贸易 两国　领域　关系　合作
中方　建设　一带一路　中国　发展　主席
2　基础设施　基金　国家　中国　一带一路　建设　项目　投资
成立　丝路 合作　丝绸之路经济带　海上丝绸之路　提出　经济
丝绸之路　构想　国家　建设　贸易　有望　公司　证券
行业　股份　受益　板块　基建　上市公司　投资
3　工作　推进　精神　发展　一带一路　建设　领导　加快
改革　中央 方式　模式　全球　未来　影响　环境　带来
市场　阶段　作用　合作　丝绸之路经济带　海上丝绸之路　提出
经济　丝绸之路　构想　国家　建设　贸易
4　经济带　长江　区域　规划　一带一路　建设　国家　发展
地区　推进 工作　推进　精神　发展　一带一路　建设
领导　加快　改革　中央 合作　丝绸之路经济带　海上丝绸之路
提出　经济　丝绸之路　构想　国家　建设　贸易
5　物流　港口　运输　口岸　货物　铁路　港　集装箱
通道　航线 产业　打造　重点　创新　项目　城市　基地
加快　生态　提升　历史　文化　世界　传承　起点　文化遗产
丝路　城市　古代　艺术

图 6－7　新闻文本降维后的描述（部分）

根据上述新闻文本降维的结果，每篇新闻文本作为一项事务（transaction）t_k，其中 $t_k=\{w_1, w_2, \cdots, w_i\}$，$w_i$描述的是新闻文本中第 i 个主题词项，对应关联规则学习中的一个项目（item）。

在实验中，我们采用 R 语言对降维后的新闻主题数据进行关联规则分析，待分析数据的基本信息如表 6－1 所示：

表 6－1　待挖掘数据的基本信息

项　目	说明	项　目	说明
文本数量（row）	13 391 行	稀疏矩阵 density	0.019
主题词数量（item）	1 469 项	平均每篇文本的主题词数量	28.430
稀疏矩阵（sparse matrix）	380 717		

运用关联规则进行关联挖掘过程中，单纯地设定最小支持度和最小置信度可能会产生一些价值并不大的规则，为了有效地解决这个问题，我们参照相关研究①，引入了改善度（lift）的概念。改善度采用相关分析描述规则内在价值的度量，并描述项集 X 对 Y 影响力的大小。项集 $\{X\}$ 和项集 $\{Y\}$ 之间的改善度可表示为如下公式：

① 吴永梁，陈炼：《基于改善度计算的有效关联规则》，载《计算机工程》，2003 年第 29 卷第 13 期，第 98—100 页。

$$lift(X \rightarrow Y) = \frac{support(X \cup Y)}{support(X) * support(Y)} \tag{1}$$

从公式中可知，当 lift（X→Y）=1，表明 {X}、{Y} 相互独立，说明两个事件没有任何关联；如果该值小于 1，则表明两个事件之间是互相排斥的；一般认为，当 lift 的值大于 3 时，挖掘的关联规则是有价值的。

为此，在确定新闻文本关联规则支持度的时候，我们结合了改善度 lift 的概念。通过实验，不同支持度和置信度的分布如图 6－8 所示：

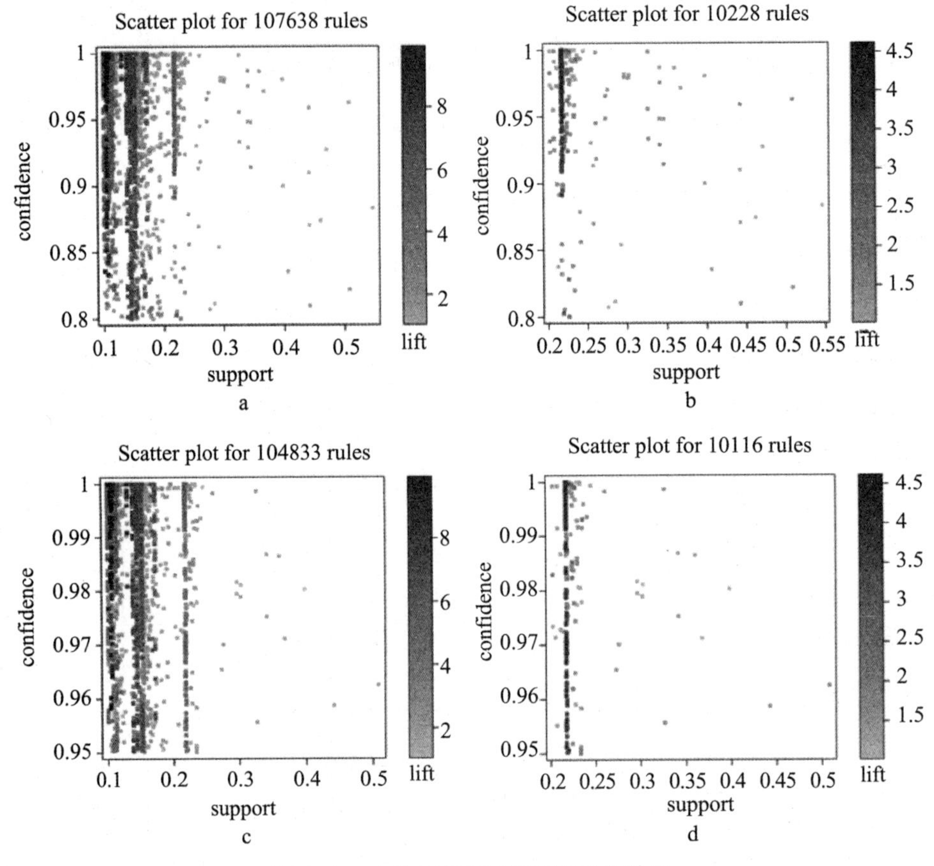

图 6－8　支持度和置信度值可视化效果

图 6－8 中，a 图和 b 图的支持度值分别为 0.1 和 0.2，置信度的值为 80％；c 图和 d 图的支持度值分别为 0.1 和 0.2，置信度的值为 95％。从图中可以看出，当支持度设定为 0.1 时，a 图和 c 图产生的关联规则（rules）均超过 10 万条；当支持度设定为 0.2 时，两个实验（b 图和 d 图）结果产生的规则也均超过 1 万条。从规

则可视化分布来看，b图绝大多数的高强度关联规则的 lift 值超过了 3，且具有更高的置信度。为此，在我们对新闻话题的知识发现实验中，采用图 b 的参数设定进行实验。

通过实验，我们共得到 10 228 条规则，平均置信度为 0.998，平均改善度为 3.862。在对规则进行排序处理，对高关联规则的信息进行人工处理后，得到如表 6－2 所示的信息。

表 6－2　主题关联挖掘的结果（部分高关联规则展示）

LHS		RHS	lift
{贸易，丝绸之路}	⇒	{构想}	4.598558
{贸易，丝绸之路经济带}	⇒	{构想}	4.598558
{合作，贸易}	⇒	{构想}	4.598558
{带来，全球}	⇒	{模式}	4.598558
{环境，全球}	⇒	{方式}	4.598558
{贸易，丝绸之路，提出}	⇒	{构想}	4.598558
{贸易，丝绸之路经济带，提出}	⇒	{构想}	4.598558
{国家，贸易，提出}	⇒	{构想}	4.598558
{海上丝绸之路，贸易，丝绸之路}	⇒	{构想}	4.598558
{合作，贸易，丝绸之路}	⇒	{构想}	4.598558
{经济，贸易，丝绸之路}	⇒	{构想}	4.598558
{国家，贸易，丝绸之路}	⇒	{构想}	4.598558
{带来，环境，全球}	⇒	{模式}	4.598558
{国家，海上丝绸之路，合作，建设，经济，丝绸之路，丝绸之路经济带，提出}	⇒	{海上丝绸之路}	4.568748
{构想，国家，海上丝绸之路，合作，建设，经济，丝绸之路，丝绸之路经济带，提出}	⇒	{贸易}	4.568748
{带来，方式，环境，阶段，模式，市场，未来，影响}	⇒	{全球}	4.182074
{构想，国家，合作，建设，经济，贸易，丝绸之路，丝绸之路经济带，提出}	⇒	{贸易}	4.100122

为了进一步分析这些关联规则所包含的隐含主题知识，我们以改善度的值作为

标准对所获得的关联规则进行分类分析，进而发现不同改善度所对应的主题关联规则。在提取主题关联过程中，我们将表 6－2 中的 RHS 作为主题知识，通过筛选不同改善度的数值，获得了相关的数据，具体详见表 6－3。

表 6－3　不同强度关联规则对应的主题知识

改善度（lift）取值	主题知识
lift>9	港口、航线、货物、集装箱、通道、口岸、物流、经济带、地区
9>lift>8	企业、铁路、规划
8>lift>7	压力、增速、风险、增长、下行
7>lift>6	基础设施、基金、区域、大盘、上涨、券商、资金、行情、指数
6>lift>5	改革、产业、生态、基地、提升、打造、板块、创新
5>lift>4	方式、模式、构想、环境、未来、贸易、丝路、重点、丝绸之路、丝绸之路经济带、全球、海上丝绸之路、推进
4>lift>3	丝绸之路经济带、海上丝绸之路、加快

从表 6－3 可以发现，不同改善度对应的主题知识之间存在一定的差异度：在高改善度的规则中（lift>8），主题知识主要描述了“港口”、“经济带”、“铁路”、“物流”等内容；在中等改善度值的规则中（8>lift>5），主题知识主要描述了“基础设施”、“基金”、“产业”、“创新”等内容；而在较低的改善度的规则中（5>lift>3），主题知识描述的则为“构想”、“贸易”、“丝绸之路”等内容。从改善度的取值可以看出，不同强度的关联规则所对应的主题知识，这也体现了有关“一带一路”新闻报道中不同主题关联的强弱。

为了进一步挖掘不同主题知识所对应的描述信息，我们将表 6－2 中的 RHS 作为主题知识，将 LHS 作为对该主题知识的描述，依据计算获得的有关“一带一路”的相关新闻报道的主题知识的描述如表 6－3 所示。

表 6－4　深度挖掘的结果（部分）

主题知识	知识描述
构想	国家、提出、经济、贸易、合作、丝绸之路、丝绸之路经济带、海上丝绸之路
模式	方式、带来、环境、未来、影响、全球、经济、市场、建设

续表

主题知识	知 识 描 述
全球	带来、方式、环境、阶段、市场、未来、影响
交流	举办、主题、活动、合作、发展、国家、建设
基金	基础设施、成立、丝路、投资、项目、国家、建设
创新	产业、生态、基地、提升、打造、城市、重点、加快、项目、建设
丝绸之路经济带	构想、贸易、提出、丝绸之路、海上丝绸之路、合作、经济、发展、中国
贸易	国家、构想、合作、建设、经济、丝绸之路、丝绸之路经济带、海上丝绸之路

从表6-4中可以看出，“一带一路”新闻报道的文本信息中相关主题知识的描述信息。从知识的表达角度来看，前关联LHS是对这些关注重点的语义表述，从表中可以看到这些描述具有明显的语义特征。从这些描述中，可以进一步地理解每一个主题知识所对应的知识描述。从表6-4中可以发现有关基金的主题知识则包含了基础设施建设以及丝路投资项目等，这是与相关国家举办主题活动等，而创新的主题知识主要是产业和生态项目建设的内容等等。从这些词的关联关系可以帮助我们更好地理解每个主题所对应的知识描述。

实验的结果显示，面向主题模型的新闻话题知识发现实现了从语义维度对新闻内容的表示，通过结合关联规则算法，有助于信息工作者发现文本隐含的、有价值的知识，也能更好地帮助我们对特定领域知识的深入解读。可见，通过运用主题模型和关联规则，不仅实现了新闻文本集合中知识的提取，也能够有效地实现知识之间语义的描述。

6.3.2 新闻主题聚类

我们获取了“创新创业”相关的新闻报道，采用6.2.3所给出来的模型进行相关实验。

1. 分析数据集的确定

我们实验选择的分析数据集是国家图书馆慧科报刊数据库中有关“创新创业”

的报道为数据源，通过系统，在题名或主题中精确检索包含“创新创业”的相关文献，获取了2015年有关“创新创业”政策的新闻报道，总共下载量为62 727篇，文本总大小215 M。

由于原始新闻文本包含有很多与主题分析无关的信息，如报刊名称、所属版面等，通过python编程对数据进行预处理，只保留新闻的标题和正文等信息。

2. 新闻文本主题词的提取

对于获取的数据集，首先要进行分词处理，分词也是主题模型进行主题求解的必要准备。为此本文采用python和jieba分词组件进行编程，对获取的文本数据进行分词。首先，考虑到一些高频无意义的词汇，根据新闻文本的特征，定义停用词表，去除如“记者”、“本报讯”等新闻报道中出现的高频无意义词汇；其次，本文自定义用户词典，如将“创新创业”、“互联网+”、“小微企业”、“中国梦”等词项不作分词处理。

在主题模型求解时，我们选择用200个主题。主题模型求解后，需要提取高概率的主题对文本进行描述。我们采用的方法是：对每篇文本所计算的主题中，选取概率最高的前3个主题，作为对该篇文本的表示。降维后，每篇文本将由30个主题词项在语义维度上进行描述。实验的部分结果如图6－9所示：

1 创新创业 孵化 创业者 创客 空间 创业 入驻 孵化器 团队
提供 创新创业 工作 领导 精神 学习 书记 会议 发展 情况 落实
创新创业 产业 科技 研发 建设 企业 创新 技术 发展 战略
2 创新创业 增长 经济 我国 中国 结构 改革 增速 发展 政策
创新创业 十三五 改革 推进 开放 建设 战略 理念 加快 共享
电子商务 创新创业 互联网+ 互联网 销售 平台 网络 产品
上线 消费
3 银行 金融 融资 贷款 创新创业 小微企业 金融服务 金融机构
信贷 业务 规范 保护 执法 维护 法律 监管 监督 行政 责任
公开 资本 投资者 股权 创新创业 投资 融资 证券 公司 市场
上市
4 创新创业 十三五 改革 推进 开放 建设 战略 理念 加快 共享
医疗 城乡居民 城镇 医疗卫生 养老 救助 排放 清单 社会保障
住房 旅游 城市 交通 休闲 城区 文化 开工 设施 基础设施 改造
5 梦想 人生 能量 精神 历史 时代 传承 艺术 爱心 激情 创新创业
十三五 改革 推进 开放 建设 战略 理念 加快 共享 创新创业
创业 公司 时代 选择 成功 希望 发现 机会 市场

图6－9 主题计算后的文本（部分）

图6－9是LDA进行主题求解后的文本，通过模型的主题求解实现了新闻文本信息在语义维度的建模。

3. 共词矩阵的构建

图6－9实现的结果不仅是共词分析的研究对象，也是共词矩阵分析的数据基

础。为了方便共词分析，在共词矩阵构建过程中，往往需要选择高频率的主题词构建共词矩阵。选择高频词不仅简化了共词统计的过程，也降低了在词对统计过程中可能出现的干扰。我们首先对 LDA 生成的主题词集进行齐普夫定律图像描述，具体如图 6－10 所示。

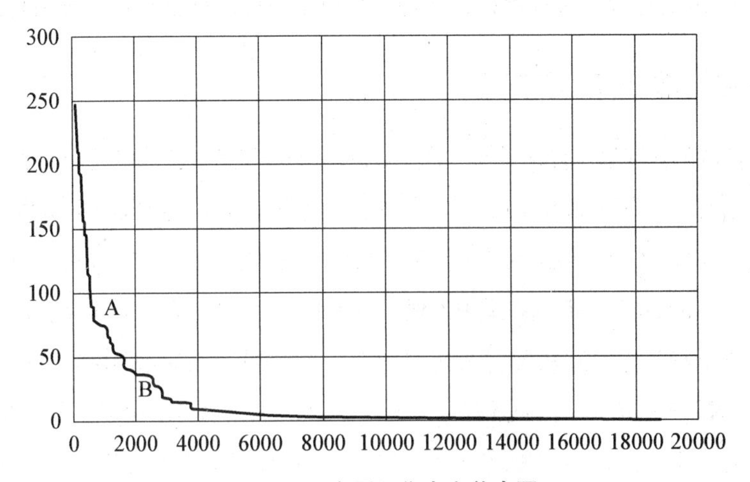

图 6－10　主题词集合齐普夫图

图 6－10 中的横坐标为词频，纵坐标为词编号，为了便于绘图，我们选择了前 250 个词汇进行绘图，从图中可以比较清晰地看出一些词频“拐点”。有研究发现，共词分析的主题词选择的数量大多在 30—40 个之间①。通过人工识别，在 A 和 B 处分别有一个较为明显的拐点，将［A，B］之间的词作为主题词取出，词频的编号从 37 至 76。

统计已经提取出的 40 个主题词的词串在文档中两两出现，这样 40 个主题词在共词分析中成了 40×40 的一个共词矩阵，如图 6－11 所示。

4. 新闻文本主题词聚类

为了对形成的共词矩阵进行聚类处理，需要描述主题词之间的距离。我们采用的方法是将词对的共现次数加 1，然后取其倒数，这个倒数将用来描述两个主题词之间的距离。

---

① 钟伟金：《共词分析法应用的规范化研究——主题词和关键词的聚类效果对比分析》，载《图书情报工作》，2011 年第 55 卷第 6 期，第 114—118 页。

表 6-5　共词矩阵(部分)

	产品	创客	创业者	贷款	电子商务	孵化	孵化器	国务院	互联网	互联网+	会议	基础设施	结构	金融	金融服务	金融机构
产品	1	1	1	1	0.047619	1	1	1	0.333333	0.333333	1	0.018868	1	1	1	1
创客	0.005556	1	1	1	0.005376	1	0.000607	0.076923	0.005556	0.005556	0.017241	0.014706	0.012821	1	1	1
创业者	0.005556	0.000607	1	1	0.005376	1	0.000607	0.076923	0.005556	0.005556	0.017241	0.014706	0.012821	1	1	1
贷款	0.010526	0.011765	0.011765	1	0.009901	0.011765	0.011765	0.021277	0.010526	0.009524	0.014085	0.066667	0.004082	1	0.000907	0.000907
电子商务	0.000831	1	1	1	1	1	1	1	0.000831	0.000831	1	0.019608	1	1	1	1
孵化	0.005556	0.000607	0.000607	1	0.005376	1	0.000607	0.076923	0.005556	0.005556	0.017241	0.014706	0.012821	1	1	1
孵化器	0.005556	1	1	1	0.005376	1	1	0.076923	0.005556	0.005556	0.017241	0.014706	0.012821	1	1	1
国务院	0.076923	0.022222	0.022222	0.045455	0.055556	0.022222	0.022222	1	0.1	0.03125	0.010989	0.090909	0.012048	0.045455	0.045455	0.045455
互联网	0.000831	1	1	1	0.052632	1	1	1	1	1	1	0.019608	1	1	1	1
互联网+	0.000826	0.090909	0.090909	1	0.04	0.090909	0.090909	0.142857	0.000827	1	0.125	0.018868	0.055556	1	1	1
会议	0.033333	1	1	1	0.027027	1	1	1	0.033333	0.033333	1	0.011905	1	1	1	1
基础设施	1	0.333333	0.333333	1	1	0.333333	0.333333	1	1	1	1	1	1	1	1	1
结构	0.005051	1	1	1	0.004717	1	1	0.016393	0.005076	0.005076	0.005714	0.020833	1	1	1	1
金融	0.010526	0.011765	0.011765	0.000907	0.009901	0.011765	0.011765	0.021277	0.010526	0.009524	0.014085	0.066667	0.004082	1	0.000907	0.000907
金融服务	0.010526	0.011765	0.011765	1	0.009901	0.011765	0.011765	0.021277	0.010526	0.009524	0.014085	0.066667	0.004082	1	1	0.000907
金融机构	0.010526	0.011765	0.011765	1	0.009901	0.011765	0.011765	0.021277	0.010526	0.009524	0.014085	0.066667	0.004082	1	1	1

在实现聚类的过程中，我们采用 R 语言的 K-means 聚类算法对共现主题词进行聚类分析，并选择将主题词分成 6 类。表 6－6 显示了对 40×40 的共词矩阵进行聚类的结果，识别出“创新创业”文本集合所包含的主题信息。

表 6－6　主题词聚类结果

Cluster1	提供、我国、结构、经济、增速、增长
Cluster2	电子商务、投资、会议、领导、精神、落实、书记、学习
Cluster3	国务院、小微企业、贷款、融资、金融、金融服务
Cluster4	产品、互联网、基础设施、平台、上线、消费、销售
Cluster5	互联网＋、市场、孵化、网络、金融机构、信贷、业务
Cluster6	创业者、创客、空间、孵化器、入驻、团队

从表 6－6 的结果中可以看出，有关“创新创业”的新闻文本体现了六个主题分类：其中第一类是从宏观经济角度来阐述“双创”在促进我国经济增长、经济结构调整方面所发挥的作用；第二至六类则是从“双创”的各个层面进行聚类。如第二类描述在落实相关政策、精神等；第三类则突出了对小微企业的金融服务政策；第四类指在完善互联网基础建设的基础上开展在线销售；第五类是互联网＋时代金融机构的各类服务；第六类则显示了“双创”项目是创客团队和创业者的孵化器。

5. 实验对比

为了体现面向主题模型的新闻文本主题词聚类方法的语义效果，我们进行了相关的实验对比。

首先选择上文实验中的 1—36 的高频词进行共词聚类，随后采用王小华等人[①]的方法，运用 TF－IDF 提取文本集中高概率主题词，并进行共词聚类，实验的结果如表 6－7 所示：

① 王小华，徐宁，谌志群：《基于共词分析的文本主题词聚类与主题发现》，载《情报科学》，2011 年第 29 卷第 11 期，第 1621—1624 页。

表 6-7 对比实验结果

类型 序号	LDA 主题模型获得 1—36 的高频主题聚类	TFIDF 高频主题词聚类
Cluster1	发展、改革、推进、选择	发展、产业、科技
Cluster2	中国、十三五	创业、服务、战略、投资
Cluster3	建设、主题、理念、服务、共享	创新
Cluster4	科技、加快、发现	创新创业、经济、提供、项目、加快、改革、重点、提高、方式、技术、打造
Cluster5	创业、企业、创新、战略、政策、工作、研发、时代、公司、活动、举办、开放、扶持、培训、成功、机会、代表	互联网、推进、工作、政策、市场、平台、支持、提升、政府、合作、环境、资源
Cluster6	创新创业、技术、产业、就业、希望	企业、建设、推动、国家、中国、实施、管理、领域、升级

对比表 6-6 和表 6-7 的主题词聚类结果，可以看出：表 6-6 面向主题模型的新闻文本主题词聚类在结果的可读性和语义表达上效果更好，能够更好地体现主题词中“创客”、“互联网+”、“孵化器”、“小微企业”等主题信息，体现了双创的草根性、大众性及互联网创业的特性；而表 6-7 的结果显示的主题更宏观，缺乏对文本隐含语义的反映。

6.4 小 结

网络新闻是人们获取信息的主要方式，越来越多的网络新闻以文本方式进行存储，这些海量的文本信息已经远远超出人们的理解和概括能力，通过人工的方式去查找有用的信息并凝炼知识已变得不可能。如何利用计算机有效地组织和管理这些文本资源，并运用信息技术帮助用户在海量文本中挖掘隐含的知识，成为当前信息技术领域面临的一大挑战。

本章将主题模型应用于新闻文本的知识发现。新闻文本有它的特殊性，从格式的规范性来看，它介于科技文献和用户生成内容文本之间，属于半规范化；从表现内容上来看，一篇新闻会包含多个话题；从用词来看，大多数新闻文本属于规范化。因此，新闻文本知识发现的知识发现同文献知识发现有一定的相似性，但也有其特殊性。我们从新闻内容关联、新闻主题聚类及新闻话题演化三个方面构建了新闻文本知识发现模型，希望从多个角度探讨新闻文本的知识发现问题。

主题模型在新闻文本知识发现的应用过程中，将新闻信息在语义层面上实现了浓缩，形成了“新闻→主题→词”的映射关系，在构建新闻文本语料库的基础上，综合运用关联规则、共词分析、聚类算法等，可以有效地实现新闻文本知识发现。

为了更好地应用主题模型，实现新闻文本知识发现，需要注意：

1. 新闻话题识别是新闻知识发现的核心，主题模型在获取话题方面具有语义优势。然而，每一个新闻话题都具有实际应用背景，在实际应用中，需要根据不同的新闻话题构建用户词典和停用词词典，词典的好坏直接影响语料库的质量，对于话题识别也有很大的影响。

2. 新闻话题具有演化功能，LDA 模型在话题时序应用方面存在一定的不足，需要将时间特征融入到主题模型。一些话题演化主题模型虽可以解决主题演化问题，但每个模型都有其应用的场景，需要根据实际情况进行选择。

第7章 面向主题模型的UGC文本知识发现

社会化媒体最典型的特点是用户生成内容（user generated content，UGC），UGC即互联网用户生成内容，指的是用户在互联网上用编写、编辑、上传等方式生成的如文本、图片、多媒体、各类元数据等，并且可以通过互联网公开访问的内容[①]。随着社会化媒体以各种形式迅速发展并崛起，UGC已经开始在网络上流行起来，并且数量庞大。据《中国互联网发展状况统计报告》，截至2015年6月，我国微博客用户规模达到2.04亿，网民使用率达到30.6%，网络购物用户规模达到3.74亿。目前，人们通过社会化媒体从事各种在线的活动，包括阅读新闻消息、信息发布、问题咨询等。社会化媒体日益影响人们的生活，大量的用户生成内容则成为人们日常生活中不可缺少的信息来源。用户生成文本为人们的工作、学习、生活创造一定的价值。如学术博客中的首发原创博文是科研工作者在闲暇时进行学术交流的思想结晶，具有很高的学术价值；电子商务网站的用户生成内容，不仅为人们采购商品提供了参考，同时这些内容对商家来说也具有极高的商业价值；BBS社区的用户发文是人们快速获取信息的有效途径，同时这些信息也是政府管理人员对舆论倾向观察的重要信息来源；网络问答社区的信息，涉及人们衣食住行的方方面面，信息内容为人们的生活提供便利。随着互联网交互式应用的不断发展，互联网UGC的影响日益广泛。

然而，在越来越多的用户生成内容面前，人们普遍感觉到获取有价值的观点和信息越来越困难。从信息发布角度来看，由于评论人的角度、态度、目的不同，各

① T. Daugherty, M.S. Eastin, L. Bright. "Exploring Consumer Motivations for Creating User-Generated Content", *Journal of Interactive Advertising*, 2008, Vol. 8, Issue. 2, pp. 16 - 25. 杨宇航，赵铁军，于浩，等:《Blog研究》，载《软件学报》，2008年第19卷第4期，第912—924页。

种观点五花八门、纷繁芜杂；从信息的特点来看，UGC 文本数据量极大，更新频率快，且文本集稀疏值很低。由于这两方面的原因，采用传统网络社会舆论分析技术手段在知识发现处理方面显得力不从心，更无法获取深层社会舆论信息要素。

鉴于此，基于主题模型，利用主题反映大规模评论文本间的语义联系，针对用户 UGC 文本进行知识发现，将有助于我们更好地发掘蕴含在网络评论背后的观点信息，为决策和网络信息资源管理提供更加深层和丰富的信息支持，在理论和实践应用方面丰富信息分析的方法体系。

本章将从主题模型在用户 UGC 文本的内容发现、情感分析、质量判断等几个方面，介绍主题模型在 UGC 文本知识发现过程中的应用。

7.1 UGC 文本的内涵

7.1.1 UGC 文本的主要类型

UGC 文本是 2005 年由网络出版和新媒体出版界最先提出。对于 UGC 的界定，较为权威的是 2007 年世界经济合作与发展组织（OECD）的一份报告，在该份报告中，描述了 UGC 的三个特性：Internet 上公开可用的内容；此内容具有一定程度的创新性；非专业人员或权威人士的创作[①]。目前，UGC 文本已经由最初的论坛发帖，发展到现在的博客、点评、微博、百科知识、新闻评论、问答社区等多种形式[②]。

1. 点评

常见于电子购物网站、点评网站等。点评类 UGC 文本又可细分为图书评论、影视评论、产品或服务评论等。这些评论通常以特定产品为评价对象，不仅包括评

---

① G. Vickery, S. Wunsch-Vincent. *Participative Web and User-Created Content: Web 2.0 Wikis and Social Networking*, Paris: Organization for Economic Co-operation and Development, 2007.

② 费仲超，朱鲲鹏，魏芳：《WSAM：互联网 UGC 文本主观观点挖掘系统》，载《计算机应用与软件》，2012 年第 29 卷第 5 期，第 90—94 页。

价对象的物理属性，也包含了评价者的情感信息。在对这部分 UGC 文本进行处理时，需要对评价对象和主观成分的抽取。这类评论主要出现在各种电子商务类网站，评论者多根据真实体验作出简短的评论，这类评论往往具有较大的商用价值。

2. 新闻评论：是社会各界对新近发生的新闻事件所发表的言论的总称，常见于新闻网站所发布的新闻之后，由用户发表个人对新闻的见解，内容一般与新闻正文相关。

3. 博客和微博：博客是一种供个人在互联网上发表文字的 UGC 形式，而微博是限制长度的博客，它结合了社会化网络服务的特点。博客和微博具有易用性、趣味性及个人声誉性，因此博客或微博的 UGC 文本对知识共享具有积极影响。一些学术博客具有较大的社会影响力。

4. 问答社区：通过用户提问、用户回答的方式产生互联网内容，互动问答可以方便解决用户各种各样的需求。如使用咨询："请问什么是知识发现?"

5. 百科知识

以百度百科、维基百科（Wikipedia）为代表，提供由用户编写内容的各类百科知识类网站。

此外，根据不同的假想读者，UGC 文本又可以分为专业评论和非专业评论。专业评论是指由专业人员生成的 UGC 文本，如专业影评、产品性能测评等。相对于非专业评论（即用户生成的自由文本）来说，专业评论的内容在组织形式更加接近于科技文献文本，用词也更为规范。

7.1.2 UGC 文本知识发现的任务及方法

UGC 文本知识发现涉及自然语言处理（NLP）的很多方面，如词义消歧、信息抽取等，同时，机器学习、文本挖掘、信息检索等技术也是其支持技术。一些研究认为，UGC 文本知识发现包含了语言分析层面、相关语言技术和应用领域等[①]。如图 7－1 所示：

从图 7－1，我们可以总结出，UGC 文本知识发现的主要任务有：

---

① 姚天昉，程希文，徐飞玉，等：《文本意见挖掘综述》，载《中文信息学报》，2008 年第 22 卷第 3 期，第 71—80 页。

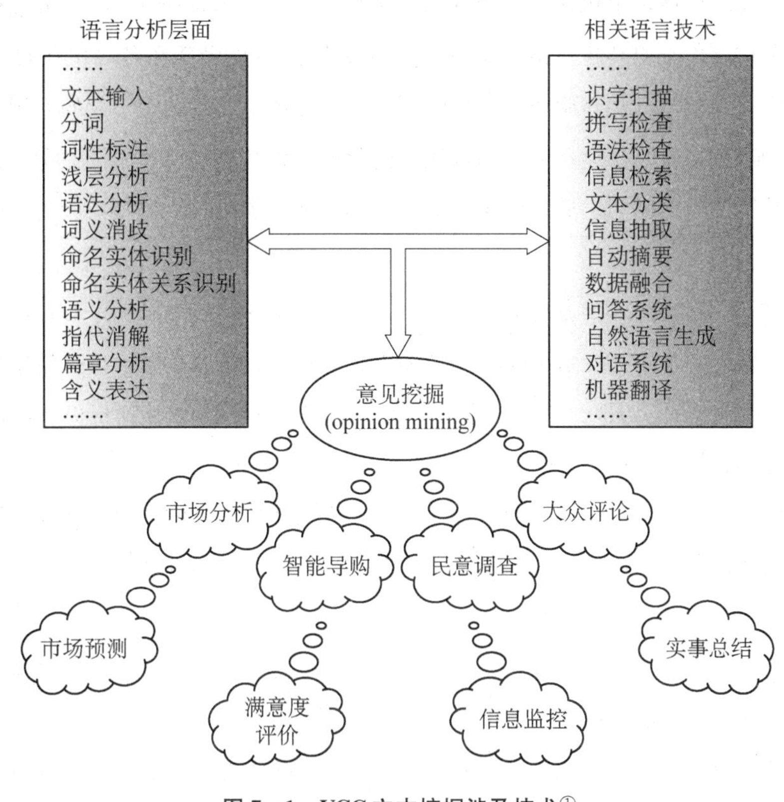

图 7-1　UGC 文本挖掘涉及技术①

1. 主题抽取（topic extraction）：从 UGC 文本中识别出评论的主题术语，即对象所包含的属性、行为、状态等信息，也包括与领域相关的概念知识；

2. 情感分析（sentiment analysis）：主要是指 UGC 文本，对描述事物的语义倾向（semantic orientation）（即极性，polarity）；

3. 相关用户的识别（holder identification）：这项任务不仅要确定 UGC 文本的创作者，还需要确定 UGC 所表达的客观性以及意见表述的范围。

面对这些现实中的需求，UGC 文本知识发现的核心技术主要是基于文本挖掘和数据挖掘技术，同时又要具有文本语义的理解能力。相对于一般的文本挖掘方法来说，UGC 文本知识发现需要的技术更接近人工智能，不仅包括词汇层（如分词和词性标注）、句法层（如命名实体识别和语法分析）和语义层（如语义分析）等

---

① 姚天昉，程希文，徐飞玉，等：《文本意见挖掘综述》，载《中文信息学报》，2008 年第 22 卷第 3 期，第 71—80 页。

层面的技术，还包括篇章层（如跨句的指代消解）的处理技术。

目前，UGC 文本知识发现主要依靠自然语言理解和基于统计的机器学习算法相结合的方法解决。在自然语言处理中，国内外有比较成熟的工具和工具包，如表 7-1 所示。

表 7-1 国内外常用的 NLP 工具和工具包

NLP 工具和工具包名称	说　明
The Stanford Natural Language Processing Group	NLP 工具组，包括： (1) Stanford CoreNLP：主要功能包括分词、词性标注、命名实体识别、语法分析等； (2) Stanford POS Tagger：面向英文、中文等的命名实体识别工具； (3) Stanford Named Entity Recognizer：采用条件随机场模型的命名实体工具； (4) Stanford Parser：进行语法分析的工具，支持英文、中文、阿拉伯文和法语； (5) Stanford Classifier：分类器工具。
Apache OpenNLP	库是一个基于机器学习的自然语言文本处理的开发工具包，它支持自然语言处理中一些共有的任务，例如标记化、句子分割、词性标注、固有实体提取（指在句子中辨认出专有名词，例如人名）、浅层分析（句字分块）、语法分析及指代。
FudanNLP	主要是为中文自然语言处理而开发的工具包，可实现中文分词、词性标注、实体名识别、关键词抽取、依存句法分析、时间短语识别，也包含为实现这些任务的机器学习算法和数据集。
中科院 ICTCLAS	汉语分词系统，精度达到 98.45%：汉语分词，提供人名、地名和组织机构名的识别及多级词性标注。
哈工大 LTP	语言技术平台：词性标注、词义消歧、命名实体识别、句法分析和语义分析。

7.1.3 UGC 文本知识发现的内容

UGC 文本知识发现研究的内容主要有：UGC 文本分类、UGC 文本聚类、UGC 文本概括、UGC 文本关联分析、UGC 文本趋势分析、UGC 文本情感分析等。具

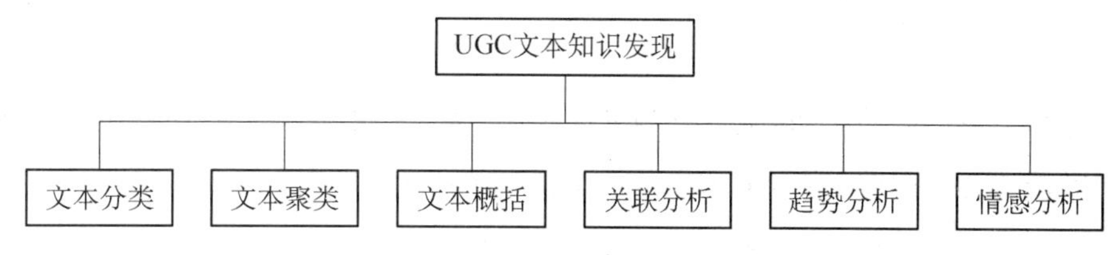

图 7－2　UGC 文本知识发现的内容

体如图 7－2 所示。

1. UGC 文本分类

UGC 文本分类是 UGC 文本知识发现的重要组成部分，是指将 UGC 文本归入一个预先定义的类别中。UGC 文本分类将使用户在浏览网络信息时，可以通过主题分类的指引，有目的地浏览用户生成内容。UGC 文本分类属于 Web 文本分类的范畴，Web 文本分类主要采用人工和计算机自动实现两种方法。人工方式无法适应 Web 上文本信息的高速增长，也大大影响了索引的页面数目。计算自动分类可以实现大量文本的快速、有效的归类处理。Web 文本分类的主要方法有：基于归类学习的决策树方法（decision tree，DT）①、基于向量空间模型的 KNN 方法②、基于概率模型实现网络文本分类③、基于支持向量机的分类方法④，以及基于向量距离计算的方法⑤等。

① D. D. Lewis, M. Ringuette. A comparison of tow learning algorithms of text categorization [2018－04－23]. http://citeseerx. ist. psu. edu/viewdoc/download? doi=10. 1. 1. 49. 860&rep=rep1&type=pdf; 徐丽，伏玉琛，李斯：《一种改进的 SVM 决策树 Web 文本分类算法》，载《苏州大学学报（工科版）》，2011 年第 31 卷第 5 期，第 7—11 页。

② 李蓉，叶世伟，史忠植：《SVM－KNN 分类器——一种提高 SVM 分类精度的新方法》，载《电子学报》，2002 年第 30 卷第 5 期，第 745—748 页；曹建芳，王鸿斌：《一种新的基于 SVM－KNN 的 Web 文本分类算法》，载《计算机与数字工程》，2010 年第 38 卷第 4 期，第 59—61 页。

③ F. Sebastiani, A. Sperduti, N. Valdambrini. An improved boosting algorithm and its application to text categorization [2018－04－23]. http://users. softlab. ntua. gr/facilities/public/AD/Text%20Categorization/An%20Improved%20Boosting%20Algorithm%20and%20its%20Application%20toText%20Categorization. pdf.

④ 丁文军，薛安荣：《基于 SVM 的 Web 文本快速增量分类算法》，载《计算机应用研究》，2012 年第 29 卷第 4 期，第 1275—1278 页。

⑤ S. Q. Yin, Y. H. Qiu, J. Ge, et al. "Research and Realization of Extraction Algorithm on Web Text Mining", *IITA'07 Proceedings of the Workshop on Intelligent Information Technology Application*, Washington: IEEE Computer Society, 2007, pp. 278－281.

2. UGC 文本聚类

UGC 文本聚类是 UGC 文本知识发现的一个重要研究方向。它的目标是将网络文本集自动地分成若干簇，且簇内的文本相似性尽可能地高。对于 UGC 文本的聚类假设，Hearst① 等人的研究显示，用户查询相关的文档通常会聚类得比较靠近，而远离与用户查询不相关的文档，因此，UGC 文本聚类的结果可以指导 UGC 文本分类。UGC 文本聚类属于 Web 文本聚类范畴，目前，已有多种 Web 文本聚类算法②。

3. UGC 文本概括

UGC 文本概括是指从 UGC 文档中抽取主要信息的过程，形成对文本的简单摘要，属于文本自动摘要的技术范畴。在实际应用中，面对搜索引擎的检索结果时，如果能够给出一个摘要性的文档，将方便用户对检索结果的快速浏览。目前，绝大多数的搜索引擎，都是将统计文本集合中出现检索词频次最高的几句话或几行内容作为摘要，对检索词的位置等考虑不多，因此摘要的效果并不理想。

4. UGC 文本关联分析

UGC 文本关联分析是指识别、抽取出文本集合中不同词语之间的关联关系，一般是对不同的几个词语出现在同一篇文本中的概率进行研究。通过挖掘词项的共现关系，可以获取具有相同主题分布的词语组合。有研究提出了一种从大量文本中发现一对词语出现模式的算法③，进而发现某一对词语共同出现的模式，该研究被应用在 Web 文本中作者和书名共同出现的模式，并发现了大量在 Amazon 网站上找不到的图书。K. Wang 等人则以网络用户对电影的介绍作为测试文档，从这些

---

① M. A. Hearst, J. O. Pedersen. Reexamining the cluster hypothesis: scatter/gather on retrieval results [2018-04-22]. http://parnec.nuaa.edu.cn/xtan/IIR/readings/sigirhearst1996.pdf.

② 胡健，杨炳儒，宋泽锋，等：《基于非结构化数据挖掘结构模型的 Web 文本聚类算法》，载《北京科技大学学报》，2008 年第 30 卷第 2 期，第 217—220 页；顾晓雪，章成志：《结合内容和标签的 Web 文本聚类研究》，载《现代图书情报技术》，2014 年第 11 期，第 45—52 页；张万山，肖瑶，梁俊杰，等：《基于主题的 Web 文本聚类方法》，载《计算机应用》，2014 年第 34 卷第 11 期，第 3144—3146 页，第 3151 页。

③ S. Brin. Extracting patterns and relations from the World Wide Web [2018-04-21]. http://bolek.ii.pw.edu.pl/~gawrysia/WEDT/brin.pdf.

半结构化的网页中抽取词语项，进而得到了一些关于电影名、导演、演员和编剧的出现模式。①

5. UGC 文本趋势分析

UGC 文本趋势分析是指通过数据挖掘等方法，获取特定文本信息在某个时刻的情况或将来的出现趋势。Feldman 等人使用多种分布模型对路透社的 2 万多篇新闻进行了挖掘，得到主题、国家、组织、人、股票交易之间的相对分布，揭示了一些有趣的趋势。② Wuthrich 等人则通过分析网络上出版的权威性经济文章，对每天的股票市场指数进行预测，取得了良好的效果。③ Wang 等人通过对 SCI 检索的 1 000 多篇文章进行聚类分析，从而得到信息检索领域的研究热点与发展趋势。④

6. UGC 文本情感分析

UGC 文本情感分析是用来判断 UGC 文本片段词汇短语或文本中所体现的说话者的情感倾向，通常可分为正面、负面或中性三个情感等级。UGC 文本情感分析主要通过对文本中带有情感色彩的词汇进行分析，进而判断用户对评价对象的态度。例如："屏幕比较大，色彩清晰，拍照效果好。"这条 UGC 文本中"大"、"好"分别是情感词，情感倾向皆为正向。在 UGC 情感分析中，一个难点是识别出用户对评价对象的显性和隐形情感词及对被评价对象整体评价的情感词。

---

① K. Wang, H. Q. Liu. Schema discovery for semistructured data [2018 - 04 - 23]. http://www.aaai.org/Papers/KDD/1997/KDD97-057.pdf.

② R. Feldman, I. Dagan, Knowledge discovery in textual databases (KDT) [2018 - 06 - 22]. https://www.aaai.org/Papers/KDD/1995/KDD95-012.pdf.

③ B. Wüthrich, D. Permunetilleke, S. Leung, et al. Daily prediction of major stock indices from textual www data [2018 - 04 - 23]. https://pdfs.semanticscholar.org/4b62/25d7404181ccd8f9245314b634230be92c00.pdf.

④ Z. Wang, Y. C. Tsim, W. S. Yeung, et al. "Probabilistic Latent Semantic Analyses (PLSA) in Bibliometric Analysis for Technology Forecasting", *Journal of Technology Management & Innovation*, 2007, Vol. 2, Issue. 1, pp. 11 - 24.

7.1.4 用户生成内容的主题模型

在用户生成内容中，主题（topic）被看作是UGC文本包含词项的概率分布，主题模型假设一篇文档中的单词可以交换次序而不影响模型的训练结果，这个假设即词袋（bag of words），可交换则可理解为词与词的顺序无关。

与科技文献、网络新闻等相比，用户在评论区里发表的内容在文本长度上明显短于前者。这些用户生成内容绝大多数的规模是语句级或段落级的，很少出现篇章级的文本内容，这是用户生成内容的一个重要特征。文本长度的限制直接造成了词语统计信息的不足[①]，由于在一个短文本中能够出现的词语非常少，使得文本更加稀疏化，造成文本分析缺乏必要的语言信息。同时，用户在网络评论中的语言使用习惯与口语类似，呈现出较为明显的随意性[②]，这个特征为文本挖掘带来了困难，并难于进行相关的语义分析。此外，在用户评论中，用户提供的信息通常也都带有一定的主观性，受这方面的限制，用户生成内容所包含的信息有可能是不完整的。这种信息的片面性造成在用户评论中，某个问题用户可能只是从某一个角度进行说明，这样单条评论就无法被视为最佳的[③]。由此可见，在社交平台中，用户生成内容的文本信息具有文本长度过短、语言随意性强、信息的片面性等多个特点。

然而，社交平台用户生成内容虽然存在着信息的不均衡性，但是，如果将这些信息进行整合，则可以带来相对全面和完整的信息描述。此外，我们还发现，在特定的问题评论中，网络用户的文本语言风格是趋于一致的；尤其在某一主题领域下，这种特征更为明显（如体育、娱乐等评论）。这种特征使得在某一主题下对用户生成内容进行信息整合并分析其主题的分布特征统计成为可能，同时这种语言风

---

① A. Sun. Short text classification using very few words [2018 - 06 - 22]. https: //www.researchgate.net/profile/Aixin_Sun/publication/254464538_Short_text_classification_using_very_few_words/links/0deec522d3300b1909000000.pdf.

② A. Ritter, C. Cherry, B. Dolan. Unsupervised Modeling of Twitter Conversations [2018 - 04 - 23]. http: //www.cs.ubc.ca/~rjoty/Webpage/twitter_chat.pdf.

③ Y. Liu, S. Li, Y. Cao, et al. Understanding and summarizing answers in community-based question answering services [2018 - 04 - 22]. http: // citeseerx.ist.psu.edu/viewdoc/download? doi = 10.1.1.368.1499&rep=rep1&type=pdf.

格的特征也为高频实词的统计分布和用户评论内容的挖掘创造了条件。因此，我们将采用此种方法，将某一特定问题的所有用户评论作为一个长文本来处理，进行主题分布的识别。

标准的 LDA 模型是文档—主题—词的三层贝叶斯模型，基于 LDA 的用户生成内容主题模型可以描述为 UGC 文档—主题—UGC 的模型，如图 7－3 所示：

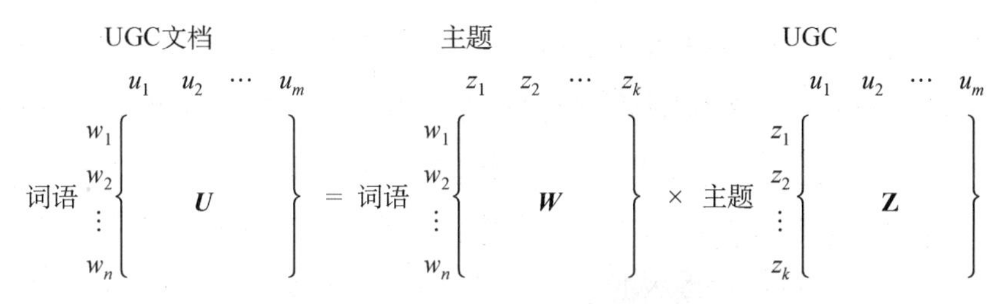

图 7－3　用户 UGC 的主题模型矩阵

在 UGC 文档层，对于文档集合 $U=\{u_1, u_2, \cdots, u_m\}$，其中每一个 u_i（一条用户评论）都可以得到一个词频向量 $fui=\{tfi, 1, tfi, 2, \cdots, tfi, n\}$。从主题层面而言，$u_i$ 可以被表示成向量 $\theta ui=\{pui, 1, pui, 2, \cdots, pui, k\}$，其中，$pui, k$ 表示主题 z 在用户生成内容 u_i 中的生成概率，用来表示主题 z 对 u_i 的分布情况。从图 7－3 中可以看出，当将所有用户生产内容聚合成一个大的文档时，LDA 将可以对聚合后的信息进行分析和建模，这一点是 LDA 直接应用在单一用户生成内容上所不能做到的。

基于图 7－3，形成了用户生成内容与主题的生成关系，生成了相关的主题模型，其矩阵表示如图 7－4 所示。

$$
\begin{array}{c}
 \\ u_1 \\ u_2 \\ \vdots \\ u_m
\end{array}
\begin{array}{c}
\begin{array}{cccc} z_1 & z_2 & \cdots & z_k \end{array} \\
\left\{\begin{array}{cccc}
p_{u_1,1}, & p_{u_1,2}, & \cdots, & p_{u_1,k} \\
p_{u_2,1}, & p_{u_2,2}, & \cdots, & p_{u_2,k} \\
 & \vdots & & \\
p_{u_m,1}, & p_{u_m,2}, & \cdots, & p_{u_m,k}
\end{array}\right\}
\end{array}
$$

图 7－4　用户生成内容主题矩阵

7.2 面向主题模型的网络用户评论知识发现

网络用户评论的知识发现是将信息分析应用于社会化网络的重要方式，如何从冗杂的用户评论中分析出有价值的信息是其研究的热点。随着社会化软件的广泛应用，网络中的每一个实体往往都有成千上万的评论。由于用户评论可以使用任意词汇发表意见，使得信息存在大量的冗余和不完备。对这些冗杂的用户评论进行内容分析，挖掘隐藏的主题知识，将有助于在 Web2.0 环境下实现信息处理和分析。

针对网络评论的研究主要从两个方面展开：(1) 挖掘评论中对产品属性的描述；(2) 用户情感的判断。在具体的应用中，有在汽车、电影产品的用户评论挖掘中，通过人工构建词库的方法实现评论内容的描述①；也有利用共现原理识别高频特征词，然后借助搜索引擎计算词语间的点互信息值（point-wise mutual information，PMI），利用贝叶斯分类提取产品特征值，实现评论内容的自动挖掘②。在这些研究中，虽然在产品属性抽取方面获得一定的效果，然而鲜有以主题发现为目的的相关研究，使用相关技术对网络评论内容的信息分析、主题发现的研究则更少。

7.2.1 UGC 文本的内容发现策略

主题模型是基于概率图的层次贝叶斯模型，利用词频的共现频率来进行浅层次的统计词组聚类过程，可以有效地将主题相近的词与词组聚成一类。因此，主

---

① N. Kobayashi, K. Inui, Y. Matsumoto, et al. Collecting evaluative expressions for opinion extraction [2018 - 04 - 22]. https://www.researchgate.net/profile/Kentaro_Inui/publication/200044304_Collecting_Evaluative_Expressions_for_Opinion_Extraction/links/53f7d9030cf2c9c3309df00a.pdf. L. Zhuang, F. Jing, X. Y. Zhu. Movie review mining and summarization [2018 - 04 - 23]. http://students.lti.cs.cmu.edu/11899/files/p43-zhuang.pdf.

② A. M. Popescu, O. etzinoni. Extracting product features and opinions from reviews [2018 - 04 - 23]. http://anthology.aclweb.org/H/H05/H05-1.pdf#page=375. M. Hu, B. Liu. Mining opinion features in customer reviews [2018 - 04 - 23]. https://www.aaai.org/Papers/AAAI/2004/AAAI04-119.pdf.

题模型从本质上来说是一种聚类方式，即在把文档集中的词按照语义划分的同时，得到由语义相关的词表达的一组隐含主题，聚类实现的过程也是文本内容发现的过程。

1. 评论文本的语法分析

网络用户评论的信息大多属于短文本，内容短、信息量少，且规范性较低，如果采用传统的文本词项处理方法，当去掉停用词或其他噪声数据后所剩下的信息量就更少了。为了分析评论文本潜在的有价值的信息，我们对评论中每个句子进行句法和语法分析。具体做法是：

（1）对评论信息进行分词处理，并进行词性标注；

（2）对词与词之间的修饰关系进行描述；

（3）对有意义的评论信息进行抽取，形成语料库。

通过词性的标注，可以发现评论文本中隐含的语义信息。如（环境/n 很/d 好/a)、（自助餐/n 品种/n 不/d 多/a)、（甜品/n 不错/a）等描述，反映了评论的主题。

基于此，我们将网络评论信息抽象成三元组，形式为〈名词〉、[副词]、(形容词/动词)。在评论信息预处理过程中，将符合三元组的信息进行提取，作为语义信息的标签进行保存。

预处理后，网络评论信息将形成如下具有语义特征的文档集合：

$$D=\{d_1, d_2, \cdots, d_m\} \quad d_i=\{w_1, w_2, \cdots, w_n\} \tag{1}$$

这里的 m 为评论的数量，d_i是第 i 条评论，该评论由 n 个评论词组成。

2. 推理策略

LDA 是一种非监督学习模型，本身不能直接用于主题分类。从模型构建的基本思路来看，主题发现需要使用 LDA 为语料库及文本建模，实现文本主题的发现。经过语义处理，上文（1）中的文档集合 D，集合中的每一个短句看作一篇文档，在这种情况下，采用传统的文本向量空间模型对相关信息进行表示，会使得文本特征矩阵极其稀疏，为了给文档的 d 赋予某个主题 Z_i，我们采用一种类似聚类的贪婪算法实现：

$$topic(d_m)=\underset{z_i \in Z}{\operatorname{argmax}} P(z_i \mid d_m) \tag{2}$$

LDA 主题模型将每一段文本都映射到主题分布空间中，为了将每一篇文档赋予一定的主题，公式（2）将计算概率最大的 z_i 作为 d_m 文档的主题。这个算法需要一个打分函数，以处理概率排序问题。

$$score(d_m, z_i) = P(z_i \mid d_m) + \frac{|z_i|}{|D|} \tag{3}$$

公式（3）依据 $\frac{|Z_i|}{|D|}$ 作为支持度逐步取得最优的方案，当主题映射到文档后，根据排序的值确定映射关系。

3. 算法描述

我们需要在网络用户评论中挖掘相关主题信息。由于用户在评论中采用不同的语义生成词项，有些词项会存在很大的相似性，比如在评价某事物时用户会采用“一般”或“还可以”这样的词汇进行表述。因此，在具体实现过程中，语义的去重、合并是挖掘算法首先要解决的问题。基于此，我们提出的主题挖掘方法分成两个环节实现，即先对预处理得到的数据集中所包含的特征词项进行语义分析，通过词项相似度的计算，删除、合并语义相似的词项，对经过去重的语料库依据 LDA 进行主题映射。

算法的具体步骤：

① 对（1）生成的数据集提取名词、动词、形容词作为特征词，并表示成向量形式。

② 利用 HowNet① 计算每个特征词语义之间的相似度，若相似度为 1，则根据特征词项在该语义内出现的概率删除重复的特征词，保留语义概率较高的词项。

③ 删除 HowNet 未收录的特征词项。

④ 合并语义相似词项。根据 HowNet 计算词项的语义相似度，当相似度大于阈值，则根据特征词项在该语义内出现的概率进行合并，通过语义合并，保留概率更高的词项。

⑤ 对于每个语义将其特征词表示成向量形式，其语义向量为 $d=\{d_1, d_2, \cdots,$

① 刘群，李素建：《基于〈知网〉的词汇语义相似度的计算》，载《计算语言学及中文信息处理》，2002 年第 7 卷第 2 期，第 59—76 页。

$d_n\}$，第 i 个语义的类别特征词向量可以表示为 $d_i=\{w_{i1}, w_{i2}, \cdots, w_{in}\}$。

⑥ 依据公式（2）对主题分布进行计算。

⑦ 主题排序。经过（2）的计算，有了所有的文档—主题分布 θ，这样就将所有的标签映射到不同的主题 Z 上，用公式（3）进行打分，从主题 Z 中选择有代表性的标签作为代表输出。

算法以词项语义作为衡量标准，以词项作为基本单元。通过 HowNet 查询特征词项的义原，以此分析特征词项的语义相似性；进而实现评论文本的语义去重、合并，为主题发现提供基础；随后，利用 LDA 对数据集进行主题发现，得到相关结果。

7.2.2 实验及分析

在实验中，我们选择了大众点评餐饮类三家店，采用网络文本提取软件，将用户的评论信息进行抓取，抽取共 14 887 条网络用户评论数据[①]，运用上面提出的方法进行实验。

在文本预处理环节，首先将抓取的文本信息进行规范性的处理，仅保留用户评论的内容，剔除了相应的打分信息，如“口味 4（非常好）、环境 4（非常好）、服务 4（非常好）”等信息不作为分析的内容；对处理好的文本内容，我们采用中科院的中文分词工具 ICTCLAS 对文本文件中的数据进行词性标注、分词后，根据语义构建语料库。获取评论信息及分词部分结果如表 7－2 和图 7－5 所示。

表 7－2　获取评论信息

	实　体　店	评论数量	单词数量
	江边城外烤全鱼（金陵东路店）	13 420	41 738
	逸谷会（兴国路店）	2 445	13 937
	西郊宾馆牡丹厅	243	2 602
总计		14 887	58 277

根据上文提出的方法，我们将分词后的评论文本按照三元组的原则构建语

① 数据来源：2013 年 9 月 25 日对大众点评网用户评论信息进行抓取。

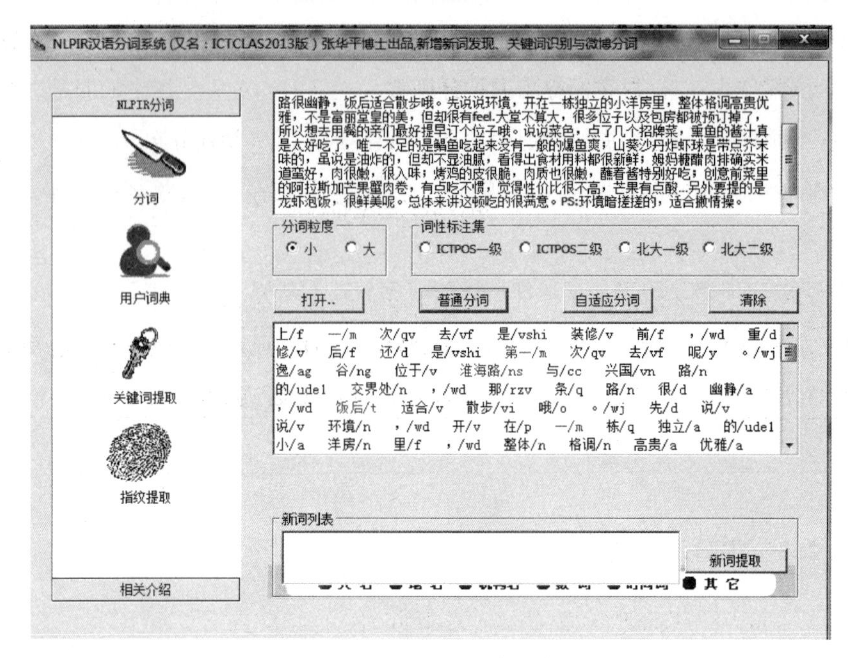

图 7-5　评论信息词性标注结果

料库。

在 Web2.0 环境下，某一实体有众多的评论；在网络评论中，评论主题隐藏在评论文本信息中。这些评论存在不同的侧重点，或者说子话题，这些子话题均围绕着某一个特定主题展开，因此主题发现可以快速地分析出网络评论的侧重点。通过对上面数据的 LDA 处理，我们对发现的主题进行整理，如表 7-3 所示：

表 7-3　主题模型处理后主题词排序

实 体 店	主 题 排 序
江边城外烤全鱼（金陵东路店）	排队、烤鱼、味道、人气
逸谷会（兴国路店）	环境、熏鱼、味道、服务、口味
西郊宾馆牡丹厅	环境、甜品、团购、服务、海鲜

主题标签反映了用户评论的具体内容，对主题标签的挖掘可以将网络评论的内容进行语义描述，从冗杂的评论信息中抽取能够描述实体的有价值信息，有助于信息分析的实现。

基于 LDA 主题发现模型，推理获得 θ 值（评论—主题分布），根据公式（1）计算出分布概率，针对某一实体的所有评论，可以获得一个“评论—主题”的矩阵

$A=(d_{ij})$，每个 d_{ij} 为第 i 条评论在主题 j 下的概率值，概率值越大表明该主题下评论的重要性越高。根据我们提出的评分函数公式（3），对每个评论的向量进行排序，可以获得评论信息中主题标签的信息。具体如表 7－4 所示：

表 7－4　结合语义的主题标签

实　体　店	主 题 标 签
江边城外烤全鱼（金陵东路店）	鱼好吃、味道辣、鱼新鲜、人气高
逸谷会（兴国路店）	环境不错、口味比较清淡、服务很好、味道不错
西郊宾馆牡丹厅	环境好、甜品还行、服务好、海鲜新鲜

7.3　面向主题模型的 UGC 文本商业价值发现

随着线上评论系统的普及，用户的在线评论对消费者的购买行为和决策产生了重要的影响。波士顿咨询公司在《2011 年中国电子商务报告》中指出，中国消费者在线评论数量最多，阅读在线评论也最频繁。在线评论包含了用户对商品的评价和使用体验的情感信息，成为消费者选择产品的一个主要信息渠道。研究发现，98%的在线消费者在购买前会阅读在线评论①。

随着在线评论的不断增多，学者们开始关注在线评论对商品销售的影响。研究发现，在线商品或服务的评分越高，越容易引发消费者的购买意向，大多数用户在查看商品信息时都会按照评分来排序，根据评论分数作为选择和购买商品的依据②。Chevalier 和 Mayzlin 等人收集了美国两大图书销售网站 Amazon. com 和 BN. com 上的评论信息，发现在线用户评论的分数对图书的销量有显著的正向影

① A. E. Schlosser. "Can Including Pros and Cons Increase the Helpfulness and Persuasiveness of Online Reviews? The Interactive Effects of Ratings and Arguments", *Journal of Consumer Psychology*, 2011, Vol. 21, Issue . 3, pp. 226－239.

② W. Duan, B. Gu, A. B. Whinston. "Informational Cascades and Software Adoption on the Internet: An Empirical Investigation", *MIS Quarterly*, 2009, Vol. 33, Issue. 1, pp. 23－48.

响[①]。一些体验性产品如电影[②]、网络游戏[③]等，用户评论的情感倾向对商品的销售也有重要的影响。

然而，对于大多数的消费者来说，从整体评论中无法确定该产品在自己所关注的属性方面是否具有良好的口碑。一些研究也表明[④]，用户在网上购买商品时，更倾向于关注商品特征对比的评论，通过研究商品的属性特征决定是否购买。因此，在线用户在商品特征属性的情感表达，不仅对用户的购买产生影响，也为商家提供改进产品或服务不足的依据。

由此可见，用户在线产生的 UGC 文本具有一定的商业价值。如何应用主题模型发现这种商业价值呢？在这里，我们将以笔记本商品在线销售为例，分析销售量较高的商品中，在线用户对商品特征情感极性与销售量之间的关系，从商品特征角度分析影响销售量的因素。

7.3.1 UGC 文本的情感分析

情感分析研究是近些年来研究的热门。情感分析是一个复杂的过程，主要包括情感信息的抽取和情感信息的分类两个过程。情感信息抽取是情感分析的主要任务，旨在抽取文本中有意义的情感信息单元。情感信息单元不仅需要将基本的情感描述信息进行抽取，如评价信息中的赞、好等情感词，也需要将搭配的评价对象同时进行抽取，如外形设计赞。

情感词的识别和极性判断是情感信息抽取的基础环节，其方法主要分为基于语料库和基于词典两种。基于语料库的情感词抽取和判别可以利用大语料库的统计特性，发现情感词在文本中出现的规律。基于语料库的情感词识别方法简单易行，但受限于评论语料库的大小，较为依赖语料库中褒、贬词语集合。为此，学者们开始

---

① J. A. Chevalier, D. Mayzlin. "The Effect of Word of Mouth on Sales: Online Book Reviews", *Journal of Marketing Research*, 2006, Vol. 43, Issue. 3, pp. 345 - 354.

② 史伟，王洪伟，何绍义，等:《基于微博情感分析的电影票房预测研究》，载《华中师范大学学报（自科版）》，2015 年第 49 卷第 1 期，第 66—72 页。

③ F. Zhu, X. Q. Zhang. "Impact of Online Consumer Reviews on Sales: The Moderating Role of Product and Consumer Characteristics", *Journal of Marketing*, 2010, Vol. 74, Issue. 2, pp. 133 - 148.

④ 李俊，陈黎，王亚强，等:《面向电子商务网站的产品属性提取算法》，载《小型微型计算机系统》2013 年第 11 期，第 2477—2481 页。

使用词典将人工采集的情感词进行扩展来获取大量的评价性词语，如 HowNet 等。这种方法虽然有通用词典作为情感判断的依据，但在实际应用中对词典中情感词的个数和质量较为依赖，同时在情感极性判断时也会因为一些词语的多义性而引入噪声。如情感词“好”在大多数情况下是“优秀”的意思，但在某些情况下充当修饰成分（如“显示器好亮”）。

随着情感分析研究的深入，学者们发现单独的情感词极性分析在某些情况下会出现歧义。因此，一些研究开始将属性词和情感词作为组合提取，进行情感分析[1]。由于评价性的情感词更多的是与评论的主题同时出现，具体表现为评论文本中评价词语所修饰的对象，如商品评论中某种产品的属性（“显示器”、“价格”等）。因此，现有研究的方法是：基于“文本中副词后面紧跟着形容词”这一规则，利用副词的种子词库来提取情感词，以此提取属性词—情感词对。然而，这种方法存在一定的缺陷，即只考虑了词汇的位置信息，会导致提取出的词对不够准确；此外，若一个情感词前面没有任何副词，该方法将不能提取出这样的情感词。

随着 LDA 主题模型[2]的逐渐兴起，学者开始使用主题模型挖掘情感文本中的某些话题，利用主题模型挖掘产品中情感词评价的对象，在文档和词之间建立主题关系，并将相似的评价对象进行分类描述。LDA 能够高效地挖掘出大量文档中所包含的潜在主题信息，在同一个主题下，词汇之间的联系会更加紧密，降低了不同语境下对同义词的词义影响，所表达的情感信息也更为统一。实验表明，该方法能够提高评价对象抽取的效果。[3]

从现有的研究情况来看，学者们在情感分析方面做了很多的探索，但从商品特征方面研究在线用户情感倾向与销售量之间关系的成果还不多，更多的还是从商品整体的情感倾向角度进行分析，缺少对商品特征细粒度的展开。为此，我们将运用主题模型获取商品潜在的属性特征，借助情感计算，挖掘商品特性情感倾向与商品

---

① R. Moraes, J. F. Valiati, W. P. Gaviao Neto. “Document Level Sentiment Classification an Empirical Comparison Between SVM and ANN”, *Expert System With Applications*, 2013, Vol. 40, Issue. 2, pp. 621 - 633.

② D. M. Blei, A. Y. Ng, M. L. Jordan, “Latent Dirichlet Allocation”, *The Journal of Machine Learning Research*, 2003, Vol. 3, Issue. 3, pp. 993 - 1022.

③ 阮光册：《基于 LDA 的网络评论主题发现研究》，载《情报杂志》，2014 年第 33 卷第 3 期，第 161—164 页。陈文涛，张小明，李舟军：《构建微博用户兴趣模型的主题模型的分析》，载《计算机科学》，2013 年第 40 卷第 4 期，第 127—130 页，第 135 页。

销售排名之间的关系，识别与销售量之间存在高正相关的商品属性。

7.3.2 UGC 文本情感表达与商品销售热度的关系

1. 研究流程

研究流程如图 7－6 所示：

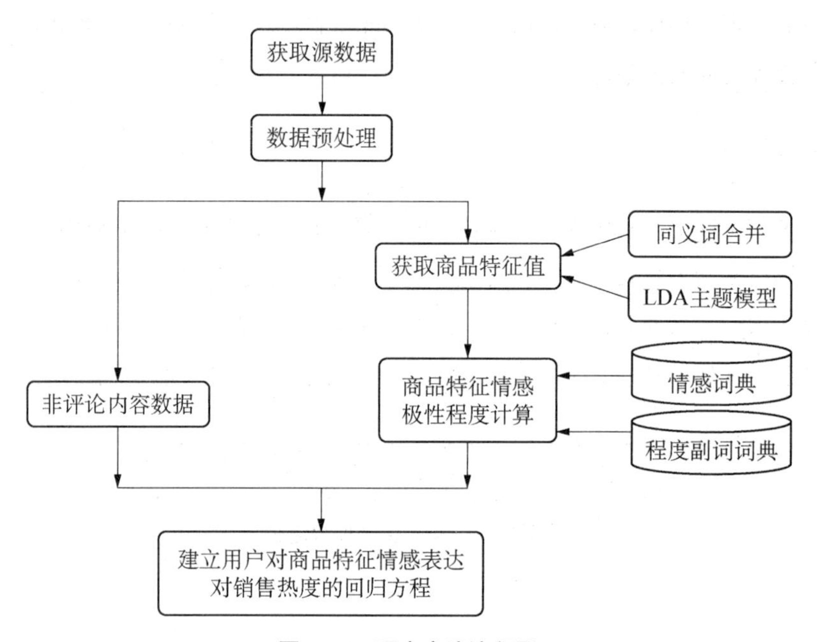

图 7－6 研究方法流程图

由图 7－6 所示，本研究主要由三个部分组成：(1) 基于 LDA 的商品属性提取；(2) 属性情感倾向计算；(3) 属性与销售热度相关性识别。研究的主要工作任务如下：

(1) 商品特征值的获取

主要是提取用户评论中有关商品属性的信息。商品属性提取由两个步骤完成，分别是同义词合并及属性特征抽取。由于在线评论中，用户常使用不同的词汇描述相同的产品特征，如“价钱”、“价格”、“售价”等都是关于商品价格方面的特征描述词，属于同一属性层面，因此本实验使用同义词合并的方法，将同一属性层面的特征词进行合并；为了能够更好地获取商品属性的语义关联，则使用 LDA 主题模型的方法实现属性特征的抽取。

(2) 商品特征情感极性的计算

情感词是用户对商品属性的态度和情感。如"性价比高"中,"高"表达了用户积极的情感态度。为了更好地计算情感极性,我们采用情感词典和程度副词词典对用户的情感倾向进行计算。

(3) 商品属性情感倾向与销售热度的关系

商品的需求是受多方面因素的综合影响。我们将用户情感表达的计算结果与非评论内容数据(如评论数量、用户打分等)相结合,运用多元回归,挖掘情感倾向与销售热度之间的关系。

2. 获取商品属性

在使用主题模型获取评价对象特征值之前,需要先对评论的语料库进行文本预处理,通过分词工具处理语句,过滤筛选掉没有实际意义的介词、连词及语气助词,而将保留下来的名词、形容词等作为特征向量,在此基础上,再使用主题模型获取商品特征值。基于 LDA 模型的商品特征提取的基本流程如图 7-7 所示。

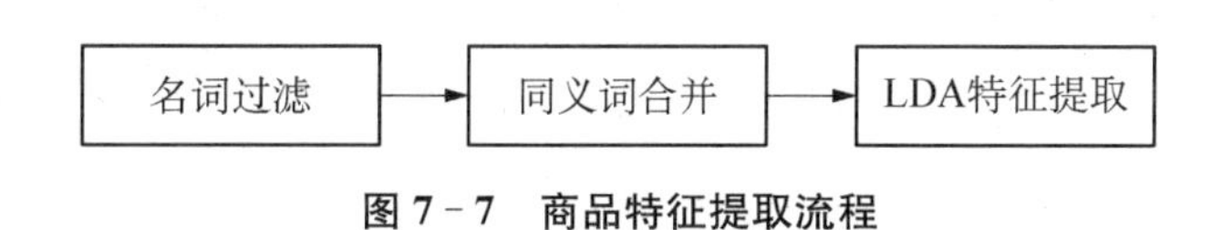

图 7-7 商品特征提取流程

(1) 名词过滤

考虑到大多数情况下商品特征的描述为名词,因此采用通过在预处理语料的基础上剔除掉其他词,只保留名词。当然,并不是评论语料中所有的名词都可以作为产品对象的特征词,一些名词往往并不描述产品对象,例如"时间"、"地点"、"人物"、"东西"等。为了能够得到较为准确的产品特征描述的候选词,需要对上述名词语料进行过滤处理。名词过滤的规则如表 7-5 所示:

表 7-5 名词过滤规则

过滤规则	例子
专有名词(包括时间、地点、人物等)	我、上海、六月、三点
常见的商品品牌名词	联想、苹果、宏碁、惠普

可以通过词性标签过滤掉规则中的专有名词，如人名使用标签 nr 表示，方位词使用标签 f 表示，地名使用标签 ns 表示，机构团体使用标签 nt 表示，字母专有名词使用 nx 表示，其他专属名词用 nz 表示。这样运用名词过滤可以将大部分出现频率较高但并不是商品特征的名词过滤掉。

（2）同义词合并

中文可以用多种方式表达同一意思，例如“价钱”、“价格”、“售价”，就表达了同样的意思。在线评论中，由于用户使用语言的随意性，使得这种多词同义的现象更加普遍，不仅会造成分析中的噪声，也会导致某些表达方式因为出现频率过高被选出来，而其他的则不能被选出来的情况。为了解决这个问题，在 LDA 模型提取特征词之前，用一个词来表示同一个意思的不同表达词汇。

我们采用哈工大社会计算与信息检索研究中心的《同义词词林扩展版》词典，进行同义词的合并。合并同义词的步骤如下：

① 浏览经过名词过滤后的评论语料。

② 在同义词词林中查找每个词汇（word）是否有相同的表达。

③ 如果找到相同的表达，则将词汇（word）替换为同义词词林的词项。

（3）LDA 模型特征提取

我们需要通过得到每个主题下词汇的概率分布 $P(w \mid z=j)$，w 表示词汇，z 表示主题，并且通过设定一个阈值 ε，只有大于这个阈值的词才能成为商品特征词。

应用 LDA 模型进行特征词的提取，需要确定的参数有：

① LDA 模型中的超参数，即主题分布和词汇分布的 Dirichlet 先验分布中的超参数 α 和 β；

② LDA 模型中的主题数目 κ；

③ 每个主题下特征词的候选阈值 ε。

3. 商品属性情感倾向与销售量关系的计算

商品的需求往往不只受单方面因素的影响，而是受多方面因素的综合影响。比如商品的价格、性能、外观等等，都有可能会对商品的需求产生影响。在线性相关条件下，多元回归是研究两个或两个以上自变量对一个因变量的数量变化关系的重要研究方法。

在确定多元线性回归模型时常用逐步回归法。逐步回归法是对全部的自变量（X_1，X_2，…，X_p）对 Y 贡献的大小进行比较，并通过 F 检验法选择偏回归平方和显著的变量进入回归方程，每一步只引入一个变量，同时建立一个偏回归方程。该方法的具体步骤如下：

（1）当一个新变量被引入后，对原已引入回归方程的变量，逐个检验它们的偏回归平方和；

（2）如果由于引入一个新变量而使得已进入方程的变量变得不显著时，则及时将不显著变量从偏回归方程中剔除；

（3）当回归方程中的所有自变量对 Y 都有显著影响而不需要剔除时，再考虑从未选入方程的自变量中，挑选对 Y 有显著影响的新变量进入方程。

（4）不断重复上述过程，直至无法剔除已引入的变量，也无法再引入新的自变量，逐步回归过程结束。

为了提高情感分析的准确性，首先使用 LDA 获取产品特征值并计算情感极性程度，随后建立回归方程，通过合理的情感倾向计算方法，实现情感分析与销售量之间的模型建构。在线评论对销量的回归方程如下所示：

$$Y = \alpha_1 x_{1i} + \alpha_2 x_{2i} + \cdots + \alpha_n x_{ni} \quad (1)$$

公式（1）中，Y 是商品销量排名的自然对数，x_{ni} 是 LDA 模型所获取的特征值，下标 $i=1, 2\cdots n$，表示不同的商品，即第 i 个商品的第 n 个特征值，α_n 则是对商品属性情感极性的计算结果。

7.3.3 实验及分析

我们的实验数据采用天猫商城中笔记本类商品的在线评论，通过抓取评论数据，基于 LDA 模型获取商品的特征值并进行情感分析，最后根据其销售量排名进行回归分析，挖掘其中潜在的规律。

1. 实验步骤

实验分析的流程如下：

（1）首先，通过 python 爬虫从商城网站获取某类商品的商品信息和在线评论作为源数据；

(2) 通过 python 程序将搜集抓取的在线评论进行数据预处理，将语句分词断句，剔除无用的词语，保留有效的词语，并实现同义词合并；

(3) 使用 LDA 模型从语料库获取商品的特征值；

(4) 构建情感词典和程度副词词典；

(5) 计算商品特征情感极性程度；

(6) 根据计算所得的商品特征情感极性程度值和商品一些自身的数据，建立评论对销量排名的回归方程。

2. 数据准备

我们研究的是情感表达对在线商品销量排名的影响，所以要获取商品的销量排名信息及作为情感表达分析原始语料的用户在线评论数据。同时，要考虑到商品的某些其他特征也可能会对消费者的购买决策产生影响，因此，类似商品品牌、商品价格、累计评价数、星级评价等特征，都是在研究分析时需要考虑的变量。

为此，我们通过 python 开发了爬虫代码，抓取了天猫商城笔记本销量排名前 50 名的商品作为研究对象，采集商品的销量排名、价格、品牌、评论数量、评价星级，以及评论数据。

3. 数据预处理

用户在线的评论数据抓取下来后，将作为情感分析的语料库。但是这些原始的评论数据格式并不规范，表达形式也十分随意，还包括很多错别字和冗余的语句。因此在研究分析之前，需要对评论数据进行预处理。我们的数据预处理主要是规范原始评论数据语料的格式，并且清理掉噪声数据，最后得到表达规范的评论语料库。

分词是数据预处理的第一个环节，通过自定义停用词表，使用 jieba 分词组件剔除了评论中的助词、介词、连词及标点符号等无实际意义的词语，并过滤、筛选、保留对情感分析有价值的名词、形容词、副词。

名词过滤是数据预处理中的一个重要步骤。我们使用 jieba 分词二级词性标注的方法，对一些特有名词（专有名词和商品名词等）进行特定的标注，运用名词过滤规则将大部分出现频率较高但并不是商品特征的名词过滤掉。

为了解决用户评论中用词随意性的问题，在商品属性抽取前，还需要进行同义词合并的操作。实验中，开发了相应的 python 代码，将意义相近的同义词进行了合并处理。

4. 商品特征的提取

在线评论中包含用户对评价对象特征的描述，为此，我们使用 python 拓展包中的 LDA 模块进行特征词提取。在确定 LDA 主题个数的过程中，采用基于密度的自适应最优 LDA 模型选择方法，即当各个主题之间的相似度最小的时候，此时的主题数为最佳。简略步骤如下：

（1）选取初始 K 值，得到初始模型，计算各主题之间的相似度；

（2）增加或减少 K 的值，重新训练得到的模型，再次计算主题之间的相似度；

（3）重复第二步直到得到最优的 K。

实验设定初始 K 值为 50，经过不断调整，发现 K 值为 20 时各主题之间相似度最小。因此，将参数设定为：$\alpha=50/20$，$\beta=0.01$，设置阈值 $\varepsilon=0.05$，当大于这个阈值时，特征词可以认定具有一定的代表性。最后得到总计 25 个商品特征词，如表 7－6 所示。

表 7－6　抽取商品特征词

客服	外观	鼠标	性能	购物
速度	屏幕	玩游戏	固态	价格
开机	键盘	服务态度	软件	散热器
系统	游戏	卖家	售后	办公
性价比	物流	质量	硬盘	声音

5. 商品属性的情感倾向

得到商品特征词后，就要计算在线用户对这些特征词的情感倾向。我们通过构建情感极性词典，提取特征词和情感词的组合评价单元，然后再对组合评价单元进行极性判断和程度计算。

在实验中，首先建立情感极性词典，考虑到知网的《中英文情感分析用词语集》词汇众多，覆盖面广，情感词分类准确，所以实验情感词典采用知网的《中英文情感分析用词语集》进行情感极性判断。由于用户在情感表达时会通过一些程度副词和否定副词进行描述，如"较"、"极"、"稍微"、"有点"等程度副词能够强调情感的极性差异，而一些否定副词，如"不"则会使得情感极性走向另一个极端，如"她并不漂亮"。因此在构建情感词典后，又建立了副词词典，用来计算情感极性程度。

为了计算评价对象的情感倾向程度，我们为不同程度的词赋予了不同的权值。通过赋予不同的权值，可以进一步突出不同词语所包含的情感差别，并将这种程度进行差异量化。表 7－7 显示了情感词典权值。

表 7－7　情感词典权值

词 典 名 称	权值	词 典 名 称	权值
正面评价词语	1	负面情感词语	−1
正面情感词语	1	否定副词	−1
负面评价词语	−1		

除了对情感词进行权值设定外，我们对一些特定的程度级别词汇也进行了分级，使用权重对用户的情感表达程度级别进行计算。具体程度级别词的权重如表7－8所示。

表 7－8　程度级别词权重

程度级别词	例子	权重（neg）	程度级别词	例子	权重（neg）
"最"级别程度词	百分之百，备至	2.00	"稍"级别程度词	好生，未免	0.50
"很"级别程度词	大为，很是	1.50	"欠"级别程度词	不大，轻度	0.25
"较"级别程度词	较为，进一步	1.25	"超"级别程度词	超额，过甚	0.10

情感极性计算的简略步骤如下：

（1）浏览文本，寻找包含有商品特征词的语句；

（2）在第一步的结果中寻找句子中所包含的情感词，若为正面的则权重就为 score=1，负面的就为 score=−1；

（3）进一步寻找句中的程度副词，若有的话就按其程度取权重值 weight；

（4）寻找否定副词，如有则权重值 neg=−1，最后该语句的极性程度就为 score×weight×neg。

（5）计算整体的均值代表该商品特征的极性程度，得到在线用户对每个商品特征的情感极性和极性程度；正数表示正向情感程度，负数表示负向情感程度。

表 7－9 显示了在线用户对某商品的评论，通过情感计算而获得的每个商品特征的情感极性值。

表 7－9　商品特征词情感极性程度计算结果（部分）

产品排名	1	卖家	0.189 502
客服	0.423 532	质量	0.565 051
速度	0.580 260	性能	0.769 444
开机	0.422 283	固态	0.385 463
系统	0.250 974	软件	0.110 773
性价比	0.921 472	售后	−0.507 364
外观	1.065 306	硬盘	0.287 654
屏幕	0.385 351	购物	0.246 428
键盘	0.524 669	价格	0.541 042
游戏	0.594 158	散热器	0.729 015
物流	−0.655 412	办公	0.816 327
鼠标	0.252 055	声音	0.678 851
服务态度	0.340 277	内存	0.883 621
贴膜	0.112 592		

6. 情感表达与商品销售的关系

情感倾向可能会对商品的销量产生影响，而商品自身的一些因素也有可能会对消费者的购买决策起作用，比如商品的评论数量、笔记本的品牌、商品价格和用户打分的平均值等。为此，在实验中，我们对这些因素也进行了统计，具体如表 7－10 所示。

表 7－10　商品自身因素统计值

	平均值	中位数	最小值	最大值
价格	3 967.740	3 999.000	1 098.000	6 799.000
评论总数	1 821.760	866.500	162.000	9 501.000
评价分值	4.784	4.800	4.600	4.900

将销量排名的自然对数作为因变量，评论数量、价格、平均评分的自然对数和商品的LDA特征值情感分数作为自变量，共获得31个参数，参数的设定如表7-11所示：

表7-11　实验参数设定

代号	评分项	代号	评分项	代号	评分项
Y	In（销售排名）	X11	屏幕评分	X22	售后评分
X1	In（评论数量）	X12	键盘评分	X23	硬盘评分
X2	In（品牌）	X13	游戏评分	X24	购物评分
X3	In（价格）	X14	物流评分	X25	价格评分
X4	In（平均评分）	X15	鼠标评分	X26	散热器评分
X5	客服评分	X16	服务态度评分	X27	办公评分
X6	速度评分	X17	卖家评分	X28	声音评分
X7	开机评分	X18	质量评分	X29	内存评分
X8	系统评分	X19	性能评分	X30	贴膜评分
X9	性价比评分	X20	固态评分		
X10	外观评分	X21	软件评分		

考虑到并不是所有的解释变量（商品特征）都对销量排名有显著的影响，为了去除不显著的解释变量，在实验中，采用SPSS软件，并对公式（1）采用逐步回归方法，选取具有显著影响的解释变量，并剔除不显著的变量，这样可以在一定程度上解决解释变量之间的多重共线性问题。经过SPSS软件分析处理之后，分析结果汇总如表7-12所示：

表7-12　实验分析结果

R方	0.656 30			
变量名	parameter	B	Sig.	VIF
截距		5.315 65	<0.001 0	0
In（评论数量）	X1	−0.824 20	0.013 20	2.146 58
In（品牌）	X2	−1.282 40	0.028 10	1.543 19
客服评分	X5	−0.345 32	0.035 10	1.453 25
性价比评分	X9	−0.929 55	0.014 00	1.125 81
外观评分	X10	−1.235 02	0.014 50	1.445 21

续表

变量名	parameter	B	Sig.	VIF
屏幕评分	X11	−0.703 42	0.036 10	1.363 27
游戏评分	X13	−0.823 12	0.025 40	1.984 37
物流评分	X14	−0.152 90	0.037 00	1.123 58
质量评分	X19	−0.534 32	0.041 90	1.458 56
性能评分	X20	−0.832 13	0.044 10	1.215 54
硬盘评分	X24	−0.155 23	0.036 30	1.302 16
价格评分	X26	−0.684 32	0.014 20	1.784 54
内存评分	X30	−0.623 55	0.049 20	1.224 84

7. 结果分析

经过分析处理之后，我们得到两个方面的信息：第一个是商品属性的情感分布。根据每个特征词的情感评分的正负值，可以了解到用户们对该商品的某一特征值的正面和负面情感的分布状态；第二个是用户对商品属性的情感倾向对商品销量排名的影响。图 7－8 的图 a 和图 b 显示了商品属性情感倾向与销售排名之间的关系。

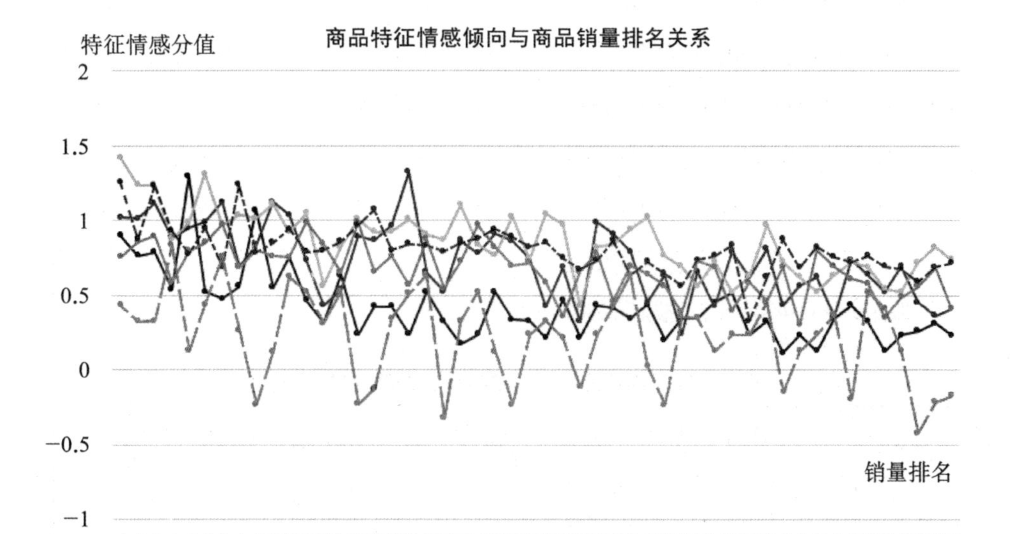

a

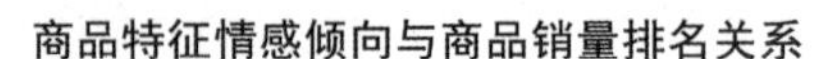

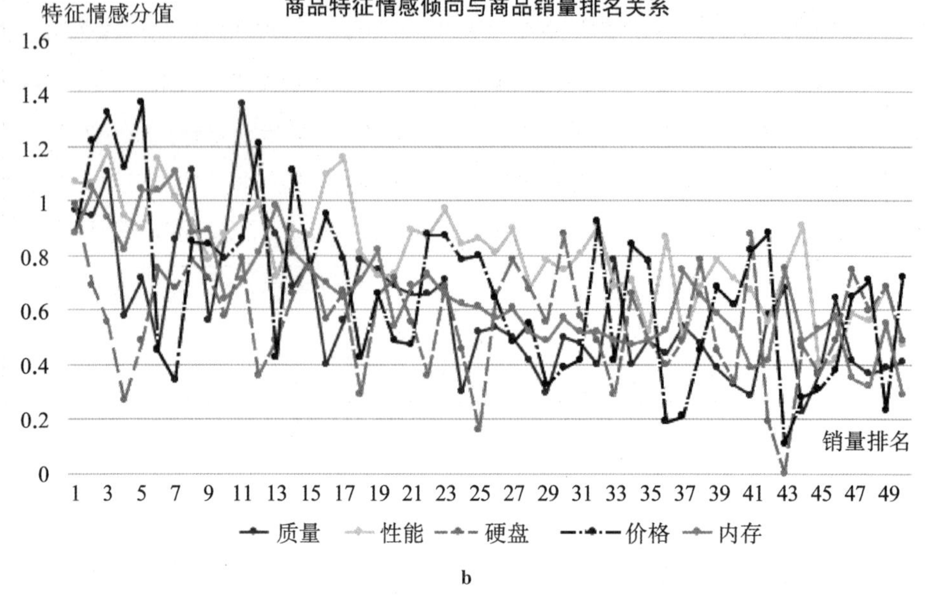

图 7－8　商品属性情感倾向与商品销售排名关系图

从 a 图中可以看出，随着销量排名的降低，性价比、外观、屏幕、性能和游戏特征的情感分值整体呈明显的下降趋势。表明这些商品特征的情感表达与销售排名具有较强的正相关关系。

从 b 图中可以看出，客服、质量、价格和内存特征的情感评分随着销量排名的降低，也是呈下降趋势的，但是趋势相对平稳，基本表现为正相关。

而硬盘和物流的情感分值随着销量排名的降低，波动较大，部分商品的分值甚至为负分，没有一个较稳定的趋势，表明笔记本的销售热度与硬盘和物流的联系相对较弱。

通过分析，我们对实验结果总结如表 7－13 所示：

表 7－13　与笔记本销售排名相关的商品特征属性

商品属性	与销售排名的相关性
性价比、外观、屏幕、性能和游戏	高度正相关
客服、质量、价格和内存	基本正相关
硬盘和物流	不相关

从表 7-13 可以发现，在商品属性中，一些体现商品性能的属性，其在线用户的情感倾向跟商品的销售排名呈现较为明显的正相关，这说明对于笔记本这类电子产品，用户更加看重“质”。此外，“客服”也是一个比较重要的因素，说明在线销售也需要优质的服务，需要提供给用户一种良好的购物体验。然而，硬盘虽然是笔记本商品重要的性能指标，但是在线用户的情感倾向跟销售量之间没有明显的相关性，可能是这种性能指标可以由其他相关技术（移动硬盘、云存储等）进行弥补。

7.4 面向主题模型的高质量 UGC 文本识别

我们在 UGC 文本知识发现任务时曾经提到相关用户的识别，这种识别不仅要确定 UGC 文本的创作者，还需要确定 UGC 所表达的客观性。对于客观性来说，我们认为，UGC 内容本身所体现出的价值也是客观性的一个方面。为此，我们将通过主题模型的应用，来识别高质量的 UGC 文本所具有的相关特性。

高质量用户生成内容的识别不仅可以帮助人们更好地理解自己所需要的信息，而且对这些信息进行处理和分析也有助于促进社会化媒体的健康发展。同时，对高质量用户生成内容的特征提取，是对这些信息进行挖掘利用的重要步骤。如何能够挖掘高质量用户生成内容的特征并提取有用的信息，已经是数据挖掘领域研究中亟需解决的问题，这项技术的研究不仅将有助于增强社会化媒体的数据挖掘研究，也将有利于提高用户体验。

7.4.1 UGC 质量评价方法

社会化媒体中可利用的信息丰富，对于用户来说，利用便利庞大的社会媒体，并且从中获取自己需要的信息，不仅费时，而且还不一定能找到需要的信息。然而，目前对社会媒体信息进行挖掘利用的研究面临着诸多的问题和挑战，由于社会化媒体的信息通常比较短小，使得传统的基于统计的文本挖掘方法在社会媒体信息上不是十分有效；同时用户产生内容在质量上缺乏监管机制，造成低质量的用户生成内容所占的比例非常大，影响了社会媒体分析研究工作的效果。在电子商务领域，很多网站都构建了评论的评价体系，并由用户对评论的效用性进行质量评估。这种方法简单易行，因此被很多网站采用，但评估过程需要时间，无法及时发现高质量用户生成内容，在实际应用中存在一定延时。

考虑到用户生成内容的语言特征和语义内容可能会对用户的行为产生直接影响[①]，研究人员希望通过信息技术识别用户生成内容的特征，进而实现高质量用户生成内容的分析。在特征提取方面，SVM 向量机是一种常用的方法，Kim[②] 采用 SVM 回归分析的方法，对用户生成内容的结构、词法、句法、语义、元数据等特征进行自动评价预测，从信息有用性角度实现对用户生成内容的质量评价。Weimer 则通过对用户生成内容进行文本特征挖掘，然后采用 SVM 对其进行分类，聚类出高质量的用户生成内容[③]；同时，Weimer 基于用户生成内容的浅层特征、词典特征、论坛专有特征以及相似度特征，使用 SVM 分类器对用户的回帖内容按照质量进行排序。[④] 虽然 SVM 在文本分类上有出色表现，但是 SVM 算法的评价结果无法实现用户生成内容的特征因素在语义层面进行解释，因此其分析结果不易被很好地理解。

此外，一些学者也在尝试通过领域知识库的方法对用户生成内容的质量进行评估。Tsur 等通过构建一个领域词库作为特征描述的质量判断依据，然后将用户对产品的评论转换成向量；通过计算评论向量与“虚拟核心”之间的举例来对用户的评论进行质量排序。[⑤] 由于用户生成内容的自然语言特征，因此领域知识库的构建在实际应用中存在一定的困难。

在用户生成内容与主题的研究中，有学者提出，离开特定的主题，用户生成内

---

① A. Ghose, P. G. Ipeirotis, “Estimating the Helpfulness and Economic Impact of Product Reviews: Mining Text and Reviewer Characteristics”, *IEEE Transactions on Knowledge and Data Engineering*, 2011, Vol. 23, Issue. 10, pp. 1498 - 1512.

② S. M. Kim, P. Pantel, T. Chklovski, et al. Automatically assessing review helpfulness [2018 - 04 - 22]. http: //wing. comp. nus. edu. sg/~antho/W/W06/W06-1650. pdf.

③ M. Weimer, I. Gurevych, M. Muhlhauser. Automatically assessing the post quality in online discussions on software [2018 - 04 - 23]. http: //www. aclweb. org/anthology/P07-2032.

④ M. Weimer, I. Gurevych. Predicting the perceived quality of web forum posts [2018 - 06 - 22]. https: //pdfs. semanticscholar. org/cfc8/a33215e11eae2708a243a2496689125c6aef. pdf.

⑤ O. Tsur, A. Rappoport. RevRank: A Fully unsupervised algorithm for selecting the most helpful book reviews [2018 - 04 - 23]. https: //www. aaai. org/ocs/index. php/ICWSM/09/paper/viewFile/180/429/.

容将不容易被理解，评估其质量也就没有更多的意义。Lee 等人认为，利用用户生成内容与主题的重叠程度来评估高质量的信息，作者使用了用户生成内容与主题的重叠度、用户生成内容的长度等特征指标。[①] 这项研究将用户生成内容质量评估从单独的信息质量分析转变成一个多维的分析层面，为质量评估提供了一个新视角。

综上所述，我们将借助主题模型，强调对用户生成内容的深层次分析，从语义层面（主题层）对用户生成内容的质量进行评估，来发现高质量用户生成内容的主题分布特征。

7.4.2 高质量用户生成内容的识别

1. 获取数据

我们以亚马逊网上书店的书评为数据源，选取了前十本畅销书的用户评论，采用 MetaStudio/DataScraper 数据抓取组件共获取有效用户评论数 29 855 条，将每本书的全部用户评论作为一个整体，形成 10 个 UGC 文档，并采用 jieba 分词组件，利用 python2.7 编程实现分词，形成如图 7 - 3 所示 UGC 文档矩阵。

2. 算法描述

基于 LDA 的用户生成内容主题分布的算法如下：

（1）建立 UGC 模型，将每本书的全部书评合并到一起，对 UGC 文档进行分词处理，剔除停用词，得到每个 UGC 的词频向量 fui。

（2）对这些词汇进行 TFIDF 变换，计算词在 UGC 文档中的权重。

（3）训练 LDA 模型。由于 LDA 模型在求解过程中使用 Gibbs 抽样方法，根据经验值，确定 α 和 β 的值，两个超参数一般设置为 $\alpha=50/Z$，$\beta=0.01$。

（4）对模型进行求解，如图 7 - 4，得到每个 UGC 的主题概率分布。

（5）将识别的主题中的主题词再进行 TF - IDF 权重计算，求出高概率主题词，

---

① C. W. Lee, M. Y. Day, C. L. Sung, et al. "Boosting Chinese Question Answering With Two Lightweight Methods: ABSPs and SCO-QAT", *ACM Transactions on Asian Language Information Processing (TALIP)*, 2008, Vol. 7, Issue. 4, p. 12.

作为每个 UGC 文档的标签。

3. 实验过程

为了更好地确定每个 UGC 文档的主题数，通过困惑度 perplexity 指标，我们选择 250 个主题，每个主题由 10 个组题词组成。

针对上面提到的算法，我们对 10 个 UGC 文档进行了主题的提取，并为每个 UGC 文档形成高概率的候选主题，表 7 - 14 描述了第一个 UGC 文档的 5 组候选主题，每组主题由 10 个词组成。

表 7 - 14　第一个 UGC 的 5 组主题

1	2	3	4	5
超值 0.005 635	感谢 0.009 943	实践 0.009 669	借阅 0.010 234	太好了 0.006 208
达到 0.005 635	真知灼见 0.005 208	金钱 0.005 064	别具一格 0.005 361	不错 0.000 564
每行 0.005 635	结尾 0.005 208	营销 0.005 064	商榷 0.005 361	创新 0.000 564
章节 0.005 635	重新认识 0.005 208	翻译者 0.005 064	对得起 0.005 361	值得 0.000 564
真是 0.005 635	开放 0.005 208	信赖 0.005 064	圈钱 0.005 361	推荐 0.000 564
轻松 0.005 635	感想 0.005 208	极少数 0.005 064	不惑之年 0.005 361	商业 0.000 564
与众不同 0.005 635	通读 0.005 208	重构 0.005 064	朴实 0.005 361	观点 0.000 564
体会 0.005 635	新视界 0.005 208	欲罢不能 0.005 064	体系 0.005 361	思考 0.000 564
方法 0.005 635	个人感觉 0.005 208	理论指导 0.005 064	京东 0.005 361	好书 0.000 564
一读 0.005 635	大道理 0.005 208	震撼 0.005 064	清清楚楚 0.005 361	思维 0.000 564

由表 7 - 14 可知，每个 UGC 文档都可由一系列候选主题共同来表征，为了进一步地分析候选主题中能够描述主题特征的词汇，按照上面提到的算法中的步骤(5)，我们对候选主题中的词汇进行了权重的分析。计算所得到的权重如下表所示，我们选取了权重值在 0.1 以上的词汇。

表 7 - 15　第一个 UGC 文档的部分主题词的权重

序号	主题词	权重	序号	主题词	权重
1	商业	0.440 761 315	3	值得	0.330 570 986
2	推荐	0.385 666 151	4	创新	0.289 249 613

续表

序号	主题词	权重	序号	主题词	权重
5	不错	0.206 606 866	7	创业	0.110 190 329
6	内容	0.179 059 284	8	本书	0.110 190 329

由表 7-15 可以看出，每个主题词的权重都不相同，权重大的主题词能够更好地反映 UGC 文档的内容，我们将这些权重较大的主题词定义为 UGC 文档的核心主题。

4. 识别方法

为了识别高质量用户生成内容的主题分布特征，我们首先对高质量用户生成内容进行识别。由于高质量用户评论的识别是一个主观性比较强的过程，因为高质量只是相对的，为了避免计算机自动识别带来的局限性，我们采用如下的实验步骤从不同的角度识别高质量的用户生成内容：

(1) 整理亚马逊网上书店系统识别的高质量用户评论；

(2) 根据用户的评分区分高质量（4—5 星）和低质量（1—3 星）的评论；

(3) 设定评判标准，人工识别高质量和低质量的评论，对结果进行主题特征分布的识别。

对于 (1) 和 (2)，方法是根据规则，采用 MetaStudio/DataScraper 数据抓取组件直接下载亚马逊网上书店每本书的用户评论信息。对于 (1)，将亚马逊网上书店推荐给用户的有用评论作为高质量用户评论信息。

对于 (3)，为了能更好地识别高质量用户生成内容，我们对高质量用户生成内容的特征进行如下的说明：

(1) 描述一个完整的事件，信息冗余度低；

(2) 描述的内容易于理解；

(3) 描述的内容与事件特征一致性高。

为了确保标识的准确性，我们请 5 位用户依据这个标准对下载的用户评论进行标注，标注的结果只有两种：高质量和低质量。最后，我们将超过 60%的评论标注为高质量的用户评论，认为其为高质量，否则为低质量。表 7-16 显示了人工标注与用户打分结果的对比。

表 7－16　人工标注与用户打分的对比

	标注评论数量	占评论总量（%）
4—5 星的用户评论	25 225	84.5
人工标注高质量评论	21 918	73.4
1—3 星的用户评论	4 630	15.5
人工标注低质量评论	7 937	26.6

根据这三种方法，我们形成了 3 个数据集，分别保存不同方法得到的高质量和低质量的 UGC。

5. 实验分析

对于识别步骤中的（1），我们发现最有价值的用户评论与上文计算出的高权重主题之间存在较高的相关度，由于受篇幅所限，我们选择第一个 UGC 对应的用户评论。系统认为对用户最有用的评论如表 7－17 所示：

表 7－17　系统识别出最有用的用户评论

评 论 文 本	备　　注
很不错的一本书，虽然内容可能在天朝实践有难度，但从创业素质的角度去看，这本书虽并未告知你如何创业，却能让你深感创业是一种需要不断思考的活动，并不像某些鸡汤和广告书，谁都没有可能随随便便成功，要么你天赋异禀，要么你掌握了秘密。	系统认为对用户最有用评论（29/30）
我觉得这本书的核心在于它谈到了商业发展中特别特别核心的一个问题——咋才能避开竞争，筑起自己的墙壁圈进丰厚利润。 另外，我还是相信做支付的人更能看清商业本质，彼得・蒂尔是贝宝的创始人和领袖，他们看商业，看的不是商业故事，看的是各家的账本，看得更真实，也能知道商业的来龙去脉。从这本书里出现的风起云涌的诸多人物，像埃隆・马克思、霍夫曼，连作序的余晨都是做支付的可以看出。	其他对用户有价值的评论（28/33）

从表 7－17 中的评论可以看出，系统识别出的高质量用户评论内容与实验计算

出的高权重主题词（表 7 - 15）之间有极高的相关度。

对于识别步骤中的（2），我们发现用户对网络评论的评分标准较为单一，能满足自己的要求即可，因此高质量（4—5 星）评论的字数并不像想象中的那么多，很多只有一句话。虽然评分有些主观性，但是高评分的评论还是更多地容纳了表 7 - 15 中所包含的信息。因此主题分析还是可以标识用户认为高质量用户评论的一般特征。如下面的一些评论：

创业者都需要读一读。

革新了我的很多观念，值得推荐的好书。

书中的理论至少到目前为止是非常先进的，想或者已经在创业的伙伴都应该看看。

对于识别步骤中的（3）识别的高质量评论进行了分析，发现与用户打分不一致的高质量评论主要体现在描述事物特征的一致性上，如下面一些用户评论被评价为高质量，但是与我们计算出的高概率主题的相关度并不高：

质量不错，内容不够丰富，性价比不高。

还没开始看，应该不错。包装非常精致。

还不错，朋友推荐的，刚浏览了一遍。

这说明用户打分的高质量评论带有其特定关注的角度。除这些以外，其他大多数与表 7 - 15 的相关度都很高。

6. 结论总结

为了进一步分析用户评论与高权重主题词之间的关系，我们抽取了 10 篇 UGC 文档权重超过 0.1 的高权重主题词，并对比了亚马逊网上书店用户评分的高质量评论和人工标注的高质量评论与高权重主题词之间的关系，表 7 - 18 显示了相关结果。

表 7 - 18　高质量用户生成内容包含的高频主题情况

	人工标注高质量评论	用户评分高质量评论
包含高权重主题词的评论占比（%）	78	70

从表 7 - 18 的分析结果中可以看出，高权重主题词更多地出现在高质量用户评

论中。

通过分析，我们发现，高质量用户评论的主题分布存在如下的一些特征：

(1) 高质量用户评论与高概率主题之间存在较高的正相关性；

(2) 包含有高权重主题词的用户评论更容易被识别为有价值的评论；

(3) 评论字数并不是网络用户认为高质量评论的必要条件，高质量的用户评论要符合用户对信息的需求。

7.5 小　结

用户生成内容是人们日常生活中不可缺少的信息来源。作为网络文本中的重要组成部分，UGC 文本为我们的工作、学习、生活创造了一定的价值。从 UGC 文档中挖掘有价值的知识并提供给用户，是知识发现应用的一个挑战。本章首先从 UGC 文本知识发现的任务和技术入手，探讨了面向主题模型的 UGC 文本知识发现的基本方法；然后结合 UGC 文本，就内容发现、商业价值发现及高质量 UGC 文本识别的策略进行了实验，并对相关结论进行了讨论。UGC 文本的知识发现是一个比较新的研究方向，用户生成内容在形式、语言表达等方面存在特殊性，因此对其进行知识发现将会遇到很多的挑战。今后，将考虑结合关联主题模型、层次主题模型等对 UGC 文本进行更深入的知识发现研究。

为了能更有效地实现 UGC 文本的知识发现，今后需要做到：

1. 需要有更丰富完善的领域知识（即评价对象的特征描述），客观全面地展示特定评价领域的内容，增强用户 UGC 文本内容提取的合理性。

2. 将用户 UGC 的评论者信息与主题模型相结合，构建更加细致的知识提取模型，从多个层次和角度抽取用户 UGC 文本的内容。

第8章 结语与展望

8.1 结 语

知识发现是数据挖掘研究领域的一个重要方面。在大数据时代下，庞大的数据下蕴含着丰富的信息和商业价值。这些信息不仅可以满足不同用户多元化的信息需求，也可以让企业和政府等相关组织能够更深刻地了解人们的需求。然而，大数据是一把“双刃剑”，在其拥有巨大价值的同时，庞大的数据量和复杂的数据结构对信息处理也提出了巨大的挑战。

文本作为一种最常见的信息存储形式，不仅易于操作，通常还包含有大量的语义信息。为了发现海量文本文件中潜在的、未被发现的信息，并为用户提供知识服务，是文本知识发现理论及其实践的主要目标，其成果在学术研究与商业实践中具有重要的应用价值。文本文件形式多样，不仅包括传统的科技文献文档，也包括网络新闻文本及社会化媒体软件产生的海量 UGC 文本，由于这些文本在形式、写作规范、内容表达方面等都存在一定的差异，为文本知识发现研究带来了巨大的挑战。此外，在实施文本知识发现的过程中，研究者还需要关注以下这些重要的问题：如何对文本进行预处理？如何降低文本的维度？如何降低信息抽取的难度？如何获取文本中包含的有价值的语义信息？如何发现文本中的潜在知识并以用户可以接受的方式进行传递？这些问题的难度和重要性不言而喻。

本书在大量实践研究的基础上，就常见的几种文本形式进行知识发现模型、方法及实践的探讨；在主题模型的基础之上，综合运用共词分析、聚类算法、关联规则、齐普夫定律等方法，进行了有益的尝试，为文本知识发现的研究提供了一种有效的方法。

本书构建了一个通用的面向主题模型的文本知识发现模型，并就不同文本形式对预处理、语义降维、知识挖掘、结果展示和呈现、理解和解释等知识发现流程做了深入的阐述，主要研究成果包括以下三个部分：

1. 从语义层面设计文本知识发现模型

在传统的文本挖掘方法与信息抽取任务中，抽取结果一般是文本本身的特征词，这些特征词由于存在高频无意义、一词多义等问题影响了文本知识发现的效果。同时传统的词频统计方法也无法有效地识别文本文件中所包含的语义信息，这为用户对文本内容的深入理解造成了一定的障碍。为此，本书借助主题模型，实现了文本的语义建模，并将语义信息浓缩实现了文本降维，将文本处理成“文本—主题—词项”的三层表示模型，解决了实际应用过程中海量文本集合的管理问题。

本书以主题模型为基本工具，根据不同文本数据的特征，设计了知识发现的模型，并就知识发现的方法进行了详细的介绍。实验表明，我们提出的方法，在科技文献文档、网络新闻文本、UGC 文本的知识发现过程中，获得了较好的效果。

2. 揭示了文本中潜在主题的关联

文本中多主题间的相关关系蕴含了丰富的信息，对主题关联的识别，可以帮助用户更好地理解文本的内容。传统的单纯抽取文本主题特征词的方法，形成了高频孤立词的状况，很难识别文本主题之间的相关关系。本书在论证过程中，将情报学中的一些经典方法，如词共现分析、关联规则、齐普夫定律等应用于文本集合的语料库，从中发现文本集合中主题与主题之间的联系强度，实现了文本中潜在主题之间关联关系的识别，为用户提供了有价值的知识模型。

实验证明，本书提出的方法在文本知识抽取以及知识关联方面，不仅保留了文本知识的语义特征，而且能够计算并识别知识间关联的强弱，能够更好地帮助用户理解文本文件所包含的知识元素。

3. 抽取文本集合中的领域知识

文本集合大多具有特定领域的背景知识，如文献检索结果集合，包含了相关领域的知识；新闻文本集合包含了某一个新闻话题的专业术语；而用户生成内容则包含了评价（或描述）对象的特征信息。可见，不同的文本集合包含有大量相关领域的知识，如何有效地识别这些领域知识，是文本知识发现需要解决的主要问题。为此我们针对不同类型的文本集合，构建适合文本集合的领域知识库（或专业词库）。知识库客观全面地展示了特定领域的知识元素，不仅规范了文本预处理过程，也有助于领域知识的提取，确保知识发现的科学性、客观性和准确性。

实验证明，我们所构建的领域知识库，可以有效地屏蔽那些高频无意义词的干扰，从大规模文本集合中抽取出领域的核心知识。

8.2 展　望

文本数据蕴含了丰富的领域信息和商业价值，通过知识抽取，可以帮助信息使用者获得更多的信息。本书以文本数据为研究对象，以文本知识发现为目的，提出了如何有效地组织、挖掘、利用文本信息的方法。任何学术研究都需要以解决实际问题为最终目标，对于文本信息的知识发现，本书做了大量的实践研究，但仍然存在一定的不足，在今后的研究中，我们认为如下三点有待进一步深化拓展：

1. 进一步完善文本知识发现的方法论

文本知识发现的方法和模型很多，本书的研究仅限于文本主题提取的角度，因而从方法论而言，存在一定的局限性。主题模型自产生以来，受到了广泛的应用，也产生了很多的演化模型，这些模型仍然可以应用在特定的知识发现领域。如文本主题描述的层次关系分析、基于段落结构的文本相似性识别等等。这些特定的任务，可以在一些领域中使用。因此，在今后的研究中，我们将尝试将更多的演化主题模型应用到文本知识发现中，丰富文本知识发现的方法。

在本书的知识发现应用中，我们综合运用了关联规则、词共现分析、聚类算法、齐普夫定律等方法；然而，在知识发现领域，还有很多技术方法。因此，在今后的研究中我们将尝试把更多的方法与主题模型相结合，以改善知识发现过程的效果。

2. 科学的构建领域知识库

本书在文本知识发现的研究过程中，大量应用了领域知识库，这些知识库都是采用人工的方式构建，因此知识库的词汇量非常有限，且缺乏领域专家的经验。由于知识库是文本知识发现预处理的基础，因此在今后的研究中，我们将尝试设计一个系统的、科学的构建知识库的方法、采用计算机的方式，自动获取领域相关的知识和术语，实现知识库的自动构建，提高文本知识发现的效率。

3. 实现多学科方法的融合

文本知识发现是“信息—知识—智慧”的充分展现，与图书情报学科有着天然的紧密联系。但是，深入文本内容进行分析需要较深厚的数学基础和程序设计能力，因此，作为图情学科的研究者，应积极与统计学、计算机科学领域相互合作，同时立足自己的学科特色，体察社会的深层需求，在当今信息呈爆炸趋势的时代，做出应有的贡献。

附　录

附录 A　商业领域的知识发现系统

知识发现（以下简称：KDD）最初成功应用的典范是用户购买行为的分析，也正是因为在商业方面的成功应用不断刺激着 KDD 的发展，进而拓展到越来越广阔的应用领域。在商业领域，特别是销售业和服务行业，仍然是 KDD 应用最广泛的领域之一，主要应用于销售预测、库存需求、零售点选择、价格分析和销售模式分析。

从 20 世纪 90 年代开始，数据挖掘相关领域的应用发展迅猛。美国芝加哥伊利诺伊大学教授 Grossman 将数据挖掘系统划分为四个发展阶段①，数据挖掘系统经历了从关系数据库到元数据、数据仓库的应用，再到结合网络的数据挖掘系统，最后到以移动数据为数据集的基于数据挖掘和移动计算相结合的智能应用系统，除了第四代移动计算目前还没有相关商业应用系统外，每个时代都有相关的系统应用。

商业领域比较著名的知识发现系统有 Salford System 公司的 CART 系统、SAS Enterprise Miner、IBM Intelligent Miner、SPSS Clementine 等，它们都能够提供常规的挖掘过程和挖掘模式。

---

① R. Grossman. Supporting the data mining process with next generation data mining systems (2016 - 07 -14). https：//esj. com/articles/1998/08/13/supporting-the-data-mining-process-with-next-generation-data-mining-systems. aspx.

1. CART 系统

它是Salford System公司开发的数据挖掘系统，CART（分类和回归树）是基于斯坦福大学和加州大学伯克利分销的统计学家Leo Breiman，Jerome Friedman，Richard Olshen和Charles Stone开发的原CART代码的决策树软件，能够自动对数据提供深入的探索研究，并产生可理解的预测模型。在2000年获得KDD杯最佳CRM分析之后，在客户在线行为分析、电信客户流失分析、电信客户种类特征识别、营销优化、客户细分定位、医疗质量管理、反欺诈技术检测等方面获得了多项荣誉和应用。目前该系统已经提供了对大数据的支持。

2. SAS Enterprise Miner

SAS Enterprise Miner（简称SAS EM）是SAS公司的一种通用的数据挖掘工具，通过收集分析各种资料和客户的相关信息（购买模式、客户流失信息等），SAS EM可以发现未知的关系和以数据拥有者可以理解并对其有价值的新颖方式来总结数据[①]。同时SAS EM能够发现业务的趋势，并能够识别完成任务所需的关键因素。

SAS EM可以提供多种分析模型，并允许用户比较（评估）不同模型并利用评估结点选择最适合的。该系统提供关联、聚类、决策树、神经元网络和经典的统计回归等多种分析技术。从应用角度看，SAS EM支持市场划分分析、分类、预测模型、顾客分析和其他许多方面的挖掘应用。

上海宝钢配矿系统和铁路部门在春运客运研究等都采用了SAS的数据挖掘工具。

3. Intelligent Miner

Intelligent Miner是IBM公司的数据挖掘工具，提供典型的数据集自动生成、关联发现、序列规律发现、概念性分类和可视化显示等功能，可以自动实现数据选择、转换、挖掘和结果呈现这一整套数据挖掘操作。Intelligent Miner包括的分析

---

① D. Hand, H. Mannila, P. Smyth. 张银奎，廖丽，宋俊，等译：《数据挖掘原理》，北京：机械工业出版社，2003年。

软件工具有：Intelligent Miner for Data，Intelligent Miner for Text 和 Intelligent Miner Scoring。能处理的多种数据类型，包括结构化数据（如数据库表，数据库视图等）、半结构化及非结构化数据（如文本文件、电子邮件、网页等）。

其中，Intelligent Miner for Text 提供了从文本信息中获取有价值信息的功能。文本数据源可以是 Web 页面、传真、电子邮件和专利库等，该功能扩展了数据采集的范围。其功能包括识别文档语言、建立术语（人名、地名）或其他词汇的词典、提取文本的涵义，将类似的文档分组，并根据内容将文档归类。此外还包括一个全功能的先进文本搜索引擎和非常高效的 Web 文本搜索功能。

Intelligent Miner 的不足之处是连接 DB2 以外的数据库时，如 Oracle，SAS，SPSS 需要中间软件（如安装 DataJoiner）实现连接。

4. SPSS Clementine

SPSS 公司的 Clementine 是一个数据挖掘平台，Clementine 结合商业技术可以快速建立预测性模型，并能提供可视化的分析环境。在 Gartner 公司的客户数据挖掘工具评估中，SPSS Clementine 与 SAS 被誉为该领域的领导者，并且被认为在技术创新方面遥遥领先。SPSS Clementine 由数据获取（data access）、审查（investigate）、处理（manipulation）、建模（modeling）和报告（reporting）等部分组成[①]。

SPSS Clementine 系统具有以下的技术特色：

（1）可以用图来分析数据。系统提供的各种图形可以展现数据的内部结构，并能在图形中生成新的变量，实现对数据的深入处理。这些技术实现了用户交互式的数据挖掘，提高了挖掘的效果；

（2）提供多种建模技术，可以建立元模型。该系统提供了规则归类模型、神经网络模型、k-means 聚类模型、回归分析模型等，允许用户将多种模型技术组合起来或建立元模型；

（3）与 SPSS 软件的集成。将 SPSS 的统计分析软件集成在 Clementine，可以直接访问 SPSS 数据文件，并可以利用 SPSS 进行数据准备、分析、形成报告等；

（4）开放式的数据挖掘平台，通过外部接口，可以添加更多的挖掘算法，也可以用批处理的方式实现数据挖掘。

---

① 史忠植：《知识发现（第二版）》，清华大学出版社，2011 年。

附录B　图书情报领域的知识系统

图书情报领域一直是知识发现的主要研究领域，随着各种挖掘算法的改进，知识发现系统在图书领域的应用也不断增多，国内外的各种知识发现系统成为图书馆应用的重点，并为用户提供更多基于文献的知识服务。

近年来，随着文献资源电子化的快速发展，整合数字文献信息资源，为用户提供更广泛的基于文献的知识服务，是图书情报领域研究的一个重要课题。在跨库检索、信息导航系统、基于 OPAC 的信息整合等系统发展的基础上，各种知识发现系统开发并使用。这些知识发现系统是通过在后台预先建立一个集中索引库，然后通过系统前台提供给用户单一的检索框，以此来实现对各类不同数据库和系统资源的一站式搜索[①]。建立预索引的方式，可以一定程度上保障知识发现系统良好的相关性排序和高效的检索速率，这一类系统代表着未来数字信息资源整合的发展方向。

1. 国外图书馆知识发现系统

国外图书馆知识发现系统主要有 Summon 发现系统、Primo 资源发现系统、Worldcat Local 网络发现系统、EBSCO Discovery Service 发现系统。

（1）Summon 网络级探索发现系统

2009 年 7 月，Proquest 旗下的 Serials Solution 公司推出了 Summon 发现系统，该系统是世界上第一个网络级发现服务，目前在世界上已经有将近 500 家图书馆用户，远远领先于行业内同类产品的发展。Summon 系统可以提供图书馆的馆藏资源、图书馆订购的电子资源及免费开放获取资源和其他馆外资源、图书馆的特藏资源等全部类型的中外文资源的统一发现与获取服务，为读者提供集成的、单一入口

① 陈秀秀：《基于发现系统的图书馆数字资源整合探析》，载《四川图书馆学报》，2012 年第 6 期，第 21—24 页。

的资源发现与获取服务用户环境。

Summon系统的检索发现内容，除了图书馆自身的纸本馆藏、本馆数字馆藏外，还包括图书馆订购的各类远程数据库、电子资源及开放获取资源和其他馆外资源。该系统提供无缝集成的、完善的、合适的获取服务，而且所有的发现与获取服务均基于Web2.0标准构造，使之成为图书馆读者的发现与获取门户。Summon系统利用元数据和全文数据进行发现服务，是真正意义上的网络级发现系统。目前，已有73个机构的257个特藏数据库可以通过Summon公开检索并访问。

Summon是一种托管式服务模式，由Serials Solutions帮助图书馆维护知识库中的所有数据及更新。

与Google Scholar相比，Summon的优势主要体现在：

① Summon是专门针对每个图书馆的馆藏特别定制的；

② 根据图书馆的需要做分面、筛选和相关性排序等功能；

③ 可以将馆藏目录和图书馆的特藏数据库数据导入进行一站式检索；

④ Summon为图书馆提供非常灵活、功能强大的API接口，供图书馆自行开发使用。

（2）Primo资源发现与获取系统

Primo是Ex Libris公司开发的图书馆统一资源发现与获取门户系统，2010年1月Primo测试版发布，同年6月发布正式版。Primo的发现与获取服务均基于Web 2.0标准构造，结合SFX开放链接服务系统，为数字图书馆读者提供资源获取服务[①]。

Primo系统的主要特点：

① 元数据。Primo系统可以抓取图书馆的物理馆藏和数字资源的元数据，并进行统一的规范化、去重、FRBR处理，最后建立全文索引。

② 接口设计。图书馆读者可通过三种方式进行检索发现：一是通过Primo Central提供的元数据集中检索方式；二是通过MetaLib提供的联邦检索；三是通过第三节点API接口对外部搜索引擎（如读秀图书、Google Scholar）进行检索。

③ 相关度排序。Primo的相关度算法可以实现本地记录与集中索引检索结果的混合显示控制，并能确保本地资源相对优先的显示，从而方便查找和获取本地资源。

---

① 资料来源：http：//www.exlibris.com.cn/new/products/primo/index.asp

④ 信息挖掘。Primo 可以在一个页面内实现信息关联服务。包括当前检索词对应的 Wiki 词条，记录对应的网摘、读者评论、标签、Amazon 网摘等。

⑤ FRBR 功能。Primo 可以对收割来的各种数据记录自动进行 FRBR 合并，而且可能控制聚合的条件和规则；在对不同语种、不同时期的记录进行聚合时，还能利用用户的规范库实现更准确的聚合。

(3) WorldCat Local 网络级发现系统

WorldCat Local 是 OCLC 于 2007 年推出的一站式发现与传递服务。OCLC 作为世界上最大的图书馆会员合作组织，具有大量的文摘、索引和全文数据库，这些资源都是 WorldCat Local 发现系统的基础数据。2009 年，OCLC 推出了 WorldCat Local 的新版本，使之成为真正的网络级发现服务系统。随着 OCLC 与数据库商的不断合作，WorldCat Local 集成了元搜索功能，并于 2010 年开始提供网络级发现服务。

WorldCat Local 提供元数据的 API 接口，实现 OCLC 成员在系统中构建新的图书馆资源应用①。

WorldCat Local 的主要功能有：

① 元数据检索。OCLC 和许多电子资源提供商签订合作协议，信息使用者可以直接通过元数据检索的方式，从 WorldCat Local 检索这些数据库的资源。

② 联邦检索（federated search)。

③ WorldCat 知识库。知识库服务可以实现 OCLC 资源的共享，通过馆际互借，将全文内容请求发送到拥有该全文内容并有权出借给其他馆的图书馆。

④ 社交网络功能。

(4) EBSCO Discovery Service

EBSCO Discovery Service（以下简称 EDS）是由 EBSCO 公司于 2010 年 1 月发布。EDS 采用了目前流行的云服务模式，不仅不占用本地资源，而且减少了维护工作量。EDS 提供分学科的元数据，有利于用户从一开始就能在本学科范围进行检索，体现了学科化服务的思想。

EDS 的主要特点有：

---

① 资料来源：New WorldCat Metadata API will enable OCLC members, partners to build new applications for libraries to catalog in WorldCat. 网址：http：//www. oclc. org/news/releases/2013/201333dublin. en. html

① 检索的任何资源都可经过图书馆自行设定，尽最大可能满足各类图书馆独特的个性需求；

② EDS 以“简单”和“直观”为出发点，结合强大的内置功能，以现有的 EBSCOhost 检索平台实施整体服务，体现“易用”和“迅捷”宗旨，呈现给读者一个最具全面性和简单性的检索体验；

③ 真正做到“一站式”，满足科研人员的全部检索需求。

对于国外知识发现系统的资源覆盖和元数据、架构与功能、检索结果输出、相关性排序原则等相关性能的对比，详见表 B-1 至表 B-4 所示[①]。

表 B-1 国外知识发现系统对比

	元数据总量	收录范围	数据深度	集成资源和免费资源	中文资源覆盖
Summon	Summon 索引了超过 10 亿条数据记录、100 多种资源类型。	9000 余家出版社合作，收录了超过 15 万种期刊中的文章，而且绝大多数都索引到全文级。	绝大多数都索引到全文级，而且可以进行全文检索。	73 个机构的 257 个特藏数据库；可全文检索 HathiTrust 中的 800 多万册图书，并免费获取其中 200 万册公开版权的图书。	分别与 Calis、Apabi、维普达成签约，使用相关元数据资源。
Primo	索引记录超过 5 亿，包含 3 600 多万条中文期刊全文记录。	覆盖 152 家数据库资源供应商，涵盖期刊 10 万多种、图书 800 余万种以及部分报纸资源。	89% 包含完整元数据（包括主题或关键词），其中有 36% 含文摘，49% 含文摘和全文。	集成 83 种 OA 资源数据库及平台，包括 HathiTrust。	与维普签订协议，清华大学和山东大学的 Primo 系统已经装载了维普元数据。

① 秦鸿，钱国富，钟远薪：《三种发现服务系统的比较研究》，载《大学图书馆学报》，2012 年第 30 卷第 5 期，第 5—11 页，第 17 页；EBSCO Discovery Service［2018 - 04 - 27］. https://www.ebscohost.com/discovery；陈秀秀：《网络级发现服务系统比较研究》，长春：东北师范大学，2013 年。

续表

	元数据总量	收录范围	数据深度	集成资源和免费资源	中文资源覆盖
WCL	提供元数据API接口。	超过15亿篇全文期刊论文，2 000万电子书，2.20亿种图书。	绝大多数都索引到全文级，而且可以进行全文检索。	4 500万来自谷歌图书和hathitrust的数字资源，并免费获得全世界图书馆里的3.27亿本书。	
EDS	向第三方开放元数据访问。	大约2.38万个供应商的文摘和引文，全文和开放获取资源，包括世界顶级出版商和信息提供商的超过100万份出版物。	90%是厚数据。	集成1 100多种OA资源（出版者、提供者或产品）。	已与维普签约。

表B-2　架构与功能对比

	服务模式	开放接口	移动平台
Summon	SaaS	API接口	检索全部资源
Primo	SaaS+	API接口	部分
WCL	SaaS	API接口	检索全部资源
EDS	SaaS	API接口	部分，增加了热门推荐

表B-3　检索结果输出方式对比

系统	输出方式	输出格式
WCL	Email，打印	Csv格式
Summon	Email；打印；导出至文献管理软件：EndNote Web，Refworks，ProCite或Reference Manager	纯文本、CSV格式、RIS格式、HTML

续表

系统	输出方式	输出格式
Primo	Email；打印；导出至文献管理软件：EndNote Web，Refworks 等	RIS 格式
EDS	Email；打印；导出至文献管理软件：EndNote Web，Refworks，Reference Manager 等	XML 格式引文、MARC21 格式引文、HTML 等

表 B－4　相关性排序原则

	排序原则
Summon	动态排名：字段权重、词语出现频次、对词组和智能关键词处理、术语词干；静态排名：出版日期、文献类型、本地资源、学术性/同行评审状态、被引用次数。
Primo	基于 ScholarRank 算法控制。
WCL	相关性算法包括以下组成部分：（1）搜索词加权顺序。首先，对作者字段中的搜索词进行加权计算；其次，标题字段中的搜索词；最后，其他字段、词频、词语之间的相近性。（2）近因。（3）资料越新，权重越高，资料收藏范围。本地收藏的资料在结果顶部显示（如果图书馆选择此顺序为默认排序）。
EDS	按照“主题词表”的优先顺序，满足学术用户的需求，相关性排序的优先顺序如下：专业主题的控制词表；文章题名；作者提供关键字；文摘提供关键字；全文中提供关键字。

2. 国内图书馆知识发现系统

国内基于文献的知识发现系统主要有清华同方的中国知网知识发现网络平台（Knowledge Discovery Network Platform，简称 KDN 平台）、北京万方软件股份有限公司的“中国学术搜索”、超星集团的“超星发现系统”、重庆维普资讯有限公司的“智立方发现系统”、北京方正阿帕比技术有限公司的“学知搜索”，以及百度学术搜索推出的“高校图书馆计划”等。表 B－5 至表 B－7 分别从知识发现系统的资源整合、知识关联与预测、文献获取等方面进行比较[①]。虽然这些知识发现系统也

① 王悦辰：《国内四大中文知识发现系统比较分析》，载《图书馆工作研究》，2015 年第 9 期，第 42—45 页；覃燕梅：《百度学术搜索与超星发现系统比较分析及评价》，载《现代情报》，2016 年第 36 卷第 3 期，第 48—52 页，第 60 页；刘汝建：《从 KNS 到 KDN：CNKI 中国知网知识发现网络平台述评》，载《图书馆学研究》，2013 年第 4 期，第 52—55 页。

提供英文资源的服务，但本书提供的表格重点考察这些知识发现系统的中文资源的发现功能。

表 B-5　元数据类型

类型	KDN	中国学术搜索	超星发现系统	智立方发现系统	学知搜索	百度学术
图书	Y	Y	Y	Y	Y	Y
期刊	Y	Y	Y	Y	Y	Y
学位论文	Y	Y	Y	Y	Y	Y
会议论文	Y	Y	Y	Y	X	Y
报纸	Y	X	Y	X	Y	X
专利	Y	Y	Y	Y	X	Y
标准	Y	Y	Y	Y	X	X
科技成果	Y	Y	Y	Y	X	X
科技报告	Y	X	X	Y	X	Y
法律法规	Y	Y	X	X	X	X
视频	X	X	Y	X	X	X
产品样本	X	X	X	Y	X	X

表 B-6　知识关联与可视化应用

类型		KDN	中国学术检索	超星发现检索	智立方发现检索	学知检索	百度学术
详细记录	字段	字段全	字段全	字段全	字段全	字段全	字段全
	超链接	主题、篇名、作者、单位、基金、文献来源、关键词、摘要、参考文献、文献来源等，提供句子检索。	作者、单位、刊名、关键词、中图分类号、年、期、参考文献。	作者、刊名、机构。	作者、单位、刊名、关键词、中图分类号。	主题词、作者、刊名、年、期。	文献类型、学科、核心、年。

续表

类型		KDN	中国学术检索	超星发现检索	智立方发现检索	学知检索	百度学术
	字段	字段全	字段全	字段全	字段全	字段全	字段全
	相关扩展	术语查询、数字搜索、表格搜索、概念搜索、图形搜索、翻译助手等服务。	相似期刊、相似学位论文、相似会议。	相关文献、同作者文献、同单位文献、相关网页搜索。	相似期刊、学位论文、相似会议、相关主题、相似作者、相似机构。	同期文章、相关资源。	期刊相关信息。
可视化分析（统计分析）		以图形方式展现关键词的关注情况，包括关注度、学科分布、研究进展、机构分布等；揭示各类文献之间的相互引证关系；从定量的角度综合判断分析对象的学术综合实力。	检索词趋势："创新助手"需要另行下载软件，没有嵌入在"中国学术搜索"中。	学术辅助分析系统：相关知识点、相关作者、相关机构、学术发展趋势（图书、期刊、会议论文、报纸、核心刊、中文学科分类、刊种统计、各频道检索量、作者统计、基金统计）。	无	各类型文献分布情况、学术发展趋势（期刊文章、图书、学位论文）、学科分布（期刊论文、图书）、相关作者。	智能识别期刊，图表（期刊发文数、被引数）。

表 B-7　文献获取方便度比较

类型	KDN	中国学术检索	超星发现检索	智立方发现	学知检索	百度学术
全文链接	中国知网	万方数据、中国知网、重庆维普	中国知网	重庆维普	中国知网、重庆维普	中国知网、重庆维普、万方数据

续表

类型	KDN	中国学术检索	超星发现检索	智立方发现	学知检索	百度学术
结果页面可否直接连接全文	否	否	可以	可以	否	否
原文传递（邮件接收）	可以	可以	可以	无	无	无
检索结果保存或导出	实现多次检索结果文献的一次性导出。	无	单个选择，批量导出（电子邮件、保存）。导出格式：文本，参考文献，Excel，Endnote，NoteExpress，Refworks，NoteFirst。	可以导出批量选择导出（保存），导出格式：文本，参考文献，XML，NoteExpress，Refworks，Endnote。	无	无
与原文传递系统的融合		无	无	无	无	无

附录C　Web文本挖掘的应用

国内外在Web文本挖掘的应用研究中，已经开发了相关的Web文本挖掘系统和Web文本挖掘类，有些工具系统和类都已经开始商业应用①。目前Web文本挖掘的系统和类主要有：

结合Web文本挖掘技术的商业应用见表1：

表C-1　国外Web文本挖掘技术的商业应用情况统计表

系统名称	开发公司	主要性能	其他
Brightware	Brightware公司	使用规则合并、模式匹配等技术，自动地实现电子邮件阅读和解释，对所阅读的电子邮件作出相应的回复。	能够产生一个标准的电子邮件回复函、递送电子邮件给潜在的用户。
Convectis	Aptex公司	具有实时文档分类功能，提供递送给用户的服务。处理网页、电子邮件、电信服务等多种信息源的文本信息。	带有智能型的网络搜索引擎Infoseek
Alta vista Discovery	DEC公司	可以对本地磁盘、网络磁盘及Internet进行自动搜集，并对搜索到的文本进行总结，同时寻找与当前文本相关联的网页、如内容相似、曾对该网页进行过引用的网页等。	是一个新型的桌面信息检索系统，它提供了对桌面、数据的无缝集成。

① R. Agrawal, H. Mannila, R. Srikant, et al. Fast discovery of association rules [2018-04-21]. http://www.cs.helsinki.fi/hannu.toivonen/pubs/advances.pdf；尹世群：《Web文本分类关键技术研究》，重庆：西南大学，2008年；O. Netzer, R. Feldman, J. oldenberg, et al. "Mine Your Own Business: Market-Structure Surveillance Through Text Mining", *Marketing Science*, 2012, Vol.31, Issue.3, pp. 521-543; I. Pop. "Web Mining Technique Framework for Intelligent E-Business Applications", *World Scientific and Engineering Academy and Society*, *New Aspects of Computers: Proceedings of the 12th WSEAS International Conference on Computers*, Wisconsin: WSEAS Press, 2008, pp. 348-353.

除了Web文本挖掘的商用系统，还有一些具有Web文本挖掘功能的类，具体如表2所示。

表C-2 国外主要Web文本挖掘的工具类

工具名称	开发公司	主要性能	其他
SemioMap	Semio公司	采用概念映射（concept mapping）技术，能够实现文本的自动处理功能，包括词典提取（主要针对英文和法文）。	适用于分析和处理大量Web文本信息的用户。
Intelligent Miner for Tex	IBM公司	适合于大型综合软件企业的开发人员，可以作为软件工程师的工具包备用。包含多种文本分析处理工具，内置TextMiner高级搜索引擎，以及大量网络访问工具（Web Access Tools），包括Web搜索引擎和Net Question和Web Crawler。	受到金融业电子邮件自动分类、国际电视传媒、专业信息咨询及电子图书馆等等领域用户的青睐。
Autonomy Agentware	Autonomy公司	使用了近似性推理和人工神经网络等智能算法，可对不法分子的犯罪记录进行综合分析和比较，进而能够发现罪犯的潜在行为模式。	该工具在英国警察局和情报处使用。
Web Watch 和Personal Web Watch	CMU公司	Web Watch可对在线来访用户的行为模式进行自动学习，通过对服务器主页的超文本结构和用户之前的访问路径进行学习，建立起一个有效的经验模型。当用户再次进入该站点时，通过对用户过往访问路径的分析向用户建议下一步要访问的页面链接。Personal Web Watch是一个个性化的导游器，它与Web Watch的主要区别在于前者面向特定的个人，而后者面向特定的网络站点。	可装配在WWW站点上的导游器（Tour Guide）。

国内也有一些高校和科研机构进行文本挖掘工具的研究。例如，中国科学院计算所、软件所、北京大学、清华大学、复旦大学、南京大学、东北大学、上海交通大学、北京邮电大学、哈尔滨工业大学、华南理工大学等，目前已经取得了一些令人可喜的研究成果和应用。

参考文献

一、中文文献

[1] 毕强,牟冬梅,陈晓美.数字图书馆 KOS 的变革与创新[J].图书馆学研究,2009(11):11—14.

[2] Bing Liu. Web 数据挖掘[M].俞勇,薛贵荣,韩定一,译.北京:清华大学出版社.2009.

[3] 曹建芳,王鸿斌.一种新的基于 SVM-KNN 的 Web 文本分类算法[J].计算机与数字工程,2010,38(4):59—61.

[4] 陈虹枢.基于主题模型的专利文本挖掘方法及应用研究[D].北京:北京理工大学.2015.

[5] 陈莉萍,杜军平.突发事件热点话题识别系统及关键问题研究[J].计算机工程与应用,2011,47(32):19—22.

[6] 陈锐,张蕾,卢春俊,等.基于概念图的信息检索的查询扩展模型[J].计算机应用.2009,29(2):545—548, 553.

[7] 陈文涛,张小明,李舟军.构建微博用户兴趣模型的主题模型的分析[J].计算机科学,2013,40(4):127—130,135.

[8] 陈晓美.网络评论观点知识发现研究[D].长春:吉林大学,2014.

[9] 陈秀秀.基于发现系统的图书馆数字资源整合探析[J].四川图书馆学报,2012(6):21—24.

[10] 陈秀秀.网络级发现服务系统比较研究[D],长春:东北师范大学,2013.

[11] 丁文军,薛安荣.基于 SVM 的 Web 文本快速增量分类算法[J].计算机应用研究,2012,29(4):1275—1278.

[12] 丁轶群.基于概率生成模型的文本主题建模及其应用[D].杭州:浙江大学,2010.

[13] 费仲超,朱鲲鹏,魏芳.WSAM:互联网 UGC 文本主观观点挖掘系统[J].计算机应用与软件.2012,29(5):90—94.

[14] 冯汝伟,谢强,丁秋林.基于文本聚类与分布式 Lucene 的知识检索[J].计算机应用,2013,33(1):186—188.

[15] 冯玉才,冯剑琳.关联规则的增量式更新算法[J],软件学报,1998,9(4):301—306.
[16] 奉国和,郑伟.国内中文自动分词技术研究综述[J].图书情报工作,2011,55(2):41—45.
[17] 顾晓雪,章成志.结合内容和标签的 Web 文本聚类研究[J].现代图书情报技术,2014(11):45—52.
[18] 郭凌辉.知识发现(KD)研究热点与前沿的信息可视化分析[J].图书馆理论与实践,2011(8):27—30.
[19] 郭勇.基于语义的网络知识获取相关技术研究[D].北京:国防科学技术大学,2007.
[20] 韩普,万接喜,王东波.基于混合策略的英汉双语新闻聚类研究[J].情报科学,2013,31(1):118—122.
[21] HAND D, MANNILA H, SMYTH P.数据挖掘原理[M].张银奎,廖丽,宋俊等,译.北京:机械工业出版社,2003.
[22] 洪宇,张宇,范基礼,等.基于语义域语言模型的中文话题关联检测[J].软件学报,2008,19(9):2265—2275.
[23] 胡健,杨炳儒,宋泽锋,等.基于非结构化数据挖掘结构模型的 Web 文本聚类算法[J].北京科技大学学报,2008,30(2):217—220.
[24] 胡侃,夏绍玮.基于大型数据仓库的数据采掘:研究综述[J].软件学报,1998,9(1):53—63.
[25] 化柏林.国内外知识抽取研究进展综述[J].情报杂志.2008(2):60—62.
[26] 靳展.基于语义 Web 的知识发现方法研究[D].哈尔滨:哈尔滨工程大学,2008.
[27] 康宏宇,李姣.生物医学文献的知识发现与数据整合[J].中华医学图书情报杂志,2015(2):15—20.
[28] 雷雪,侯人华,曾建勋.关联规则在领域知识推荐中的应用研究[J].情报理论与实践.2014,37(12):67—70,66.
[29] 李保利,俞士汶.话题识别与跟踪研究[J].计算机工程与应用,2003,39(17):7—10,109.
[30] 李朝奎,严雯英,肖克炎,等.地质大数据分析与应用模式研究[J].地质学刊,2015,39(3):352—357.

[31] 李德毅，杨雪南．关系数据库中的知识发现研究[J]．小型微型计算机系统，1992，13(4)：40—44．

[32] 李纲，王忠义．基于语义的共词分析方法研究[J]．情报杂志．2011，30(12)：145—149．

[33] 李俊，陈黎，王亚强，等．面向电子商务网站的产品属性提取算法[J]．小型微型计算机系统，2013，34(11)：2477—2481．

[34] 李蓉，叶世伟，史忠植．SVM－KNN 分类器——一种提高 SVM 分类精度的新方法[J]．电子学报，2002，30(5)：745—748．

[35] 李亚飞，刘业政．Web 挖掘的体系研究．[J]合肥工业大学学报(自然科学版)．2004，27(3)：305—309．

[36] 廖志江．知识发现及数字图书馆知识服务平台建设研究[J]．情报科学，2012，30(12)：1849—1853．

[37] 林鸿忆，马雅彬．基于聚类的文本过滤模型[J]．大连理工大学学报．2002，42(2)：249—252．

[38] 刘红煦，曲建升．文献综合集成模式下领域知识发现流程研究[J]．图书情报工作，2016，60(4)：125—133．

[39] 刘江玲．面向大数据的知识发现系统研究[J]．情报科学，2014，32(3)：90—92，101．

[40] 刘铭，王晓龙，刘远超．基于词汇链的关键短语抽取方法的研究[J]．计算机学报，2010，33(7)：1246—1255．

[41] 刘群，李素建．基于《知网》的词汇语义相似度的计算[J]．计算语言学及中文信息处理，2002，7(2)：59—76．

[42] 刘汝建．从 KNS 到 KDN：CNKI 中国知网知识发现网络平台述评[J]．图书馆学研究，2013(4)：52—55．

[43] 刘洋，张卓，周清雷．医疗决策表的不等式诊断规则挖掘方法[J]．小型微型计算机系统，2015，36(5)：1052—1055．

[44] 刘志辉，赵筱媛，杨阳．基于网络关系整合的竞争态势分析方法[J]．图书情报工作，2011，55(20)：64—67．

[45] 鲁松，李晓黎，白硕，等．文档中词语权重计算方法的改进[J]．中文信息学报，2000，14(6)：8—13，20．

[46] 鲁婷，王浩，姚宏亮．一种基于中心文档的 KNN 中文文本分类算法[J]．计算机

工程与应用,2011,47(2):127—130.

[47] 骆卫华,刘群,程学旗.话题检测与跟踪技术的发展与研究[EB/OL].(2016-10-18)[2018-08-22].https://max.book118.com/html/2016/1018/59865574.shtm.

[48] 闵波,刘爱中,郑萍,等.基于复杂关联网络的生物医学研究结构的挖掘[J].中华医学图书情报杂志,2015,24(8):1—4.

[49] 倪明选,张黔,谭浩宇,等.智慧医疗:从物联网到云计算[J].中国科学:信息科学,2013(4):515—528.

[50] 庞观松,张黎莎,蒋盛益,等.一种基于名词短语的检索结果多层聚类方法[J].山东大学学报(理学版),2010,45(7):39—44,49.

[51] 秦长江,侯汉清.知识图谱:信息管理与知识管理的新领域[J].大学图书馆学报,2009(1):30—37,96.

[52] 秦鸿,钱国富,钟远薪.三种发现服务系统的比较研究[J].大学图书馆学报,2012,30(5):5—11,17.

[53] 邱均平,楼雯.近二十年来我国索引研究论文的作者分析[J].情报科学,2013,31(3):72—75,81.

[54] 邱均平,王菲菲.基于共现与耦合的馆藏文献资源深度聚合研究探析[J].中国图书馆学报,2013,39(3):25—33.

[55] 阮光册.基于LDA的网络评论主题发现研究[J].情报杂志,2014,33(3):161—164.

[56] 史成金,程转流.基于混合聚类的中文词聚类[J].微计算机信息,2010,26(5—3):222—223.

[57] 史伟,王洪伟,何绍义,等.基于微博情感分析的电影票房预测研究[J].华中师范大学学报(自然科学版),2015,49(1):66—72.

[58] 史忠植.知识发现[M].第二版,北京:清华大学出版社,2011.

[59] 苏海菊,王永成.中文科技文献文摘的自动编写[J].情报学报,1989,8(6):433—439.

[60] 孙春葵,钟义信.文摘生成系统中词典的一种构造方法[J].计算机工程与应用1999(8):17—19.

[61] 孙吉红,焦玉英.知识发现及其发展趋势研究[J].情报理论与实践.2006,29(5):528—530,527.

[62] 覃燕梅.百度学术搜索与超星发现系统比较分析及评价[J].现代情报,2016,36

(3): 48—52,60.
[63] 田丰,桂小林,杨攀,等.采用类别相似度聚合的关联文本分类方法[J].西安交通大学学报,2012,46(12): 6—11,122.
[64] 王海涛,赵艳琼,岳磅.基于标题的中文新闻分类研究[J].Hans Journal of Data Mining, 2013(3): 33—39.
[65] 王会珍,朱靖波,季铎,等.基于多向量模型的中文话题追踪[C]//孙茂松,陈群秀.自然语言理解与大规模内容计算.北京: 清华大学出版社,2005: 669—671.
[66] 王娟琴.三种检索模型的比较分析研究: 布尔、概率、向量空间模型[J].情报科学,1998,16(3): 225—230,260.
[67] 王凯平.基于函数型数据分析的数据挖掘功能研究[J].统计与决策,2011(4): 160—162.
[68] 王敏,张志强.图书情报领域知识发现研究文献内容分析[J].现代图书情报技术,2008(2): 64—68.
[69] 王敏,张志强.知识发现研究文献定量分析[J].图书情报工作,2008,52(4): 29—31,61.
[70] 王小华,徐宁,谌志群.基于共词分析的文本主题词聚类与主题发现[J].情报科学,2011,29(11): 1621—1624.
[71] 王永庆.人工智能原理与方法[M].西安: 西安交通大学出版社,1998.
[72] 王悦辰.国内四大中文知识发现系统比较分析[J].图书馆工作与研究,2015(9): 42—45.
[73] 温浩,温有奎.基于语义互补推理的文献隐含知识的发现方法研究[J].计算机科学,2014,41(6): 171—175.
[74] 温有奎,成鹏.基于知识单元间隐含关联的知识发现[J].情报学报,2007,26(5): 653—658.
[75] 文庭孝,刘晓英,刘灿姣,等.知识关联的结构分析[J].图书馆.2011(2): 1—7.
[76] 文庭孝,龚蛟腾,张蕊,等.知识关联: 内涵、特征与类型[J].图书馆,2011(4): 32—35.
[77] 吴永梁,陈炼.基于改善度计算的有效关联规则[J].计算机工程,2003,29(13): 98—100.
[78] 肖伟,魏庆琦.学术论文共词分析系统的设计与实现[J].情报理论与实践,2009,32(3): 102—105.

[79] 徐丽,伏玉琛,李斯.一种改进的SVM决策树Web文本分类算法[J].苏州大学学报(工科版),2011,31(5):7—11.
[80] 徐永东,徐志明,王晓龙,等.中文文本时间信息获取及语义计算[J].哈尔滨工业大学学报.2007,39(3):438—442.
[81] 许少华,李小红,潘俊辉.基于模糊VSM和RBF网络的文本分类方法[J].计算机工程与设计,2007,28(1):145—148.
[82] 薛春香,张玉芳.面向新闻领域的中文文本分类研究综述[J].图书情报工作,2013,57(14):134—139.
[83] 杨宇航,赵铁军,于浩,等.Blog研究[J].软件学报.2008,19(4):912—924.
[84] 姚全珠,宋志理,彭程.基于LDA模型的文本分类研究[J].计算机工程与应用,2011,47(13):150—153.
[85] 姚天昉,程希文,徐飞玉,等.文本意见挖掘综述[J].中文信息学报.2008,22(3):71—80.
[86] 殷红,刘炜.新一代图书馆服务系统:功能评价与愿景展望[J],中国图书馆学报,2013,39(5):26—33.
[87] 尹世群.Web文本分类关键技术研究[D].重庆:西南大学,2008.
[88] 于满泉,骆卫华,许洪波,等.话题识别与跟踪中的层次化话题识别技术研究[J].计算机研究与发展,2006,43(3):489—495.
[89] 余淼淼,王俊丽,赵晓东,等.PAM概率主题模型研究综述[J].计算机科学,2013,40(5):1—7,23.
[90] 余肖生,周宁,张芳芳.基于可视化数据挖掘的知识发现模型研究[J].中国图书馆学报,2006,32(5):44—46,56.
[91] 曾建勋,魏来.大数据时代的情报学变革[J].情报学报,2015,34(1):37—44.
[92] 曾小芹.基于领域本体的新闻搜索引擎的研究与实现[D].南昌:南昌大学,2012.
[93] 曾依灵,许洪波,白硕.网络文本主题词的提取与组织研究[J].中文信息学报,2008,22(3):64—70,80.
[94] 湛志群,张国煊.文本挖掘与中文文本挖掘模型研究[J].情报科学.2007,25(7):1046—1051.
[95] 张超群,郑建国,钱洁.基于本体的企业知识发现系统架构[J].情报杂志,2010,29(12):103—106,14.

[96] 张国梁,肖超锋.基于SVM新闻文本分类的研究[J].电子技术,2011(8):16—17.

[97] 张浩,崔雷.生物医学文本知识发现的研究进展[J].医学信息学杂志.2008(9):5—9.

[98] 张树良,冷伏海.基于文献的知识发现的应用进展研究[J].情报学报,2006,25(6):700—712.

[99] 张万山,肖瑶,梁俊杰,等.基于主题的Web文本聚类方法[J].计算机应用,2014,34(11):3144—3146,3151.

[100] 张晓辉,李莹,常桂然,等.适于Internet新闻文本实时分类的动态向量空间模型DVSM[J].计算机科学,2004,31(6):64—67.

[101] 张晓艳.新闻话题表示模型和关联追踪技术研究[M].北京:国防工业出版社.2013.

[102] 张玉峰,等.智能信息系统[M].武汉:武汉大学出版社,2008.

[103] 赵林,胡恬,黄萱菁,等.基于知网的概念特征抽取方法[J].通信学报,2004,25(7):46—54.

[104] 赵旭剑.中文新闻话题动态演化及其关键技术研究[D].合肥:中国科学技术大学.2012.

[105] 赵一鸣.基于多维尺度分析的潜在主题可视化研究[M].武汉:武汉大学出版社,2015.

[106] 钟伟金.共词分析法应用的规范化研究:主题词和关键词的聚类效果对比分析[J].图书情报工作.2011,55(6):114—118.

[107] 周峰,林鸿飞,杨志豪.基于语义资源的生物医学文献知识发现[J].情报学报,2012,31(3):268—274.

[108] 周蕾,朱巧明,李培峰.一种基于统计和规则的未登录词识别方法[J].南京大学学报(自然科学版),2005,41(z1):819—825.

[109] 周宁,文燕平.检索结果的可视化研究[J].中国图书馆学报,2002(6):48—50,53.

[110] 周姗姗,毕强,高俊峰.基于社会网络分析的信息检索结果可视化呈现方法研究[J].现代图书情报技术,2013(11):81—85.

[111] 周水庚,关佶红,胡运发,等.一个无需词典支持和切词处理的中文文档分类系统[J].计算机研究与发展,2001,38(7):839—844.

[112] 周学广,高飞,孙艳.基于依存连接权 VSM 的子话题检测与跟踪方法[J].通信学报,2013,34(8):1—9.

[113] 周昭涛,卜东波,程学旗.文本的图表示初探[J].中文信息学报,2005,19(2):36—43.

二、外文文献

[1] ABONYI J, FEIL B. Cluster analysis for data mining and system identification[M]. Dordrecht: Springer, 2007: 315-317.

[2] AGRAWAL R, IMIELIŃSKI T, SWAMI A. Mining association rules between sets of items in large databases[EB/OL]. [2018-07-15]. http://almaden.ibm.com/cs/projects/iis/hdb/Publications/papers/sigmod93.pdf.

[3] AGRAWAL R, MANNILA H, SRIKANT R, et al. Fast discovery of association rules [M]. //Advances in knowledge discovery and data mining, Menlo Park: AAAI Press, 1996: 307-328.

[4] ALIGLIYEV R M. Clustering of document collection — A weighting approach [J]. Expert Systems with Applications, 2009, 36(4): 7904-7916.

[5] ALLAN J, CARBONELL J, DODDINGTON G, et al. Topic detection and tracking pilot study: final report[EB/OL]. (2013-06-07) [2018-08-25]. http://www.doc88.com/p-4721603782711.html.

[6] ALLAN J. Introduction to topic detection and tracking[J]. Topic Detection and Tracking, 2002, 12(4): 1-16.

[7] AlSUMAIT L, BARBARÁ D, GENTLE J, et al. Topic significance ranking of LDA generative models [EB/OL]. [2018-07-15]. https://mimno.infosci.cornell.edu/info6150/readings/ECML09_AlSumaitetal.pdf.

[8] ANAYA-SÁNCHEZ H, PONS-PORRATA A, BERLANGA-LLAVORI R. A document clustering algorithm for discovering and describing topics [J]. Pattern Recognition Letters, 2010, 31(6): 502-510.

[9] ANDO R K, LEE L. Iterative residual rescaling: An analysis and generalization of LSI [EB/OL]. [2018-07-15]. http://citeseerx.ist.psu.edu/viewdoc/download? doi=10.1.1.193.2785&rep=rep1&type=pdf.

[10] ANDROUTSOPOULOS I, KOUTSIAS J, CHANDRINOS K V, et al. An experimental comparison of naive Bayesian and keyword-based anti-spam filtering with personal e-mail messages [EB/OL]. [2018-07-15]. http://www.cis.uab.edu/zhang/Spam-mining-papers/An.Experimental.Comparison.of.Naive.Bayesian.and.Keyword.Based.Anti.Spam.Filtering.with.Personal.Email.Messages.pdf.

[11] APPELT D E, HOBBS J R, BEAR J, et al. Festus: A finite-State processor for information extraction from real-world text [EB/OL]. [2018-08-22]. https://isi.usc.edu/~hobbs/ijcai93.pdf.

[12] AquaBrowser [EB/OL]. [2018-07-15]. http://www.proquest.com/products-services/AquaBrowser.html.

[13] AWADALLAH R, RAMANATH M, WEIKUM G. Language-model-based pro/con classification of political text [EB/OL]. [2018-08-22]. https://www.procon.org/sourcefiles/procon_classification_of_political_text.pdf.

[14] BANERJEE S, RAMANATHAN K. Clustering short texts using Wikipedia [EB/OL]. [2018-08-22]. http://citeseerx.ist.psu.edu/viewdoc/download? doi=10.1.1.408.69318&rep=rep1&type=pdf.

[15] BERRY M W. Survey of text mining: clustering, classification and retrieval [M]. New York: Springer, 2004.

[16] BEYER K, GOLDSTEIN J, RAMAKRISHNAN R, et al. When is "nearest neighbor" meaningful [EB/OL]. [2018-07-15]. https://members.loria.fr/moberger/Enseignement/Master2/Exposes/beyer.pdf.

[17] BHATIA S. Multidimensional search result diversification: diverse search results for diverse users [EB/OL]. [2018-07-15]. http://sumitbhatia.net/papers/sigir11_diversity.pdf.

[18] BHATTACHARYA I, GETOOR L. A latent dirichlet model for unsupervised entity resolution [EB/OL]. [2018-07-15]. http://www.siam.org/meetings/sdm06/proceedings/005bhattai.pdf.

[19] BHATTACHARYA S, KRETSCHMER H, MEYER M. Characterizing intellectual spaces between science and technology [J]. Scientometrics, 2003, 58(2): 369-390.

[20] BIRANT D, KUT A. ST-DBSCAN: An algorithm for clustering spatial-temporal data

[J]. Data & Knowledge Engineering, 2007, 60(1): 208 - 221.
[21] BISHOP, C M. Pattern recognition and machine learning [M]. New York: Springer, 2006.
[22] BLANCHARD A. Understanding and customizing stop word lists for enhanced patent mapping [J]. World Patent Information, 2007, 29(4): 308 - 316.
[23] BLEI D M, JORDAN M I. Variational inference for dirichlet process mixtures [EB/OL]. [2018 - 08 - 22]. http://www.cs.columbia.edu/~blei/papers/Bleijordan2004.pdf.
[24] BLEI D M, LAFFERTY J D. A correlated topic model of science [J]. Annals of Applied Statistics, 2007,1(1): 17 - 35.
[25] BLEI D M, LAFFERTY J D. Correlated topic models [EB/OL]. [2018 - 07 - 15]. https://papers.nips.cc/paper/2906-correlated-topic-models.pdf.
[26] BLEI D, LAFFERTY J D. Dynamic topic models [M]//Proceedings of the 23rd International Conference on Machine Learning,Pittsburgh: ACM,2006: 113 - 120.
[27] BLEI D M, NG A Y, JORDAN M L. Latent dirichlet allocation [J]. The Journal of Machine Learning research 2003, 3(3): 993 - 1022.
[28] BLEI D M. Probabilistic topic models [J]. Communications of the ACM, 2012, 55(4): 77 - 84.
[29] BOYD-GRABER J, BLEI D M. Syntactic topic models[J]. Advances in Neural Information Processing Systems, 2010: 185 - 192.
[30] Bredillet C. Investigating the future of project management: A co-word analysis approach[EB/OL]. [2018 - 07 - 15]. https://eprints.qut.edu.au/49507/1/2006_IRNOP_VII_Investigating_the_Future_of_Project_Management_-_a_co-word_analysis_approach_Bredillet.pdf.
[31] BREWSTER C, O'HARA K. Knowledge representation with ontologies: Present challenges-future possibilities [J]. International Journal of Human-Computer Studies. 2007, 65(7): 563 - 568.
[32] BRIN S, PAGE L. The anatomy of a large-scale hyper textual web search engine [J]. Computer Networks and ISDN Systems, 1998, 30(1 - 7): 107 - 117.
[33] BRIN S. Extracting patterns and relations from the World Wide Web[EB/OL]. [2018 - 07 - 15]. http://bolek.ii.pw.edu.pl/~gawrysia/WEDT/brin.pdf.

[34] CARTHY J. Lexical chains versus keywords for topic tracking[EB/OL]. [2018-07-15]. https://pdfs.semanticscholar.org/fe5e/44924754123be6d4abdeef5f3e4b39e00cf9.pdf.

[35] CHANG H C. Extraction of topic and event keywords from news story[EB/OL]. [2018-07-15]. http://elearning.lib.fcu.edu.tw/bitstream/2377/10817/1/CE07NCS002007000140.pdf.

[36] CHANG J, BLEI D M. Hierarchical relational models for document networks[J]. The Annals of Applied Statistics, 2010,4(1): 124-150.

[37] CHANG J, BLEI D M. Relational topic models for document networks[EB/OL]. [2018-07-15]. http://proceedings.mlr.press/v5/chang09a/chang09a.pdf.

[38] CHEN H, ZHANG G, LU J, et al. A two-step agglomerative hierarchical clustering method for patent time-dependent data [EB/OL]. [2018-07-15]. https://link.springer.com/content/pdf/10.1007%2F978-3-642-37829-4_10.pdf.

[39] CHEN M, JIN X, SHEN D. Short text classification improved by learning multi-granularity topics [EB/OL]. [2018-07-15]. https://www.aaai.org/ocs/index.php/IJCAI/IJCAI11/paper/viewFile/3283/3736.

[40] CHEN Z. Let documents talk to each other: A computer mod for connection of short documents[J]. Journal of Documentation, 1993, 49(1): 44-54.

[41] CHEVALIER J A, MAYZLIN D. The effect of word of mouth on sales: Online book reviews[J]. Journal of marketing research, 2006, 43(3): 345-354.

[42] CHIANG J H, HAO P Y. A new kernel-based fuzzy clustering approach: Support vector clustering with cell growing[J]. IEEE Transactions on Fuzzy Systems, 2003, 11(4): 518-527.

[43] CHIM H, DENG X. A new suffix tree similarity measure for document clustering [EB/OL]. [2018-07-15]. http://www2007.wwwconference.org/papers/paper091.pdf.

[44] CHOI S, PARK H W. An exploratory approach to a Twitter-based community centered on a political goal in South Korea: Who organized it, what they shared, and how they acted[J]. New Media & Society, 2013, 16(1): 129-148.

[45] CHRISTIAN B, FLORIAN K. The k-nearest neighbour join: Turbo charging the KDD process [J]. Knowledge and Information Systems, 2004, 6(6): 724-749.

[46] CHUEH C H, CHIEN J T. Segmented topic model for text classification and speech recognition[EB/OL]. [2018-07-15]. http://legacydirs. umiacs. umd. edu/~jbg/nips_ tm_workshop/7. pdf.
[47] COHEN T, SCHVANEVELDT R, WIDDOWS D. Reflective random indexing and indirect inference: A scalable method for discovery of implicit connections[J]. Journal of biomedical informatics, 2010, 43(2): 240-256.
[48] CONGIUSTA A, TALIA D, TRUNFIO P. Parallel and grid-based data mining-algorithms, models and systems for high-performance KDD [M]//MAIMON O, ROKACH L. Data Mining and Knowledge Discovery Handbook. New York: Springer, 2010 : 1009-1028.
[49] CONNELL M, FENG A, Kumaran G, et al. UMass at TDT 2004[EB/OL]. [2018-07-15]. http://citeseerx. ist. psu. edu/viewdoc/download? doi = 10. 1. 1. 81. 1118 & rep = rep1 & type = pdf.
[50] CROFT W B, LAFFERTY J. Language modeling for information retrieval[M]. Dordrecht: Kluwer Academic Publishers, 2003.
[51] DAUGHERTY T, EASTIN M S, BRIGHT L. Exploring consumer motivations for creating user-generated content[J]. Journal of Interactive Advertising. 2008, 8 (2): 16-25.
[52] DEERWESTER S C, DUMAIS S T, LANDAUER T K, et al. Indexing by latent semantic analysis[J]. Journal of the American Society of Information Seience, 1990, 41(6): 391-407.
[53] DIXON J K. Pattern recognition with partly missing data [J]. IEEE Transactions on Systems, 1979, 9(10): 617-621.
[54] DU L, BUNTINE W, JIN H. A segmented topic model based on the two-parameter poisson-Dirichlet process [J]. Machine Learning, 2010, 81(1): 5-19.
[55] DUAN W, GU B, WHINSTON AB. Informational cascades and software adoption on the Internet: An empirical investigation [J]. MIS quarterly, 2009, 33 (1): 23-48.
[56] EBSCO Discovery Service[EB/OL]. [2018-07-15]. https://www. ebscohost. com/discovery.
[57] EIDELMAN V. Inferring activity time in news through event modeling [EB/OL].

[2018 - 07 - 15][2018 - 04 - 23]. http://www.anthology.aclweb.org/P/P08/P08 - 3003.pdf.

[58] ESTER M, KRIEGEL H, SANDER J, et al. A density-based algorithm for discovering clusters in large spatial databases with noise [EB/OL]. [2018 - 07 - 15]. http://www.aaai.org/Papers/KDD/1996/KDD96 - 037.pdf.

[59] ESTER M, KRIEGEL H, SANDER J, et al. Density-connected sets and their application for trend detection in spatial databases [EB/OL]. [2018 - 07 - 15]. http://www.cs.sfu.ca/~ ester/papers/kdd_97.pdf.

[60] FABIO C, MOUNIA L, RIJSBERGEN V, et al. Information retrieval: uncertainty and logics: Advanced models for the representation and retrieval of information[M]. Boston: Kluwer Academic Publishers, 1998.

[61] FAYYAD U, PIATETSKY-SKAPIRO G, SMYTH P. From data mining to knowledge discovery: an overview. Advances in Knowledge Discovery and Data Mining[EB/OL]. [2018 - 07 - 15]. https://www.eecs.yorku.ca/course_archive/2002 - 03/W/6490C/reading/Fayad.pdf.

[62] FELDMAN R, DAGAN I. Knowledge discovery in textual databases(KDT) [EB/OL]. [2018 - 07 - 15]. http:// www.aaai.org/Papers/KDD/1995/KDD95 - 012.pdf.

[63] FERRAGINA P, GULLI A. A personalized search engine based on web-snippet hierarchical clustering [EB/OL]. [2018 - 07 - 15]. http:// www2005.wwwconference.org/cdrom/docs/p801.pdf.

[64] FEYYAD U M. Data mining and knowledge discovery: Making sense out of data [J]. IEEE Expert, 2002, 11(5): 20 - 25.

[65] GARFIELD E. Historiographical mapping of knowledge domains literature [J]. Journal of Information Science, 2004, 30(2): 119 - 145.

[66] GERRISH S M, BLEI D. A language-based approach to measuring scholarly impact [EB/OL]. [2018 - 07 - 15]. http://citeseerx.ist.psu.edu/viewdoc/download?doi = 10.1.1.182.4459 & rep = rep1 & type = pdf.

[67] GHOSE A, IPEIROTIS P G. Estimating the helpfulness and economic impact of product reviews: Mining text and reviewer characteristics [J]. IEEE Transactions on Knowledge and Data Engineering, 2011, 23(10): 1498 - 1512.

[68] GRIFFITHS T L, STEYVERS M. Finding scientific topics [EB/OL]. [2018-07-15]. ftp://ftp.cis.upenn.edu/pub/datamining/public_html/ReadingGroup/papers/scitopic.pdf.

[69] GROSSMAN R. Supporting the data mining process with next generation data mining systems [EB/OL]. [2018-07-15]. https://esj.com/articles/1998/08/13/supporting-the-data-mining-process-with-next-generation-data-mining-systems.aspx.

[70] GUHA S, RASTOGI R, SHIM K. CURE: An efficient clustering algorithm for large databases[EB/OL]. [2018-07-15]. https://s2.smu.edu/~mhd/7331f07/p73-guha.pdf.

[71] HALE R. Text mining: Getting more value from literature resources[J]. Drug Discovery Today, 2005, 10(6): 377-379.

[72] HAMMOUDA K M, KAMEL M S. Efficient phrase-based document indexing for web document clustering[J]. IEEE Transactions on Knowledge and Data Engineering, 2004, 16(10): 1279-1296.

[73] HAN J, HU X H, CERCONE N. A visualization model of interactive knowledge discovery systems and its implementations [J]. Information Visualization. 2003, 2(2): 105-125.

[74] HAN J, KAMBER M. Data mining concepts and techniques[M]. San Francisco: Morgan Kaufmann publishers, 2001.

[75] HAN X, ZHAO J. Topic-driven web search result organization by leveraging Wikipedia semantic knowledge[EB/OL]. [2018-07-15]. http://nlpr-web.ia.ac.cn/cip/ZhaoJunPublications/paper/CIKM2010.pdf.

[76] HEARST M A, PEDERSEN J. O. Reexamining the cluster hypothesis: Scatter/gather on retrieval results. [EB/OL]. [2018-07-15]. http://parnec.nuaa.edu.cn/xtan/IIR/readings/sigirhearst1996.pdf.

[77] HEARST M A. Search user interfaces [M]. New York: Cambridge University Press, 2009.

[78] HOFMANN T. Unsupervised learning by probabilistic latent semantic analysis [J]. Machine Learning, 2001, 42(1-2): 177-196.

[79] HOOGMA N. The modules and methods of topic detection and tracking[EB/OL].

[2018 - 07 - 15]. https://pdfs.semanticscholar.org/4f73/7790bf6eb1b4b1191a16b57143ea41fd1360.pdf.

[80] HU M, LIU B. Mining opinion features in customer reviews [EB/OL]. [2018 - 07 - 15]. https://www.aaai.org/Papers/AAAI/2004/AAAI04 - 119.pdf.

[81] HUI S C, FONG A C M. Document retrieval from a citation database using conceptual clustering and co-word analysis[J]. Online Information Review, 2004, 28(1): 22 - 32.

[82] IWAYAMA M, TOKUNAGA T. Cluster-based text categorization: A comparison of category search strategies[EB/OL]. [2018 - 07 - 15]. http://users.softlab.ntua.gr/facilities/public/AD/Text%20Categorization/Cluster-Based%20Text%20Categorization-A%20Comparison%20of%20Category%20Search%20Strategies.pdf.

[83] JACOB K, STEPHAN P, MICHAEL S, et al. Ontology based text indexing and querying for the semantic web [J]. Knowledge-Based Systems. 2006, 19(8): 744 - 754.

[84] JAIN A K, DUBES R C. Algorithms for clustering data[M]. N J: Prentice-Hall, 1988.

[85] JAIN A K, MURTY M N, FLYNN P J. Data clustering: A review[J]. ACM Computer, Survey, 1999,31(3): 264 - 323.

[86] JOACHIMS T. Text categorization with support vector machines: Learning with many relevant features[J]. Machine learning: ECML - 98, 1998: 137 - 142.

[87] JUNG J J. Ontological framework based on contextual mediation for collaborative information retrieval[J]. Information Retrieval. 2007, 10(1): 85 - 109.

[88] KANHABUA N, NEJDL W. Understanding the diversity of tweets in the time of outbreaks[EB/OL]. [2018 - 07 - 15]. http://www.l3s.de/~kanhabua/papers/WOW2013-diversity-twitter.pdf.

[89] KIM S M, PANTEL P, CHKLOVSKI T, et al. Automatically assessing review helpfulness[EB/OL]. [2018 - 07 - 15]. http://wing.comp.nus.edu.sg/~antho/W/W06/W06 - 1650.pdf.

[90] KOBAYASHI N, INUI K, MATSUMOTO Y, et al. Collecting evaluative expressions for opinion extraction[EB/OL]. [2018 - 07 - 15]. https://www.researchgate.net/profile/Kentaro_Inui/publication/200044304_Collecting_Evaluative_Expressions_for_Opinion_Extraction/links/53f7d9030cf2c9c3309df00a.pdf.

[91] KOSTOFF R N. Database tomography: Multidisciplinary research thrusts from co-word analysis [EB/OL]. [2018 - 07 - 15]. https://ieeexplore.ieee.org/stamp/stamp.jsp? tp= & arnumber=183731.

[92] KRIEGEL H P, PEER G, ZIMEK A. Clustering high-dimensional data: A survey on subspace clustering, pattern-based clustering, and correlation clustering [J]. ACM Trans, Knowledge Discovery, Data, 2009, 3(1): 1 - 58.

[93] KUMARAN G, ALLAN J. Text classification and named entities for new event detection [EB/OL]. [2018 - 07 - 15]. http://maroo.cs.umass.edu/pdf/IR - 340.pdf.

[94] KUMAZAWA T, SAITO O, KOZAKI K, et al. Toward knowledge structuring of sustainability science based on ontology engineering[J]. Sustainability science, 2009 4(1), 99 - 116.

[95] LAKSHMINARAYAN K, HARP S A, SAMAD T. Imputation of missing data in industrial databases[J]. Applied Intelligence, 1999, 11(3): 259 - 275.

[96] LANDAUER T K, FOLTZ P W, LAHAM D. An introduction to latent semantic analysis[J]. Discourse Processes, 1998,25(2 - 3): 259 - 284.

[97] LAU J H, NEWMAN D, KARIMI S, et al. Best topic word selection for topic labelling [EB/OL]. [2018 - 07 - 15]. http://www.aclweb.org/anthology/C10 - 2069.

[98] LAZER D, PENTLAND A, ADAMIE L, et al. Computational social science [J]. Science, 2009, 323(5915): 721 - 723.

[99] LEE C W, DAY M Y, SUNG C L, et al. Boosting Chinese question answering with two lightweight methods: ABSPs and SCO-QAT[J]. ACM Transactions on Asian Language Information Processing (TALIP), 2008, 7(4): 12.

[100] LEE C, LEE G G, JANG M. Dependency structure language model for topic detection and tracking[J]. Information Processing and Management, 2007, 43(5): 1249 - 1259.

[101] LENCA P, MEYER P, VAILLANT B, et al. On selecting interestingness measures for association rules: User oriented description and multiple criteria decision aid [J]. European Journal of Operational Research, 2008, 184(2): 610 - 626.

[102] LENCA P, VALIANT B, LALLICH S. On the robustness of association rules[EB/

OL]. [2018 - 07 - 15]. http://perso. telecom-bretagne. eu/philippelenca/data/pdf/lenca_etal_IEEE-CIS_2006. pdf.

[103] LEWIS D D, RINGUETTE M. A comparison of tow learning algorithms of text categorization[EB/OL]. [2018 - 07 - 15]. http:// citeseerx. ist. psu. edu/viewdoc/download? doi = 10. 1. 1. 49. 860 & rep = rep1 & type = pdf.

[104] LI F, ZHENG D, ZHAO T. Event recognition based on time series characteristics [EB/OL]. [2018 - 07 - 15]. https://ieeexplore. ieee. org/stamp/stamp. jsp? tp = & arnumber = 6019797.

[105] LI W, MCCALLUM A. Pachinko allocation: DAG-structured mixture models of topic correlations[EB/OL]. [2018 - 07 - 15]. http:// skat. ihmc. us/rid = 1P072N3C4-V6XZJW - 2Q6M/PACHINKO. pdf.

[106] LIU B, HSU W, MA Y. Integrating classification and association rule mining [EB/OL]. [2018 - 07 - 15]. https://www. aaai. org/Papers/KDD/1998/KDD98 - 012. pdf.

[107] LIU Y, LI S, CAO Y, et al. Understanding and summarizing answers in community-based question answering services[EB/OL]. [2018 - 07 - 15]. http://citeseerx. ist. psu. edu/viewdoc/download? doi = 10. 1. 1. 368. 1499 & rep = rep1 & type = pdf.

[108] LUHN H P. The automatic creation of literature abstracts[J]. IBM Journal of Research and Development, 1958, 2(2): 159 - 165.

[109] MAAREK Y S, FAGINY R, BEN-SHAULZ I Z, et al. Ephemeral document clustering for web applications [EB/OL]. [2018 - 07 - 15]. https://researcher. watson. ibm. com/researcher/files/us-fagin/cluster. pdf.

[110] MACQUEEN J. Some methods for classification and analysis of multivariate observations[EB/OL]. [2018 - 07 - 15]. http:// mines. humanoriented. com/classes/2010/fall/csci568/papers/kmeans. pdf.

[111] MAITI S, SAMANTA D. Clustering web search results to identify information domain[C]//SENGUPTA S, DAS K, KHAN G. Emerging Trends in Computing and Communication, ETCC 2014, March 22 - 23, 2014. Dordrecht: Springer, 2014: 291 - 303.

[112] MAKKONEN J, AHONEN-MYKA H, SALMENKIVI M. Simple semantics in topic

detection and tracking[J]. Information Retrieval, 2004, 7(3-4): 347-368.

[113] MARC M L, COURTIAL J P, SENKOVSKA E D, et al. The dynamics of research in the psychology of work from 1973 to 1987: From the study of companies to the study of professions [J]. Scientometrics, 1991, 21(1): 69-86.

[114] MARCO A D, Navigli R. Clustering web search results with maximum spanning trees [EB/OL]. [2018-07-15]. http://citeseerx.ist.psu.edu/viewdoc/download?doi=10.1.1.228.2463&rep=rep1&type=pdf.

[115] MCCREADIE R, MACDONALD C, OUNIS I. News vertical search: When and what to display to users[EB/OL]. [2018-07-15]. http://www.dcs.gla.ac.uk/~richardm/papers/mccreadie2013_VerticalSearch.pdf.

[116] MEI Q, LING X, WONDRA M, et al. Topic sentiment mixture: Modeling facets and opinions in weblogs [EB/OL]. [2018-07-15]. http://www2007.wwwconference.org/papers/paper680.pdf.

[117] MEILA M, Heckerman D. An experimental comparison of model-based clustering methods[J]. Machine Learning, 2001, 42(1-2): 9-29.

[118] MIMNO D, LI W, MCCALLUM A. Mixtures of hierarchical topics with pachinko allocation[EB/OL]. [2018-07-15]. http://citeseerx.ist.psu.edu/viewdoc/download?doi=10.1.1.475.1522&rep=rep1&type=pdf.

[119] MINKA T P. Expectation propagation for approximate bayesian inference [EB/OL]. [2018-07-15]. https://dslpitt.org/uai/papers/01/p362-minka.pdf.

[120] MOENS M F. Information extraction: Algorithms and prospects in a retrieval context [M]. Dordrecht: Springer, 2006.

[121] MORAES R, VALIATI J F, GAVIAO NETO W P. Document level sentiment classification an empirical comparison between SVM and ANN[J]. Expert system with applications, 2013, 40(2): 621-633.

[122] NALLAPATI R. Semantic language models for topic detection and tracking[EB/OL]. [2018-07-15]. http://www.anthology.aclweb.org/N/N03/N03-3001.pdf.

[123] NASUKAWA T, YI J. Sentiment analysis: Capturing favorability using natural language processing [EB/OL]. [2018-07-15]. https://www.researchgate.net/publication/220916772_Sentiment_analysis_Capturing_favorability_using_

natural_language_processing.

[124] NATIONAL RESEARCH COUNCIL, COMMITTEE ON THE ANALYSIS OF MASSIVE DATA. Frontiers in massive data analysis [E B/OL]. [2018 - 07 - 15]. https://pdfs. semanticscholar. org/341c/889d6bb18033d44477c6c4275fd7520e6c14. pdf.

[125] NETZER O, FELDMAN R, GOLDENBERG J, et al. Mine your own business: Market-structure surveillance through text mining [J]. Marketing Science, 2012, 31 (3): 521 - 543.

[126] NIJSSEN S, FROMONT E. Mining optimal decision trees from itemsetlattices[EB/OL]. [2018 - 07 - 15]. http://184pc128. csie. ntnu. edu. tw/presentation/08 - 03 - 13/Mining%20Optimal%20Decision%20Trees%20from%20Itemset%20Lattices. pdf.

[127] NOVAK J D, GOWIN D B. Learning how to learn [M]. London: Cambridge University Press, 1984: 1 - 56.

[128] POP I. Web mining technique framework for intelligent e-business applications [C]//World Scientific and Engineering Academy and Society, New aspects of computers: proceedings of the 12th WSEAS International Conference on Computers, Heraklion, Greece, July 23 - 25, 2008. Athens: WSEAS Press, 2008: 348 - 353.

[129] POPESCU A M, ETZINONI O. Extracting product features and opinions from reviews [EB/OL]. [2018 - 07 - 15]. http://anthology. aclweb. org/H/H05/H05 - 1. pdf#page=375.

[130] PU Q, HE D Q. Semantic clustering based relevance language model [J]. Information Technology Journal. 2010, 9(2): 236 - 246.

[131] QI X, DAVISON B D. Web page classification: Features and algorithms[J]. ACM Computing Surveys (CSUR), 2009, 41(2): 75 - 79.

[132] RAMAGE D, HALL D, NALLAPATI R, et al. Labeled LDA: A supervised topics model for credit attribution in multi-labeled corpora[EB/OL]. [2018 - 07 - 15]. http://wmmks. csie. ncku. edu. tw/ACL-IJCNLP - 2009/EMNLP/pdf/EMNLP026. pdf.

[133] RICARDO B Y, BERTHIER R N. Modern information retrieval[M]. New York: ACM Press, 1999.

[134] RITTER A, CHERRY C, DOLAN B. Unsupervised modeling of Twitter

conversations[EB/OL]. [2018 - 07 - 15]. http://www.cs.ubc.ca/~rjoty/Webpage/twitter_chat.pdf.

[135] ROBERTSON S, ZARAGOZA H. The probabilistic relevance framework: BM25 and beyond[J]. Foundations and Trends in Information Retrieval, 2009, 3(4): 333 - 389.

[136] ROKACH L, MAIMON O.. Data mining with decision trees: Theory and applications [M]. Singapore: World Scientific. 2008.

[137] ROKAYA M, ATLAM E, FUKETA M, et al. Ranking of field association terms using co-word analysis [J]. Information Processing & Management, 2008, 44(2): 738 - 755.

[138] ROSEN-ZVI M, GRIFFTHS T, STEYVERS M, et al. The author-topic model for authors and documents[EB/OL]. [2018 - 07 - 15]. https://dslpitt.org/uai/papers/04/p487-rosen-zvi.pdf.

[139] SALTON G, MCGILL M J. Introduction to modern information retrieval[M]. New York: McGraw-Hill, 1983.

[140] SALTON G, WONG A, YANG C S. A vector space model for automatic indexing [J]. Communications of the ACM, 1975, 18(11): 613 - 620.

[141] SCHENKER A, LAST M, BUNKE H, et al. Classification of web documents using a graph model[EB/OL]. [2018 - 07 - 15]. https://pdfs.semanticscholar.org/c81b/1e4a905a2c79f6d53cf5e3f28b056d118ca8.pdf.

[142] SCHLOSSER A E. Can including pros and cons increase the helpfulness and persuasiveness of online reviews? The interactive effects of ratings and arguments[J]. Journal of consumer psychology, 2011, 21(3): 226 - 239.

[143] SCHMITZ C, HOTHO A, JASCHKE R, et al. Mining association rules in folksonomies[EB/OL]. [2018 - 07 - 15]. https://www.kde.cs.uni-kassel.de/hotho/pub/2006/Schmitz 2006asso_ifcs.pdf.

[144] SCHUTZE H, SILVERSTEIN C. Projections for efficient document clustering[J]. ACM SIGIR Forum, 2010, 31(SI): 74 - 81.

[145] SEBASTIANI F, SPERDUT A, VALDAMBRINI N. An improved boosting algorithm and its application to text categorization[EB/OL]. [2018 - 07 - 15]. http://users.softlab.ntua.gr/facilities/public/AD/Text%20Categorization/An%20Impr

oved% 20Boosting% 20Algorithm% 20and% 20its% 20Application% 20toText% 20Categorization. pdf.

[146] SEBASTIANI F. Machine learning in automated text categorization[J]. ACM Computing Surveys (CSUR), 2002, 34(1): 1-47.

[147] SINGHAL A, BUCKLEY C, MITRA M. Pivoted document length normalization[EB/OL]. [2018-07-15]. https://www.csee.umbc.edu/~nicholas/676/papers/p21-singhal.pdf.

[148] SODERLAND S, FISHER D, ASELTINE J, et al. CRYSTAL: Inducing a conceptual dictionary [EB/OL]. [2018-08-27]. https://www.researchgate.net/publication/1782600_CRYSTAL_Inducing_a_conceptual_dictionary.

[149] SONG Y, HUANG J, COUNCIL I G, et al. Efficient topic-based unsupervised name disambiguation[EB/OL]. [2018-07-15]. http://citeseerx.ist.psu.edu/viewdoc/download? doi=10.1.1.147.3737&rep=rep1&type=pdf.

[150] SRIVASTAVA A N, SAHAMI M. Text mining: classification, clustering, and applications[M]. New York: Chapman and Hall/CRC, 2009.

[151] STEINBACH M, ERTÖZ L, KUMAR V. The challenges of clustering high-dimensional data[EB/OL]. [2018-07-15]. http://www-users.cs.umn.edu/~kumar/papers/high_ dim_clustering_19.pdf.

[152] SUN A. Short text classification using very few words[EB/OL]. [2018-07-15]. https://www.researchgate.net/publication/254464538_Short_text_classification_using_very_few_words.

[153] SWANSON D R. Undiscovered public knowledge [J]. The Library Quartedy, 1986, 56(2): 103-118.

[154] TANSEL A U, AYAN N F. Discovery of association rules in temporal databases[EB/OL]. [2018-08-22]. http://citeseerx.ist.psu.edu/viewdoc/download? doi=10.1.1.3189&rep=rep1&type=pdf.

[155] TEH Y W, JORDAN M I, BEAL M J, et al. Sharing clusters among related groups: Hierarchical Dirichlet processes [EB/OL]. [2018-07-15]. http://papers.nips.cc/paper/2698-sharing-clusters-among-related-groups-hierarchical-dirichlet-processes.pdf.

[156] TITOV I, MCDONALD R. A joint model of text and aspect ratings for sentiment

summarization[EB/OL]. [2018 - 07 - 15]. http://www.aclweb.org/anthology/P08 - 1036.

[157] TSUR O, RAPPOPORT A. RevRank: A fully unsupervised algorithm for selecting the most helpful book reviews[EB/OL]. [2018 - 07 - 15]. https://www.aaai.org/ocs/index.php/ICWSM/09/paper/viewFile/180/429/.

[158] TSURUOKA Y, TSUJII J, ANANIADOU S. Facta: A text search engine for finding associated biomedical concepts Bioinformatics [J]. Bioinformatics, 2008, 24 (21): 2559 - 2560.

[159] TSYMBAL A. The problem of concept drift: Definitions and related work[EB/OL]. (2004 - 04 - 29) [2018 - 07 - 15]. http://citeseerx.ist.psu.edu/viewdoc/download? doi = 10.1.1.58.9085 & rep = rep1 & type = pdf.

[160] TZERAS K, HARTMANN S. Automatic indexing based on Bayesian inference networks[EB/OL]. [2018 - 07 - 15]. http://citeseerx.ist.psu.edu/viewdoc/download? doi = 10.1.1.31.3592 & rep = rep1 & type = pdf.

[161] VAPNIK V N. The nature of statistical learning theory [M]. New York: Springer, 2000.

[162] VAUGHAN L, YOU J. Word co-occurrences on webpages as a measure of the relatedness of organizations: A new Webometrics concept [J]. Journal of Informetrics, 2010,4(4): 483 - 491.

[163] VICKERY G, WUNSCH-VINCENT S. Participative web and user-created content: Web 2.0 wikis and social networking[M]. Paris: Organization for Economic Co-operation and Development, 2007.

[164] WANG C, BLEI D, HECKERMAN D. Continuous time dynamic topic models[EB/OL]. [2018 - 07 - 15]. http://people.ee.duke.edu/~lcarin/WangBleiHeckerman 2008.pdf.

[165] WANG D, ZHU S, LI T, et al. Multi-document summarization using sentence-based topic models [EB/OL]. [2018 - 07 - 15]. http://www.aclweb.org/anthology/P09 - 2075.

[166] WANG K, LIU H. Schema discovery for semistructured data[EB/OL]. [2018 - 07 - 15]. http://www.aaai.org/Papers/KDD/1997/KDD97 - 057.pdf.

[167] WANG W, YANG J, MUNTZ R. Sting: A statistical information grid approach to

spatial data mining[EB/OL]. [2018 - 07 - 15]. http://suraj. lums. edu. pk/~cs536a04/handouts/STING. pdf.
[168] WANG X, MCCALLUM A. Topics over time: A non-markov continuous-time model of topical trends[EB/OL]. [2018 - 07 - 15]. http://www. cs. cmu. edu/~xuerui/papers/timelda_kdd. pdf.
[169] WANG X, YAO W. Sequential pattern mining: Optimum maximum sequential patterns and consistent sequential patterns[EB/OL]. [2018 - 07 - 15]. https://ieeexplore. ieee. org/stamp/stamp. jsp? tp = & arnumber = 4290497.
[170] WANG Z, TSIM Y C, YEUNG W S, et al. Probabilistic latent semantic analyses (PLSA) in bibliometric analysis for technology forecasting [J]. Journal of Technology Management & Innovation,2007, 2(1): 11 - 24.
[171] WEE BER M, KLEIN H, BERG J V D, et al. Using concepts in literature-based discovery: Simulating Swanson's Raynaud-fish oil and migraine-magnesium discoveries [J]. Journal of the Association for Information Science and Technology, 2001, 52(7): 548 - 557.
[172] WEI C P, YANG C C, LIN C M. A latent semantic indexing-based approach to multilingual document clustering[J]. Decision Support Systems, 2008, 45(3): 606 - 620.
[173] WEIMER M, GUREVYCH I, MÜHLHÄUSER M. Automatically assessing the post quality in online discussions on software[EB/OL]. [2018 - 07 - 15]. http://www. aclweb. org/anthology/P07 - 2032.
[174] WEIMER M, GUREVYCH I. Predicting the perceived quality of web forum posts [EB/OL]. [2018 - 07 - 15]. https:// pdfs. semanticschorlar. org/cfc8/a33215e11eae2708a243a2496689125c6aef. pdf.
[175] WU C L, KOH J L, AN P Y. Improved sequential pattern mining using an extended bitmap representation [EB/OL]. [2018 - 07 - 15]. https:// link. springer. com/content/pdf/10. 1007%2F11546924_76. pdf.
[176] WUTHRICH B, PERMUNETILLEKE D, LEUNG S, et al. Daily prediction of major stock indices from textual www data[EB/OL]. [2018 - 07 - 15]. https://pdfs. semanticscholar. org/4b62/25d7404181ccd8f9245314b634230be92c00. pdf.
[177] YANG Y, LIU X. A re-examination of text categorization methods [EB/OL].

[2018 - 07 - 15]. http://citeseerx. ist. psu. edu/viewdoc/download? doi = 10. 1. 1. 11. 9519 & rep = rep1 & type = pdf.

[178] YANG Y. An evaluation of statistical approaches to text categorization [J]. Journal of Information Retrieval, 1999, 1(1/2): 67 - 88.

[179] YANG Z, KITSUREGAWA M. LAPIN-SPAM: An improved algorithm for mining sequential pattern[EB/OL]. [2018 - 08 - 22]. https://ieeexplore. ieee. org/stamp. jsp? tp = & arnumber = 1647839.

[180] YETISGEN-YILDIZ M, Pratt W. A new evaluation methodology for literature-based discovery[J]. Journal of Biomedical Informatics, 2009,42(4): 633 - 643.

[181] YIN S Q, QIU Y H, GE J K, et al. Research and realization of extraction algorithm on web text mining[EB/OL]. [2018 - 08 - 22]. https://ieeexplore. ieee. org/stamp/stamp. jsp? tp = & arnumber = 4427017.

[182] YU B, XU Z B. A comparative study for content-based dynamic spam classification using four machine learning algorithms [J]. Knowledge-Based Systems, 2008, 21(4): 355 - 362.

[183] ZAMIR O, ETZIONI O. Web document clustering: A feasibility demonstration [EB/OL]. [2018 - 07 - 15]. http://kitt. cl. uzh. ch/clab/satzaehnlichkeit/tutorial/Unterlagen/Zamir1998. pdf.

[184] ZENG H J, HE Q C, CHEN Z, et. al. Learning to cluster web search results[EB/OL]. [2018 - 07 - 15]. http://citeseerx. ist. psu. edu/viewdoc/download? doi = 10. 1. 1. 1. 2851 & rep = rep1 & type = pdf.

[185] ZHANG T, RAMAKRISHNAN R, LIVNY M. BIRCH: An efficient data clustering method for very large databases[EB/OL]. [2018 - 07 - 15]. http://homepages. ecs. vuw. ac. nz/~elvis/db/references/zhang99birch. pdf.

[186] ZHAO W X, JIANG J, WENG J S, et al. Comparing twitter and traditional media using topic models[EB/OL]. (2013 - 08 - 19) [2018 - 08 - 28]. http://www. doc88. com/p - 9768750536412. html.

[187] ZHU F, ZHANG X Q. Impact of online consumer reviews on sales: The moderating role of product and consumer characteristics [J]. Journal of marketing, 2010, 74 (2): 133 - 148.

[188] ZHUANG L, JING F, ZHU X Y. Movie review mining and summarization[EB/OL].

[2018-07-15]. http://students.lti.cs.cmu.edu/11899/files/p43-zhuang.pdf.
[189] ZUBCOFF J, TRUJILLO J. Conceptual modeling for classification mining in data warehouses[C]//TJOA A M, TRUJILLO J. Data warehousing and knowledge discovery: 8th international conference. Berlin: Springer, 2006: 566-575.